新|装|版

統計力学入門

愚問からのアプローチ

Introduction to Statistical Mechanics:
An Approach from "Stupid" Questions

高橋 康

柏 太郎

解説

講談社

謹献給

杜兆華

以示讚美和感謝

本書は，1984 年 12 月に小社より刊行した『統計力学入門——愚問からのアプローチ』を新装版として再出版するものです．

ま え が き

　上手な手品とは違って，物理の話はできるだけ種が見えるほどよい．手品では，観客のほうが一生懸命になって種を見いだす努力をしてくれるが，物理では，学生の方にはなかなか種がわからないものらしい．下手な手品師の手品では種がすぐばれてしまうから，物理の話も，できるだけ下手にやれば，学生には種がよくわかって効果的であるかもしれない．だがしかし，下手とか上手だとかという意味が，手品と物理では，丁度逆になっている．種を見せない手品師を上手な手品師というのに対し，種をよく理解させる物理屋を上手な講師という．それは，手品というものは，種を見せないのが目的であるから，その目的を果たす手品師を上手といい，一方物理では，種を見せることが目的だから，その目的を果たす講師を上手な講師というわけであろう．

　ところで，統計力学という学問を解説するにあたって，基礎をほじくりだすと，その深さには限りがない．一方，応用の面に手をひろげると，これもかぎりなく広く，ちょっとやそっとでくみつくすことはできない．また，統計力学に使われる数学も，純数学者でないとわからないような高級な数学から，高度の応用数学まで，そのスペクトラムは，他の物理学の分野ではみられないほど広いものである．だからといって，別におそれるにはあたらない．基礎をほじくったり，応用の面にあまり手をひろげなければよい．丁度，自動車を運転するようなもので，自動車の，工学的基礎をほじくりだしたり，自動車の社会的効用を深く考えだすと，これはやはり大変な難問題である．そのような難問題は気にしないでも，運転には差し支えない．

　私は，統計力学を専門にしているものではなく，統計力学に関する研究論文は，ほんの二，三発表したことがあるだけである．（それらの論文も，専門家からは一向に見むきもされないでいる．）幸いなことに，統計力学の専門家が，過去 30 年間くらいの間に，場の理論における考え方や技巧を，統計力学に応用す

る方法を開拓してくれた．そこで非専門家である私も，なんとなく統計力学が勉強しやすくなった．そのうちに統計力学の講義が私にまわってきてしまった．物理専門の4年生に対する講義ノートを作っているうちに，この本のようなものができあがった．非専門家であることの悲しさで，書いてみて，やはりどうもオリジナリティが足りない．それはなんといっても年期の入れ方，耳学問の量が足りないことによる．しかし逆をいえば，この本に書かれてあるくらいのことは，物理学を専門とするかぎり，たとえ統計力学を専門としない者でももっていなければならない常識的なことがらなのであろう．専門家が，あたりまえとしてすごしてしまうことでも，非専門家にはなんとなく気になることがよくあるものである．この本の特徴といえば，そのような二，三の点を注意したことと，もう一つは，ある課目を勉強する場合，やはり人によってなんとなく，自分に合ったスタイルというものがあるから，私としては，少々雑然としているような気もするが，私と同じ愚問に悩まされている読者も必ずおられることを予想して，あえて出版してもらう勇気を出した．

この本を丁度書き終えた頃，豊田正博士が，われわれの物理教室に合流されるという，誠に幸いなことが起こった．原稿を通読していろいろと議論をして下さったり，校正にも随分時間を費やして下さった．心から感謝したい．

1984年8月

高橋　康

追記

有光敏彦，一柳正和両博士は，校正刷を読んでいろいろと貴重な御意見を下さった．感謝にたえない．しかし，校正の段階では新しい文章の挿入など思う様にいかず，まだ舌足らずの点が多々ある様である．この点，両博士ならびに読者の方々におわびしなければならない．

第0章
統計力学のあらすじ
1

第I章
気体分子運動論
16

第II章
統計力学の原理I（古典論）
36

第VI章
統計力学の原理 II
200

第VII章
統計力学の応用
216

第0章　統計力学のあらすじ

　昔々のこと，私は統計力学を旧制の専門学校で教わった．大学に入ってから
もう一度統計力学を教わったが，残念ながら当時どんな事を習ったのか一向に
印象に残っていない．それはいうまでもないことだが，教えて下さった先生方
に責任があるのではなく，当時は戦争やらなんやらで欠講になることも多かっ
たし，第一，私自身は大学のおわり頃から相対論的場の理論のほうに興味がわ
いてきて，場の理論が統計力学とそんなに関係が深いなどとは夢にも知らなか
ったのが理由であろう．

　統計力学など，そっちのけで場の理論に長年こってきたが，近年になっては
たと気がついてみると，どうも，これら二つの学問の分野には，かなり共通し
たものがあり，少々勉強してみないわけにはいかないと感じるようになった．
そうこうしているうちに，大学4年生の統計力学を教えるという当番がまわっ
てきてしまった．そこで，あれこれと教科書を買ってきて読んでみたが，なか
なかわからない．他人の書いたものを読んでも，素直に理解できないというの
は，今にはじまったことではなく，これは私の持って生まれた能力の問題であ
って，死ななきゃ直らないのかもしれない．

　そこで，えっちらおっちら自分なりに愚問を発し自分なりに理解しようと努
めてみたが，やはりわからないことばかりである．そこで，久保先生の"統計
力学のあゆみ"に出くわした．これをよくよく読んでいるうちに，なんしなく
気分が楽になった．久保先生のような大先生が正直に，わからんことはわから
んと告白されているのを読みとる事が出来たからである．とにかく私は，もう
"うまくいった，うまくいった"という話をきくのに少々あきあきしてきた年令
である．人生そんなに万事うまくいくことなんてありっこない．物理学などや
っていると，365日のうち，ほんの数日，わかったような気がすることがあるく

らいで，ほとんどは暗中模索の連続である．

　統計力学を模索する過程において，まず例によって私は，できるだけ装飾を捨てて，できるだけ短いお話にまとめてみたいとつとめた．それがこの章のおわりの"統計力学のあらすじ"および第VI章3節の統計力学の公理的整理である．装飾が全部切り捨てられたか，それとも装飾でないものまで捨ててしまって珍奇なものになったかの判断は，読者諸兄にまかせるほかない．どっちみち，自分なりにまとめてみたものだから，専門家にはどうかと思われる様な表現があろうということは，おどろくにあたらない．ただしまちがった考え方を宣伝することになっては読者に申し訳ないばかりか，同業の教師連中にも大変迷惑になろう．そのようなことに気がつかれたら遠慮なく（ただし，著者，私がしょげてしまわないような言い方でやさしく）御教示下さるとありがたい．

　統計力学の勉強をはじめて，普通の学生（この中には私自身も含める）が少少とまどう点が二，三あるようである．その第1番目は例の時間平均と集合平均とが同じであるという出だしのところである．時間平均を本当は計算しなければならないのだが，それは，扱う系の自由度の大きさからして断念しなければならない．そこで集合を導入して，時間平均を集合平均で置きかえよう……というのは，そういわれれば仕方がないからついていくが，あとのほうに出てくるいろいろな例，たとえば，自由粒子のガスにしても，2原子分子の運動を並進運動，回転，振動に分離する話にしても，固体におけるDebyeモデルにしても，輻射場を調和振動子に分解する議論にしても，結局のところは，複雑な系から，相互作用をしていない規準座標をとりだす話であり，いったんここまでモデルを簡単化してしまうならば，時間平均をとることのほうが，集合平均をとるよりむずかしいなどといえなくなってしまう．モデルを簡単化してしまってから初志を貫徹すべく，時間平均をとってみると，熱平衡状態など出てこない．

　つまり，集合平均を導入したもとの根拠は，モデルを簡単化したところで完全にくずれてしまう．集合平均をとるのは，単に時間平均がとれないからではなくて，別のもっと重要な理由があるのではないだろうか……と心配になる．

　時間平均が集合平均に等しいという主張は，系の力学的構造に（非線形相互作用などの）強い制限をつけてはじめて成り立つことであると予想されるが，物理学においては，系の本質的な特徴を失わないかぎり，できるだけ理想化さ

れた簡単なモデルを導入することが重要な仕事である．このような立場からするとモデルを簡単化することをゆるさないような関係に固執することは，得策ではない．

　では，はじめから時間平均などのことはいっさい口にしないですませる手はないものだろうか．

　第2番目に不可解なのは，熱力学と統計力学との関係であろう．集合平均をとったあとで，分配関数（または状態和）と，熱力学的量との関係を示すあたり，一体，何を仮定して何を導き出しているのか，統計力学から本当に熱力学を導いたのか，それとも熱力学が出てくるように適当に物理量を定義してゆくのかなかなかわかりにくい．統計力学の目的の中の一つには，現象論的な熱力学の法則を，力学の原理から導くことにあったはずで，それを気にして勉強していると，その場になってなんとなくだまされたような気がする．

　第3番目にまごつくのは，小正準集合，正準集合，大正準集合を導入する段階で，それらの論理的な関係の説明があまりなく，完全に孤立した系を扱うときは小正準集合，エネルギーを交換できるときは正準集合……という言い方がしてあるので，なんだか扱う系によって集合をえらび使い分けなければならないような錯覚を起こしてしまう．お互いに密接に関係したものだから，熱力学的極限ではどの集団でも，計算しやすいものをえらびさえすればよいという事に気がつくのは，統計力学に慣れてからずっと後のこととなる．（ただし，ゆらぎを問題にするときにはもちろん，各集団は同等ではない．）

　この本では，自分が出くわした以上の点について，自分なりに説明したり，強調したりしてみた．私の統計力学に対する年期の不足などのために，どの程度それが成功したか自信はない．大体の構成として，第一に，問題点を予想するため，はじめに古典統計力学のあらすじという節をもうけてみた．この節は，一言一句意味がわからなくても，大体のふん囲気がわかれば，細いことは気にしないで読んでいただきたい．本書の最後まで読みおえてから，もう一度 p.4 から p.12 まで読み直したとき，意味がわかってくださるか，または具体的にどこがどういう意味でわからないかがわかってくだされば結構である．

　統計力学の全体を公平に紹介することは，はじめから度外視してあるし，第一この分野で経験の少ない私のよくするところではない．統計力学のほんの初歩的な考え方の解説を試みるのが主な目的である．したがって，はじめに統計

力学の目的などを箇条書きにすることはやめよう．それは，ほかのどんな本に
でも書いてあることだし，いったん統計力学が理解できたならば，なにもせまい目的など気にすることはない．考え方そのものは，社会学に応用しても，交通整理に応用してみても，遺伝学に応用しても，または投資に応用しても一向にかまわない．それほど，統計力学は基礎的で，応用の広い学問である．

　対象として扱うものは大変大きな数の要素を含んだ系にかぎられる．1 モルの気体の中には $N = 10^{23}$ 個の粒子が含まれていることは周知だろう．10^{23} というとあまりピンとこないが，実は途方もなく大きい数である．その大きさを実感としてつかむために，電卓であたってみると次のようになる．原子の直径は $10^{-8}\,\mathrm{cm}$ だから，10^{23} 個の原子をぎっしりと隣りあわせて一列に並べてみたらどれくらいの長さになるだろうか？　1 km 位？　（答．$10^{15}\,\mathrm{cm}$．冥王星の軌道半径が $10^{14}\,\mathrm{cm}$）．10^{23} 個の粒子を 1 秒に 1 個の割合で勘定したらどれくらいかかるか？　数年？　（答．10^{15} 年．月や地球の年令は 10^{9} 年．Hubble 時間は 10^{10} 年）．今度は，空気中の酸素の分子は約 $500\,\mathrm{m\,sec^{-1}}$ くらいの速度で走っているとすると，自分の額の $1\,\mathrm{cm^2}$ に 1 秒間に何個の分子がぶつかっているだろうか？　（答．約 10^{23} 個）．一列に並べたら太陽系の大きさくらいの長さになってしまうほどのたくさんの原子を，箱の中にぎっしりつめるには，どれくらいの大きさの箱が必要だろうか？　一升瓶くらい？　（答．$10^{-1}\,\mathrm{cc}$ と今度は滅法に小さくなる）．われわれの直観は，大きいものとか小さいものにはなかなかうまく働かないものである．

　話の順序として，前にもいったように，統計力学のあらすじを次に述べる．その場合，量子統計は一応別にする．量子力学に慣れてない読者をおどろかせないため，古典論だけで第 II 章まで話をすすめる．その仕事がおわったら，それを量子統計にもっていくのは，あまり困難ではないと思う．

　本書であげた例や演習はすべて，原理を理解するために必要な初等的なものにかぎった．もっと実用的な計算問題は，自分で手を使いながら習っていくほかないだろう．その目的のために，巻末に参考書を二，三あげた．

平衡系の古典統計力学のあらすじ

　以下の章で順を追って説明するが，一応の問題点をあらかじめ予想するため

に，まず熱平衡系の古典統計力学のすじ書きを，やや天下りに与えておこう．問題を予想することだけが目的だから，一言一句理解できなくても気にしないで先に進むように．

1. 時間平均を集団平均でおきかえる

熱平衡にある物理系を問題にする場合，われわれは，<u>複雑な相互作用をしている非常に多くの粒子</u>からなる系の行動の時間平均を考えているわけである．たとえば1モルの気体の中では$N = 10^{23}$個という莫大な数の粒子が，互いにエネルギーをやりとりしながら走りまわっているので，これを真正直に扱おうとすると，10^{23}個の複雑な連立運動方程式を解いてそれから，時間平均をとらなければならない．そのうえ，初期条件も与えられていないし，このような真正直な方法は，実用にならない．

したがって相互作用下にある自由度のきわめて多い系を取り扱うには，正攻法を断念して，なにかもっと扱いやすい操作で，時間平均の操作をおきかえることはできないであろうかと考える．

<u>この複雑な系の行動の時間平均</u>という操作を簡単な系の，<u>別種の平均操作</u>で <u>simulate しよう</u>というのが統計力学における小正準集合の理論であり，小正準集合理論をさらに使いやすくしたのが，正準集合理論や大正準集合理論である．

2. 微視的状態の数を勘定する

集合を導入する前に"微視的状態"を定義しておかねばならない．微視的状態を指定するのには，位相空間を用いる．N個の粒子系に対して，正準座標と正準運動量で張られる$6N$次元の位相空間を考える．この位相空間を今後$^N\varGamma$空間と呼ぶ．$^N\varGamma$空間の一点はN個の粒子系が座標$q_1\cdots q_{3N}$，運動量$p_1\cdots p_{3N}$をもっている状態をあらわす．全系の運動は$^N\varGamma$空間の中の1点の運動である．（p.39 の図2.1参照）．

$^N\varGamma$空間の中の体積要素$\mathrm{d}q_1\cdots\mathrm{d}q_{3N}\,\mathrm{d}p_1\cdots\mathrm{d}p_{3N}$の中にある"状態の数"を無次元の量

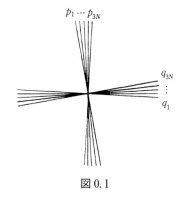

図 0.1

$$\mathrm{d}^N\Gamma \equiv \frac{1}{h^{3N}}\mathrm{d}q_1\cdots\mathrm{d}q_{3N}\,\mathrm{d}p_1\cdots\mathrm{d}p_{3N} \tag{1.1}$$

で定義する．ここで，h は Planck の定数で作用の次元をもつから，$\mathrm{d}^N\Gamma$ は次元をもたない．

さて，体積 V をもった N 粒子系が巨視的な全エネルギー E と $E+\delta E$ との間にある場合，その巨視的状態を与えうる可能な微視的状態は一体いくつあるだろうか．それは $^N\Gamma$ 空間において，E と $E+\delta E$ にはさまれた部分の体積である．そこで $^N\Gamma$ 空間における状態密度関数，

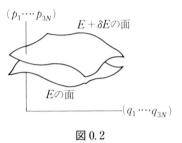

図 0.2

$$\rho(^N\Gamma) \equiv \begin{cases} 1 & E \ \text{と}\ E+\delta E\ \text{の間で} \\ 0 & \text{それ以外で} \end{cases} \tag{1.2}$$

を導入する．ここで ρ の中に $^N\Gamma$ と書いたのは，ρ が $^N\Gamma$ 空間の中の点の関数という意味である．詳しくは，

$$\rho(^N\Gamma) = \rho(q_1, \cdots, q_{3N}, p_1, \cdots, p_{3N})$$

と書くべきものである．以下，一々 $(q_1, \cdots, q_{3N}, p_1, \cdots, p_{3N})$ と書く代わりに，簡単に $(^N\Gamma)$ と書く．状態密度関数 (1.2) を用いると，E と $E+\delta E$ の間にはさまれた可能な微視的状態の全数，

$$W(N, E, V, \delta E) \equiv \Omega(N, E, V)\,\delta E$$

$$= \int \mathrm{d}^N\Gamma\,\rho(^N\Gamma) \tag{1.3}$$

がえられる[*]．$\Omega(N, E, V)$ はエネルギー δE の区間の**状態密度**といわれる量である．

この W 個の微視的状態のどれか，またはすべての状態のある組み合わせが，N と V と $E \sim E+\delta E$ で指定された巨視的状態に寄与しうるわけである．

熱平衡にある系にはどのような組み合わせが寄与しているかを知るのが次の問題である．

----

[*]　$W(N, E, V, \delta E)$ のことを熱力学的重率ということもある．

3. 等重率（または先験的等確率）の仮定の導入

ここで，いわゆる Ergodic theorem が問題になる．つまり，$^N\Gamma$ 空間の一点の運動が，上に勘定した各微視的状態をどのようにめぐりめぐって覆っていくかを調べなければならない．それがわかると，時間平均を，位相空間における平均で表現することができることになる．これは純数学者や物理学者がいろいろと研究したが，いまだに完全には解かれていない問題で，"ここでは，この問題にあまり立ち入らない"と逃げなければならない．

それでどうするかというと，われわれは正直に無知を告白するわけである$^{*)}$．一体，微視的状態のどのような組み合わせが平衡にある巨視的状態をつくっているか，エネルギーはできるだけ分散しているということ以上，われわれは完全に無知であるので，次の等重率の仮定を導入し，先に進むことにする．すなわち，熱平衡にある N, E, V の与えられた巨視的状態には，W 個のすべての微視的状態が，完全に等しい重率で寄与する．

これを数学における公理のようにみなし力学からこれを基礎づける努力を一応断念し，この仮定から出てくる物理的結論を観測と比べて仮定が良かったか悪かったかを判定することにする．（今のところこの基本仮定の妥当性を疑わなければならないような現象は知られていない．）

この仮定を受け入れると，各微視的状態は，

$$f_{\mathrm{MC}}(^N\Gamma) = \frac{\rho(^N\Gamma)}{\Omega(N, E, V)\delta E} \tag{1.4}$$

の割合で，平衡状態にある巨視的状態に寄与することになる．

このことを，確率論的に言い直すと，次のようになる．まず，(1.3)で計算した W 個の微視的状態を各1個ずつ並べた母集団を考える．これを**小正準集合**（microcanonical ensemble）という．この母集団の中から勝手に1個の系をとりだすとき，その系に付随する物理量（たとえば Hamiltonian など）の**期待値**，または同じことだが，この母集団から勝手に何回も系をとりだしたとき，それらの系に付随する物理量の**平均値**が熱平衡においてわれわれの観測する（前に

＊） p. 48 余談参照．

いったように，これは複雑な量の長時間平均）物理量（を simulate したもの）であると考える．簡単に，このことを，<u>熱平衡系に対しては，各微視的状態の出現確率は $f_{\mathrm{MC}}(^N\Gamma)$ で与えられる</u>と表現してもよい[*1)]．

式 (1.4) の $f_{\mathrm{MC}}(^N\Gamma)$ を**確率分布関数**（distribution function）または，**規格化確率密度**という．

4.　巨視的物理量をどう考えるか

N 粒子系の物理量 $A(^N\Gamma)$ の熱平衡状態における値はしたがって，

$$\langle A \rangle_{\mathrm{MC}} \equiv \int \mathrm{d}^N\Gamma\, f_{\mathrm{MC}}(^N\Gamma) A(^N\Gamma) \tag{1.5}$$

である[*2)]．これが，物質の量 N，体積 V，エネルギー E を巨視的に指定したときの物理量 A の観測値である．

たとえば，系の Hamiltonian とか，粒子数 N とかの平均値を (1.5) で計算してみると，当然のことながらはじめの E とか N に戻る．このような計算を実際におこなう場合，(1.2) で考えたような分布を Dirac のデルタ関数でおきかえて，

$$\rho(^N\Gamma) = \delta(E - H_N(q, p))\delta E \tag{1.6}$$

としたほうが便利である．ただし，$H_N(q, p)$ は N-粒子系の Hamiltonian である．これを用いると[*3)]，

$$\langle E \rangle_{\mathrm{MC}} = \int \mathrm{d}^N\Gamma\, f_{\mathrm{MC}}(^N\Gamma) H_N(q, p)$$

$$= \int \mathrm{d}^N\Gamma\, f_{\mathrm{MC}}(^N\Gamma) E = E \tag{1.7}$$

$$\langle N \rangle_{\mathrm{MC}} = \int \mathrm{d}^N\Gamma\, f_{\mathrm{MC}}(^N\Gamma) N = N \tag{1.8}$$

である．つまり，小正準集団においては E や N そのものが，平均値すなわち観測値である．この E を熱力学的な内部エネルギーとみなす．

[*1)]　厳密には，$N \to \infty$ すなわち $W \to \infty$ のとき，熱平衡値がえられる．p.60 を見よ．

[*2)]　MC というのは microcanonical 集団における平均という意味．

[*3)]　定義により当然 $\int \mathrm{d}^N\Gamma f(^N\Gamma) = 1$

5. 熱力学的量との関係

次にしなければならないことは熱力学的法則を統計力学的に導くことである.
それには，まずエントロピー S を，

$$S(N, E, V) \equiv k_\mathrm{B} \log W(N, E, V, \partial E) \tag{1.9}$$

で定義する[1]. ここに k_B は Boltzmann の定数で，

$$k_\mathrm{B} = 1.380 \times 10^{-16}\,\mathrm{erg}\,{}^\circ\mathrm{K}^{-1}$$

の値をとる. 式 (1.9) の関係は，あとで説明するように，熱力学的量 S と微視的量 W をむすびつける重要な基本式で，**Boltzmann の式**と呼ばれる[2].

式 (1.9) では，N, E, V は (1.7), (1.8) で示したように，もう巨視的な量であって，温度 T，圧力 p，化学ポテンシャル μ をそれぞれ，

温度 T :
$$\frac{\partial S(N, E, V)}{\partial E} = \frac{1}{T} \tag{1.10}$$

圧力 p :
$$\frac{\partial S(N, E, V)}{\partial V} = \frac{p}{T} \tag{1.11}$$

化学ポテンシャル μ :
$$\frac{\partial S(N, E, V)}{\partial N} = -\frac{\mu}{T} \tag{1.12}$$

で定義すると，ただちに，熱力学の第 1 法則，

$$\mathrm{d}E = T\mathrm{d}S - p\mathrm{d}V + \mu\mathrm{d}N \tag{1.13}$$

が得られる[3].

熱力学の第 2 法則，すなわちエントロピー増大の法則も，上に考えた小正準集合の中の二つの系の接触を考えることによって確率的に理解することができる.

---

[1] これが，Boltzmann の墓標に書いてある有名な式である. 情報理論ではこれは，われわれの無知の程度を示す量である. また，(1.9) は $S = -k_\mathrm{B} \int \mathrm{d}^N\Gamma f({}^N\Gamma) \log f({}^N\Gamma)$ と書けることに注意.

　このエントロピーの定義の右辺には，任意の量 ∂E が入っていて，これがあとで悪いことをしないかと気になるがこれは大丈夫である. そのことはあとで説明する.

[2] これについては少々逸話がある. それはあとのおたのしみ.

[3] エントロピー関数 S の存在は，一応，熱力学の第 2 法則とは関係がない. 通常エントロピー関数の存在は熱が全部仕事に変わらないということから導かれるが，逆に仮に仕事が全然熱に変わらないとしてもエントロピー関数の存在は証明できる.

そのほか Hamiltonian が与えられると，物質の比熱や圧縮率とかの物理量や状態方程式などを計算することが，運動方程式を解いて時間平均をとることなしに，小正準集合での平均値として計算できることになったわけである．

6.　最大項の方法

さて，上のように，時間平均を小正準集合平均で置きかえることにしたが，(1.5) のような平均値の計算や，W 自身の計算 (1.3) が，時間平均をとることより，はじめの計画通りやさしくなっているだろうか．少なくとも，時間平均をとる操作よりやさしくなっているか，それとも，組織的に近似解を求めて行きやすい理論でないと，実用価値が少ない．

残念ながら，たとえば，W の積分 (1.3) を遂行することは，N 個の自由粒子の場合ですらなかなかむずかしい．それはこの積分は次の条件，

$$E = \sum_{i=1}^{N} \frac{1}{2m} \boldsymbol{p}_i^2 \tag{1.14}$$

を満たすように行なわれなければならないからである[*1)]．その他，粒子の数も一定という制限がある．この計算がむずかしいとき，うつ手が二つある．その一つは積分 (1.3) をまず，和の極限でおきかえ，その極限をとる前の和を思いきって近似してしまうことである．その和の中の多くの項の中で，(1.14) の条件のもとに最大になる項だけを考慮し，あとは思い切って捨ててしまうやり方，（これには Lagrange の未定係数法を用いたうまいやり方がある）である．これを**最大項の方法**という．これは実用的な処方であって，やはり原理は等重率の仮定からきている．

7.　正準集合の導入

もう一つの手は，小正準集合平均を直接計算する代わりに，その Laplace 変換を計算するやり方である[*2)]．式 (1.3) が直接計算できないなら，その La-

---

[*1)]　積分 $\int d^N \Gamma \delta\left(E - \sum_{i=1}^{N} \frac{1}{2m} \boldsymbol{p}_i^2\right)$ は，不可能ではない．p.64 参照．
　　　また，このような自由粒子（相互作用が全然ない！）の系では，時間平均をとるのは全く容易であるが，それは初期条件だけで決まり熱平衡状態とは全然関係がない．しかし，集団平均は完全に自由な粒子系についても，熱平衡状態を与えると考える．
[*2)]　Laplace 変換に今まで出くわしたことのない読者は，これを良い機会として勉強することを

place 変換，

$$Z_c(N, \beta, V) \equiv \int_0^\infty dE\, \Omega(N, E, V) e^{-\beta E}$$

$$= \int d^N \Gamma \int_0^\infty dE\, \delta(E - H_N(q, p)) e^{-\beta E}$$

$$= \int d^N \Gamma\, e^{-\beta H_N(q, p)} \tag{1.15}$$

を計算する．これが計算できたならば，Laplace の逆変換で，もとに戻さないでも，(1.15) から直接，熱力学にむすびつけることができる*).それを議論するのが正準集合（canonical ensemble）の理論である．

小正準集合の理論では熱平衡にある巨視系の状態を N と E と V で指定して，それがどのような微視的状態からできあがっているかを議論したが，正準集合の理論では，巨視系の状態が N と V と（E の代わりに）温度 T で指定されているときどのような微視的状態が，どれだけの重率で関与するかを議論する．前の (1.2) の $\rho(^N\Gamma)$ の代わりに，

$$\rho_c(^N\Gamma) = e^{-\beta H_N(q, p)} \tag{1.16}$$

をとり，分布関数 $f(^N\Gamma)$ として (1.4) の代わりに，

$$f_c(^N\Gamma) = \rho_c(^N\Gamma)/Z_c(N, \beta, V) \tag{1.17}$$

をとったことにあたる．$Z_c(N, \beta, V)$ を正準集合の状態和（state-sum）または分配関数（partition function）という．

この分配関数は熱力学における Helmholtz の自由エネルギー F と，

$$F = -\beta^{-1} \log Z_c(N, \beta, V) \tag{1.18}$$

でむすばれている．又，物理量 $A(^N\Gamma)$ の正準集合平均は，

$$\langle A \rangle_c = \int d^N \Gamma\, f_c(^N\Gamma) A(^N\Gamma) \tag{1.19}$$

で与えられる．

　おすすめする．
*）$\beta^{-1} = k_B T$ となる．T は絶対温度．

8. 大正準集合の導入

さらに，正準集合の分配関数 $Z_C(N, \beta, V)$ を，粒子数 N についても La-place 変換して，

$$Z_G(\alpha, \beta, V) \equiv \sum_{N=0}^{\infty} e^{-\alpha N} Z_C(N, \beta, V)$$

$$= \sum_{N=0}^{\infty} \int_0^{\infty} dE \, \Omega(N, E, V) e^{-\alpha N - \beta E}$$

$$= \sum_{N=0}^{\infty} \int d^N \Gamma \, e^{-\alpha N} e^{-\beta H_N(q, p)} \tag{1.20}$$

を計算したほうが，もっと容易に積分を遂行することができる，という場合がしばしばおこる．

この場合にも，もとにもどらないで，(1.20) のまま熱力学と関係づけることができるというのが<u>大正準集合</u>（grandcanonical ensemble）の理論である．大正準集合は，

$$\rho_G(^N \Gamma) \equiv e^{-\alpha N} e^{-\beta H_N(q, p)} \tag{1.21}$$

ととり，確率分布関数，

$$f_G(^N \Gamma) = \rho_G(^N \Gamma) / Z_G(\alpha, \beta, V) \tag{1.22}$$

を定義したことにあたる．この Z_G を大正準集合における<u>状態和</u>または<u>分配関数</u>と呼ぶ．

大正準集合では，巨視的には化学ポテンシャルと温度と体積を指定して，その系が，どのような微視的状態からできあがっているかと考えたことにあたる．熱力学と Z_G は，

$$pV = \beta^{-1} \log Z_G(\alpha, \beta, V) \tag{1.23}$$

でむすばれ*)，物理量 $A(^N \Gamma)$ の大正準集合平均は，

$$\langle A \rangle_G = \sum_{N=0}^{\infty} \int d^N \Gamma \, f_G(^N \Gamma) A(^N \Gamma) \tag{1.24}$$

で与えられる．

---

*) μ を化学ポテンシャルとするとき $\alpha = -\beta \mu$.

9. 種々の集合の間の関係

上に導入した3個の集合による方法は互いに密接に関係している．特に，熱力学的極限つまり，N/V を一定にしておいて，N と V を無限に大きくした極限では，3者がすべて一致する．したがって，熱力学的量を計算する場合には計算に便利なものどれを使ってもかまわない．一般的にいうと小正準集合は，力学との関連を論ずる場合には便利だが，実用的な計算には，正準又は大正準集合が便利である．ただし，統計力学に特有なのは物理量の，平衡値のまわりの“ゆらぎ”であって，それを問題にするときには，それに適した集合をえらばなければならない．

まとめると：熱平衡状態というのは，微視的にいうといろいろな状態の平均である．巨視的な状態は3個の熱力学的変数によって指定することができるが，どのような3個の組み合わせ，たとえば，(N, E, V) か (N, β, V) か (α, β, V) か，を指定するかにしたがって，平均のとり方が異なる．確率論的にいうと，巨視的変数の指定の仕方により，密度 $\rho({}^N\Gamma)$ （それぞれの場合式 (1.2)，(1.16)，(1.21)）で分有している系の母集団を考え，その母集団の中から勝手に一つの系をとり出したときの期待値として，熱平衡状態を理解する．熱力学において巨視的状態の指定は (N, E, V) でやっても (N, β, V) でやっても (α, β, V) でやっても勝手であって結局は同じことであるように，統計力学においても，どのような母集団で計算を進めても勝手であり，熱力学的極限では結局同じことになる．

10. 残った疑問

以上で，平衡系の統計力学の筋書きは，一応おわりということになる．あとは，実際の問題に対して理論をうまく使いさえすればよい．

ここで，あまり詳しい説明なしに，あらすじだけ述べたので，話がしごく簡単になってしまったが，もう一度ふり返ってみると，わからないことだらけであろう．たとえば，

A. 時間平均を，等重率の仮定を満たす集団平均で置きかえるとは一体どういうことか，またそれにはどれだけの根拠があるのだろうか？ それは熱平衡とどんな関係があるのか？

B．なぜ，位相空間などという抽象的なものを持ち出さなければならないのだろうか？　量子力学的統計力学ではこれはかえって不便なのではないだろうか？

C．Boltzmann の式の物理的根拠は？　熱力学で習った $dS = d'Q/T$ とは似ても似つかないもののようにみえるが．

D．熱力学の法則は本当に"導かれた"のだろうか？　熱力学の法則が出るように適当に温度や圧力を定義したにすぎないような気がしないでもないが．

E．本当に，集団平均のほうが，時間平均より計算しやすいだろうか？　式 (1.5) は $6N$ 重積分で $N = 10^{23}$ 位のとてつもない数だが．

統計力学を既に一応かじったことのある読者なら，さらに疑問が続くことだろう．たとえば，

F．正準集合や大正準集合などは，どのように関連しており，どのように使いわけたらよいのだろうか？

G．小正準集合の中から"最も確からしい"状態の寄与だけを取り出すやり方は等重率の仮定と矛盾するのではないか？　すべての状態は等しい確率で寄与していたはずで，最も確からしい状態など無いはずではないのか？

H．Bose 統計とか Fermi 統計とは一体どのようにして導入されるのか？

I．熱力学の第 3 法則は，どう理解したらよいのだろうか？　縮退した基底状態の理論（自発的に対称性の破れた理論）と矛盾しているようにみえるが．

J．相転移や，もっと複雑な現象をどう理解するのだろうか？

K．現実の問題に対して，うまい組織的な近似方法があるのだろうか？　量子力学における摂動論や変分法や，Feynman 図形の方法があれば好都合だと思うが．

L．小正準集合や正準集合の理論では系に含まれる粒子の数 N は決まったものである．場の理論のように一定の数の粒子を含まないような系はどうして扱ったらよいのだろうか？

M．非平衡系への拡張はどうしたらよいのか？

N．統計をとったことで，力学の中にあった時間反転不変性が消えてしまうのはなぜだろう？　集合において統計をとるということは，時間とは無関

係な操作だが.

あげていたらきりがない. 直接の応用問題は別として, ここにあげた問題の中には, まだ片づいていない根本的なむずかしいものもあるし, 一応理解されているものもあるし, 単なる愚問もある. この本では愚問と, やさしい問題だけを取りあげる.

第Ⅵ章のおわりの節で, 平衡系の統計力学全体 (いろいろな集合の理論) を, 公理的にまとめてみたから, そこまで忍耐して勉強した読者は, そこでもう一度, 統計力学の全体の論理構造について考えてほしい.

第I章　気体分子運動論

われわれの扱う物理系の中で起こっていることの,
大体の見当をつけるために

§1.　気体の圧力および温度

壁に衝突する分子

いま, 体積 V の中で, 熱平衡状態にある気体を考えよう. この気体は N 個の分子からできている. N は 10^{23} 位の大変大きな数である. この場合, 側面 ABCD を考えると, それには多くの分子が絶えず衝突しているであろう. 分子の衝突によって, x 軸に垂直な側面 ABCD のうける力 (つまり**圧力**) を計算してみよう. 事を簡単にするために, 面 ABCD は, なめらかであり, 速度,

$$\boldsymbol{v} = (v_x, v_y, v_z) \tag{1.1}$$

の分子は, 速度,

$$\boldsymbol{v}' = (-v_x, v_y, v_z) \tag{1.2}$$

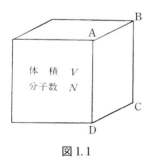

図 1.1

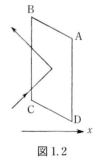

図 1.2

ではねかえされるとしよう. いま分子の質量を m とすると, 衝突によって, その運動量は, x 方向に,

$$2mv_x$$

だけ変化する. 面 ABCD は, 1 分子の衝突でこの分だけ運動量をもらうことに

なる.

　気体中の多くの分子が，全体としてどれだけ，面 ABCD に衝突するかを計算するには，多くの分子の速度分布に関する知識が必要になる．この気体中で速度の x 成分が v_x と $v_x+\mathrm{d}v_x$ にあり，y 成分，z 成分がそれぞれ v_y と $v_y+\mathrm{d}v_y$, v_z と $v_z+\mathrm{d}v_z$ の間にある分子の数を，

$$N(\boldsymbol{v})\mathrm{d}^3v \equiv N(v_x, v_y, v_z)\mathrm{d}v_x\mathrm{d}v_y\mathrm{d}v_z \tag{1.3}$$

としよう．側面 ABCD の上に，面積 $S\,\mathrm{cm}^2$ を考えたとき，時間 $\varDelta t$ の間に S に衝突する分子の数を知るには右図のように S を底面とし，$\boldsymbol{v}$ の方向を向いた高さ $v_x\varDelta t$ の，斜の円筒を考え，その中にふくまれる分子の数を知ればよい．速度 $\boldsymbol{v}$ の分子でこの円筒の中に入っていない分子は，$\varDelta t$ 時間の間に，S に達しえないからである．この円筒の中にある分子のみが，$\varDelta t$ 時間の間に S に到達しうる．

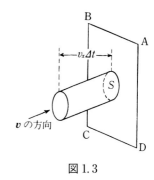

図 1.3

　この円筒の体積は，明らかに，

$$Sv_x\varDelta t \tag{1.4}$$

である．式 (1.3) によると，この気体の中の速度 $\boldsymbol{v}$ をもった分子の密度は，

$$\frac{1}{V}N(\boldsymbol{v}) \tag{1.5}$$

であるから，(1.4) と (1.5) をかけあわせると，円筒の中の速度 $\boldsymbol{v}$ をもった分子の数となる．すなわち，

$$Sv_x\varDelta t\frac{1}{V}N(\boldsymbol{v}) \tag{1.6}$$

が，円筒の中の分子の数である．前にいったように，分子が壁にあたると，$2mv_x$ だけの運動量をうけるから，壁がうける全運動量の変化（これを気体の**圧力**という）は，単位時間，単位面積あたり，

$$p \equiv \frac{1}{S\varDelta t}\int_{v_x>0}\mathrm{d}^3v\,2mv_xSv_x\varDelta t\frac{1}{V}N(\boldsymbol{v})$$

$$= \frac{1}{V}\int_{v_x>0}\mathrm{d}^3v\,2mv_x^2N(\boldsymbol{v}) \tag{1.7}$$

17

となる. $v_x>0$ としたのは, 壁に向かう分子だけが衝突を起こすからである. これが気体の圧力である.

　これまでのところ粒子が, 空間的に一様に分布しているという以外熱平衡などという条件はどこにも使っていない. $N(\boldsymbol{v})$ さえわかれば (1.7) の量は計算できるはずである.

熱平衡状態

　熱平衡状態では, 気体は各方向に対して一様であると考えられるから, 粒子数 $N(\boldsymbol{v})$ は, 実は, $\boldsymbol{v}$ の方向によらず, 大きさ v のみによると考えるのが自然であろう. そうすると,

$$\int_{v_x>0} \mathrm{d}^3v\, 2mv_x^2 N(\boldsymbol{v}) = \frac{1}{2}\int \mathrm{d}^3v\, 2mv_x^2 N(v)$$

$$= \frac{m}{3}\int \mathrm{d}^3v\, v^2 N(v) \tag{1.8}$$

としてよい. すると (1.7) より,

$$pV = \frac{m}{3}\int \mathrm{d}^3v\, v^2 N(v) \tag{1.9}$$

となる. いま,

$$\overline{E} \equiv \int \mathrm{d}^3v\, \frac{1}{2}mv^2 N(v) \tag{1.10}$$

とおくと, (1.9) は,

$$pV = \frac{2}{3}\overline{E} \tag{1.11}$$

となる. この $\overline{E}$ は熱平衡状態にある系のもつエネルギーである. (1.11) を **Bernoulli の式**という. これは, 熱力学だけに頼るかぎり, 導きだせない式であった.

　さて, 熱平衡状態にある理想気体に対して成り立つ Boyle-Charles の法則

$$pV = \nu RT \tag{1.12}$$

と, (1.11) をくらべると*),

---

*)　式 (1.12) において ν は気体のモル数, R は気体定数.

$$\overline{E} = \frac{3}{2}\nu RT \tag{1.13}$$

がえられる．すなわち，この気体のもつエネルギーは温度に比例する．いま1分子の平均エネルギー，

$$\overline{\varepsilon} \equiv \frac{1}{N}\overline{E} = \frac{1}{N}\int \mathrm{d}^3 v \, \frac{1}{2}mv^2 N(v) \tag{1.14}$$

を定義すると，

$$\overline{\varepsilon} = \frac{3}{2}\frac{\nu R}{N}T = \frac{3}{2}k_{\mathrm{B}}T \tag{1.15}$$

となる．ここで，

$$k_{\mathrm{B}} \equiv \frac{\nu R}{N} = \frac{R}{N_{\mathrm{A}}} \tag{1.16}$$

とおいた*)．これは，Boltzmann 定数と呼ばれる量で，統計力学においてはいたるところに出てくる重要な量である．その数値は，

$$k_{\mathrm{B}} = 1.38\times10^{-16}\,\mathrm{erg}\,\mathrm{deg}^{-1} \tag{1.17}$$

である．式 (1.15) は，一個の分子の平均エネルギーと，温度とをむすびつける重要な関係だが，今のところ，理論的に導いた関係ではなく，実験法則 (1.12) の助けをかりて出した式である．

【注　意】

（1）　式 (1.15) の右辺に，3 という数が入っている．これは，v_x^2 の平均を v^2 の平均であらわすときに出てきたものである．ここでは分子の自由度を簡単に 3 としたことによるもので，もし分子の自由度が f ならば，

$$\overline{\varepsilon} = \frac{f}{2}k_{\mathrm{B}}T \tag{1.18}$$

となる．（p.65）このことを，熱平衡においては系の各自由度が，$\frac{1}{2}k_{\mathrm{B}}T$ ずつのエネルギーの配分をうけるといってもよい．これを**エネルギー等分配の法則**という．たとえば，2 原子分子からなる気体では，2 原子の間の振動を考えなければ $f=5$ とする．

＊）　$N_{\mathrm{A}} = 6.025\times10^{23}$（Avogadro number）
　　$R = 8.314\times10^7\,\mathrm{erg}\,\mathrm{mol}^{-1}\,\mathrm{deg}^{-1}$

（2）　ここでは，Bernoulli の式（1.11）と，Boyle-Charles の実験式（1.12）を比べてエネルギーと温度の関係（1.13）を見いだした．この関係（1.13）は，温度 T における分子の速度分布関数 $N(\boldsymbol{v})$ がわかっていれば，関係（1.10）を用いて理論的に計算できるはずのものである．次の章で示すように，粒子に対して古典統計をあてはめると，事実われわれは，（1.13）を導くことができる．しかし，もし分子に対して量子統計を用いると，（1.13）は成り立たず，特に低温においてはうんと食い違ってくる．（p.180）

§2.　熱平衡における分子の速度分布

そこでいよいよ熱平衡状態における速度分布関数 $N(\boldsymbol{v})$ を求めなければならない段階にきてしまった．この関数の求め方にはいろいろな方法がある．しかし，どのような方法をとるにしろ，"熱平衡状態"とは一体何かという基本的問題を素通りするわけにはいかない．熱平衡状態が何であり，どのようにしてその状態が達せられるかという問題は実は統計力学の根本的課題であって，これは厳密にいうと，いまだに満足な解答がえられていない．この問題は，あとで考えてみることにし，ここでは，非常に単純に次のように考えよう．

速度空間

まず，v_x, v_y, v_z で張られる 3 次元の速度空間を考える[*1)]．この空間の中に，N 個の粒子を勝手に投げ入れるとしよう．ただし，これら粒子のエネルギーの総和はある与えられた値 E であるとする．いま，この空間の原点 O から $\boldsymbol{v}$ だけ離れた微小体積 d^3v を考えよう[*2)]．この速度空間は

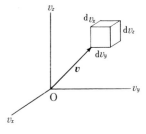

図 1.4

[*1)]　ということは，この空間中で，座標 (v_x, v_y, v_z) をもった一点は，速度 $\boldsymbol{v}$ をもった粒子である，ということである．この空間の中に，多くの点がどのように分布しているかを知ることによって，どのような速度をもった粒子が，どれだけあるかがわかることになる．粒子の位置のほうに関しては全く問わない．粒子の位置と速度の分布を知るには，6 次元の位相空間を考えなければならない（第 II 章参照）．ただし量子力学によると，粒子の位置と運動量の間には，不確定性関係があるから，位相空間の考え方はだめになる．量子統計については，あとで考える（第 V 章を見よ）．

[*2)]　この体積 d^3v は，何個でも粒子が入りうるほど大きいが，巨視的に見れば無限小とみなされるほど小さいとする．

全く一様であって，この箱 d^3v の中に 1 個の粒子が入りうる確率 g_v は，体積 d^3v だけにより，箱の位置 $\boldsymbol{v}$ にはよらないとする．すなわち，

$$g_v \equiv A\,d^3v \tag{2.1}$$

そうすると，$\boldsymbol{v}$ の位置にある箱の中に n_v 個の粒子が入る確率は，

$$P\{n_v\} = N! \prod_v \frac{1}{n_v!}(g_v)^{n_v} \tag{2.2}$$

である．$\boldsymbol{v}$ についての積は，空間全体を覆うように，すべての箱について行なう．ただし，

$$N = \sum_v n_v \tag{2.3}$$

$$E = \sum_v \varepsilon_v n_v \tag{2.4}$$

を満さなければならない．ε_v とは $\boldsymbol{v}$ の位置にある箱の中の粒子のもつエネルギーであって，

$$\varepsilon_v = \frac{1}{2}m\boldsymbol{v}^2 \tag{2.5}$$

である．

最大確率

この確率 $P\{n_v\}$ は，いろいろな $\boldsymbol{v}$ についての n_v の値によって，いろいろな値をとるが，量 (2.2) が最大になる分布 n_v^* を求めてみよう．量 (2.2) を最大にするには，その log を最大にすることと同じだから，

$$I\{n_v\} \equiv \log P\{n_v\} + \alpha\left(N - \sum_v n_v\right) + \beta\left(E - \sum_v \varepsilon_v n_v\right) \tag{2.6}$$

を定義し，これを，すべての n_v と α と β を独立に微分して 0 とおくと，$P\{n_v\}$ が，条件 (2.3), (2.4) のもとにとりうる最大値がえられる．つまり α と β とは Lagrange の未定係数である．

いま $n_v!$ に対して Stirling の式

$$\log(n_v!) = n_v(\log n_v - 1) \tag{2.7}$$

を用いると*），$I\{n_v\}$ の n_v に関する微分は，

$$\frac{\partial I\{n_v\}}{\partial n_v} = -\log n_v + \log g_v - \alpha - \beta\varepsilon_v \tag{2.8}$$

したがって，$P\{n_v\}$ を最大にする分布は，

$$n_v^* = g_v \mathrm{e}^{-\alpha-\beta\varepsilon v} \tag{2.9}$$

で与えられる．Lagrange の未定係数 α と β は，この n_v^* が条件 (2.3), (2.4)（これらは式 (2.6) をそれぞれ α と β で微分して 0 とおくことによって満たされる）を満たすように定める．たとえば，(2.9) に (2.1) を代入して積分を遂行すると（付録 (A.2) を見よ），

$$N = \sum_v n_v^* = A\mathrm{e}^{-\alpha}\int_{-\infty}^{\infty}\mathrm{d}^3v\,\mathrm{e}^{-\beta mv^2/2}$$

$$= A\mathrm{e}^{-\alpha}\left(\frac{2\pi}{\beta m}\right)^{3/2} \tag{2.10}$$

がえられる．また同様に，

$$E = A\mathrm{e}^{-\alpha}\int_{-\infty}^{\infty}\mathrm{d}^3v\,\frac{m}{2}v^2\,\mathrm{e}^{-\beta mv^2/2}$$

$$= -\frac{\partial}{\partial\beta}N = \frac{3}{2}\frac{1}{\beta}N \tag{2.11}$$

となる．したがって，(2.9) に戻ると，(2.10) により，

$$n_v^* = A\mathrm{d}^3v\,\mathrm{e}^{-\alpha-\beta\varepsilon v}$$

$$= N\left(\frac{\beta m}{2\pi}\right)^{3/2}\mathrm{e}^{-\beta mv^2/2}\mathrm{d}^3v \tag{2.12}$$

がえられる．このような速度分布が最も確からしい分布であるということになる．これを **Maxwell の分布** または **Maxwell-Boltzmann の分布** と呼ぶ．

　前節で導入した関数 $N(\boldsymbol{v})$ と式 (2.12) を同一視すると，

$$N(\boldsymbol{v}) = N\left(\frac{\beta m}{2\pi}\right)^{3/2}\mathrm{e}^{-\beta mv^2/2} \tag{2.13}$$

である．ここに入っている β は，(2.11) により，1 粒子のもつ平均エネルギー $E/N\equiv\bar{\varepsilon}$ と，

$$\bar{\varepsilon} = \frac{E}{N} = \frac{3}{2}\frac{1}{\beta} \tag{2.14}$$

＊）（前ページ）この式は p.98 で導く．

でむすばれている. 式 (1.15) と比べると,

$$\beta^{-1} = k_B T \tag{2.15}$$

であることがわかる[*1].

なお, 分布 (2.13) を運動量空間の分布に直すと,

$$N(\boldsymbol{p}) = N \left(\frac{\beta}{2\pi m} \right)^{3/2} e^{-\beta \boldsymbol{p}^2/2m} \tag{2.16}$$

となる[*2].

【注　意】

ここで, Maxwell の速度分布則 (2.12) を導いたやり方を反省してみると, 大変奇妙なことに気がつく. すなわち, p.20 から p.22 までの議論には, 力学の法則は, なにも使われていないのである. 単に, 分子の特別の配列の仕方の数を勘定し, 速度空間の一様性を仮定して, 分子のどのような配列が, もっとも probable であるかをきめたにすぎない. こうして決めた配列が, 熱平衡における分子の配列になるということを証明したわけではない. 熱平衡状態というものを, 微視的物理法則から説明しようという立場からすると, ここでのやり方は, 全く説得力がないことになる. この点は, 第VI章でもう一度考える.

【演習問題 1】

この節の計算では, 気体が全体として静止していることを暗黙のうちに仮定している. 気体分子の運動量の総和が $\boldsymbol{P}$ であるとして, 速度分布を求めてみよ. 速度分布が求まったら $\boldsymbol{P}=0$ の極限で, Maxwell 分布に一致することを確かめよ.

【ヒ　ン　ト】

$$\boldsymbol{P} = \sum_v n_v \boldsymbol{P}/N$$

と書けることに注意すると, 条件,

$$\boldsymbol{P} = \sum_v \boldsymbol{p}_v n_v \tag{A}$$

[*1]　ここでもやはり, 関係 (2.15) は, 実験との比較で得られる式で, 理論から直接えられたものではない. 理論的考察は, 第II章で行なう.

[*2]　$N(\boldsymbol{p})\mathrm{d}^3 p = N(\boldsymbol{v})\mathrm{d}^3 v$

は，

$$\sum_v (\boldsymbol{p}_v - \boldsymbol{P}/N)\, n_v = 0$$

と書けるから，本文の議論をそのまま使うと，

$$N(\boldsymbol{p}) = N\left[\frac{\beta}{2\pi m}\right]^{3/2} \exp\left[-\frac{\beta}{2m}(\boldsymbol{p} - \boldsymbol{P}/N)^2\right]$$

となる．または（A）をそのまま Lagrange の未定係数で直接考慮して計算してもよい．すると式（2.11）の代わりに，

$$E - \frac{1}{2m}\boldsymbol{P}^2/N = \frac{3N}{2\beta}$$

がえられる．物理的意味は明らかであろう．

【演習問題 2】

　右図のように，壁 AB によって仕切られた容器の中の部分（I）には，圧力 p_1，温度 T_1 の気体が入っており，第（II）の部分には，圧力 p_2，温度 T_2 の同種の気体が入っているとする．壁 AB には小さい穴があいているとすると，気体の分子は，（I）から（II）へもれ

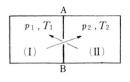

図 1.5

でることができる．また（II）から（I）へも分子は移動することができる．

　単位時間に（I）から（II）へ移る粒子と，（II）から（I）へ移る粒子の数が同一であるときの，p_1, T_1, p_2, T_2 の間に成立する関係を求めよ．ただし，気体は理想気体であるとする．

【ヒント】

　壁の面積 S に衝突する粒子数を計算して気体の圧力を取り扱うときのやり方を使うとよい．答えは，$p_1/\sqrt{T_1} = p_2/\sqrt{T_2}$ になる．

§3.　Maxwell 分布の実験的裏付け

　前節のおわりに注意したように，そこでは熱平衡状態とはなにかという問題は避けて，単に速度空間の一様性から，もっとも確からしい分子の配列を求めた．純理論的見地からすると，前節で求めたもっとも確からしい分布（Maxwell 分布）は，このままでは，熱平衡状態とは全然無関係なものかもしれない．
　そこで，熱平衡状態における分子の速度分布を，計算によらず，直接実験的

に見いだすことはできないだろうか？　その実験結果は，Maxwell 分布とどれだけずれているであろうか？

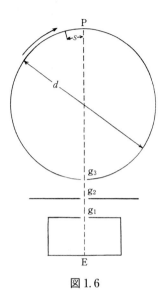

図 1.6

　熱平衡状態にある気体の中の分子の速度分布を直接測定するという面白い仕事は 1931 年，アメリカの Zartman によって行なわれた[*]．その実験装置を簡単に説明しておこう．右図のように小さいスリット g_1 をもった容器 E の中に，一定温度 T の気体が入っている．もう一つのスリット g_2 によって，容器から放出している気体は，細いビームとなって上方に走る．その上に，紙面に直角方向の軸のまわりを回転できる円筒を置く．ただし円筒の側面には小さな穴 g_3 があいている．もしこの円筒が図の位置で静止しているならば，E から出た分子の流れは，すべて点 P に集中する．しかしもし円筒が矢印の方向に回転していたら，g_3 から円筒内に入った分子は，それらの速度に応じて異なった時刻に点 P に達するから，円筒の内部には，S の範囲にわたって速度分布が記録されるはずである．

　Zartman は，温度 851℃ の蒼鉛（bismuth）を用い，円筒を毎秒 241 回転させて速度 168 m/sec から 673 m/sec までの分子分布を測定した．

　第 1.7 図は実験結果であり，次頁の第 1.8 図は，

$$\left(\frac{\gamma}{\pi}\right)^{3/2} e^{-\gamma v^2} v^2 \tag{3.1}$$

の γ を，実験のカーブとあうように調整したものである．うんと高い速度のところを除いては，よく一致している．

　そこで速度分布関数を，

---

[*]　I. F. Zartman, *Physical Review,* **37**, 383-391（1931）．これより新しい実験はもちろんいろいろとあるが，ここでは，はじめて実験を行なった物理学者に敬意を表して，Zartman のものを紹介する．

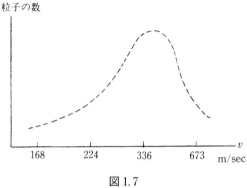

図 1.7

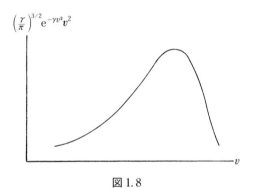

図 1.8

$$N(\boldsymbol{v}) \equiv N\left(\frac{\gamma}{\pi}\right)^{3/2} \mathrm{e}^{-\gamma v^2} \tag{3.2}$$

とおくと，体系の全エネルギーは，

$$\overline{E} = \int \mathrm{d}^3 v\, N(\boldsymbol{v}) \frac{m}{2} v^2$$

$$= \frac{3Nm}{4\gamma} \tag{3.3}$$

となるから，

$$\gamma = \frac{1}{2} \frac{3N}{2E} m \tag{3.4}$$

でなければならない．式 (2.14) によると，(3.4) はさらに，

$$\gamma = \frac{1}{2}\beta m \tag{3.5}$$

となる．これを，速度分布関数（3.2）に代入すると，結局，

$$N(\boldsymbol{v}) = N\left(\frac{\beta m}{2\pi}\right)^{3/2} \mathrm{e}^{-\beta m v^2/2} \tag{3.6}$$

がえられ，もっとも確からしいとして求めた分布式（2.13）と完全に一致することがわかる．

【蛇　足】

　　分子の速度分布を観測する方法に，もう一つ分子の出す光のスペクトルによるものがある．良く知られているように，分子は，一定の振動数の光を放出するがその振動数は，光源と観測者の相対速度によって，Doppler効果を示す．したがって一定温度の気体が放出する光は，いろいろな速度をもった分子によるものであるから，その強度分布を詳しく計ると逆に，分子の速度分布がわかることになる．

§4.　種々の物理量の平均値

　そこで，Maxwell の分布（2.12）を用いて，物理的に興味のある二，三の量を計算してみよう．

（1）　粒子の平均エネルギー

これは，すでに（2.11）で計算したように，

$$\bar{\varepsilon} = \frac{E}{N} = \left(\frac{\beta m}{2\pi}\right)^{3/2} \int \mathrm{d}^3 v \frac{m}{2} v^2 \mathrm{e}^{-\beta m v^2/2}$$

$$= \frac{3}{2\beta} = \frac{3}{2}k_{\mathrm{B}}T \tag{4.1}$$

である．

　前々節の注意の項でのべたように，（4.1）にあらわれる数 3 は，分子の自由度によるもので，もし，2 原子分子ならば，自由度は 5 だから，分子の平均エネルギーは（4.1）の代わりに，

$$\bar{\varepsilon} = \frac{5}{2}k_{\mathrm{B}}T \tag{4.2}$$

となる．（エネルギー等分配則）．したがって 1 モルの 2 原子分子気体では，定

27

積熱容量は,

$$C_V = N_A \frac{\partial \bar{\varepsilon}}{\partial T} = \frac{5}{2} N_A k_B = \frac{5}{2} R \tag{4.3}$$

である. たとえば, 水素気体の定積熱容量は実験によると下図のようなもので
ある. 温度 300°K 以下では, 理論値 2.5 から, かなりずれてくる. このずれは
あとで量子効果として説明されるものである. すなわち, 量子効果は, エネル
ギーの等分配則を破ることになる. 温度が低くなると各自由度は $1/2\,k_B T$ より
小さいエネルギーの配分しかうけなくなる.（p.138 参照).

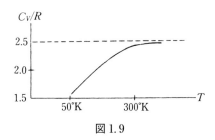

図 1.9

（2）　平均速度

速度の自乗平均はエネルギーの平均の計算からただちにえられて,

$$\bar{v}^2 = \frac{2}{m}\bar{\varepsilon} = \frac{3}{m} k_B T \tag{4.4}$$

である. あるいは,

$$\sqrt{\bar{v}^2} = \sqrt{\frac{3 k_B T}{m}} \tag{4.5}$$

また, 速度の大きさの平均値は,

$$\bar{v} = \left(\frac{m}{2\pi k_B T}\right)^{3/2} \int \mathrm{d}^3 v \, v \, \mathrm{e}^{-mv^2/2k_B T}$$

$$= \sqrt{\frac{2 k_B T}{\pi m}} \tag{4.6}$$

である.

水素ガスについて $\sqrt{\bar{v}^2}$ を計算してみると, 0 ℃ では

$$\sqrt{\bar{v}^2} = 18.4 \times 10^4 \,\mathrm{cm\,sec^{-1}}$$

という値が得られる. もっと重い気体ではいうまでもなく, もっとおそくなる.

たとえば酸素では,

$$\sqrt{\overline{v^2}} = 4.6 \times 10^4 \text{ cm sec}^{-1}$$

である.

（3） 衝突数と平均自由行路

速度分布（2.12）をもった多くの粒子があるというまでもなく，粒子間に衝突が起る．この衝突の起こる頻度を，きわめて直観的に求めておこう．

分子の半径を a としよう．すると，分子の最大の断面積は πa^2 である．このような分子が，単位体積あたり $n = N/V$ 個ちらばった空間の中を，速度 $\overline{v}$ で走る分子は，単位時間に，平均,

$$z = n\pi a^2 \overline{v} \tag{4.7}$$

回衝突することになる.

この量の逆数がある衝突から次の衝突が起こるまでの平均時間 τ である．すなわち，ある特定の分子が一回衝突を起こした後,

$$\tau = 1/n\pi a^2 \overline{v} \tag{4.8}$$

時間たつと，次の衝突が起こる.

このような，相続いて起こる2回の衝突の間に，分子は平均どれだけ走るか，つまり1個の分子が衝突を起こさないで走る距離の平均を l_m とおくと,

$$l_m = \tau \overline{v} = 1/n\pi a^2$$

である．この量を**平均自由行路**（mean free path）と呼ぶ．この量は，分子の断面積と密度だけに依存し，平均速度にはよらない*）．これは，気体の粘性，熱伝導係数や電気伝導度などのような，いわゆる**輸送係数**（transport coefficient）の研究に重要な概念である.

【余　　談】

非常に荒っぽくいうと，たとえば粘性係数は,

$$\eta \cong nml_m\overline{v} \tag{4.9}$$

熱伝導度は,

$$\kappa \cong nml_m\overline{v}C_V \tag{4.10}$$

であたえられる．ただし C_V は1グラムについての定積比熱である.

---

*） 人ごみの中を歩くとき，早く歩いてもおそく歩いても，人にぶつからずに歩ける距離は同じである．太った人ほど，平均自由行路は短い.

普通の気体では，0 °C 位の温度で，l_m は，

$$l_m \sim 10^{-5}\,\mathrm{cm} \tag{4.11}$$

ぐらいであり，分子間の平均距離，

$$n^{-1/3} \sim 3\times10^{-7}\,\mathrm{cm} \tag{4.12}$$

に比べ，かなり長い．

なお，単位時間における衝突数 z は，

$$n \sim 3\times10^{20}\,\mathrm{cm}^{-3}$$
$$a \sim 10^{-8}\,\mathrm{cm} \tag{4.13}$$
$$\bar{v} \sim 10^4\,\mathrm{cm\ sec}^{-1}$$

としてあたってみると，式 (4.7) によって大体，

$$z \sim 10^9\,\mathrm{sec}^{-1} \tag{4.14}$$

という大きなものである．したがってある衝突から次の衝突までには

$$\tau = z^{-1} \sim 10^{-9}\,\mathrm{sec} \tag{4.15}$$

という短い時間しかかからない．

　熱平衡にある巨視的な物理量を観測する場合，もちろん 10^{-9} sec に比べれば，うんと長い時間をかけて観測するから，その間に分子は巨大な回数だけ衝突していることになる．

§5.　一般の場合の Bernoulli の式

いままでの議論では各粒子のエネルギー ε が速度 $\boldsymbol{v}$ によって，

$$\varepsilon = \frac{1}{2}m\boldsymbol{v}^2 \tag{5.1}$$

で与えられることを，あたり前のこととして仮定してきた．もう少し一般的な場合を論ずるためには，速度を使うよりも，運動量 $\boldsymbol{p}$ を用いたほうが便利である[*]．一般にエネルギー ε と運動量 $\boldsymbol{p}$ とが，

$$\varepsilon = \varepsilon(\boldsymbol{p}) \tag{5.2}$$

で与えられるとしよう．すると (5.2) から，速度の i 成分 $(i=1,2,3)$ は，

---

[*]　たとえば，固体中のフォノンや光の粒子に対しては式 (5.1) の関係は成立しない．

$$v_i = \frac{\partial \varepsilon}{\partial p_i} \tag{5.3}$$

で与えられる．第1節の議論をくり返すと，圧力は，

$$p = \frac{1}{V} \int_0^\infty dp_1 \int_{-\infty}^\infty dp_2 \int_{-\infty}^\infty dp_3\, 2p_1 v_1 N(\boldsymbol{p})$$

$$= \frac{1}{V} \int_0^\infty dp_1 \int_{-\infty}^\infty dp_2 \int_{-\infty}^\infty dp_3\, 2p_1 \frac{\partial \varepsilon}{\partial p_1} N(\boldsymbol{p}) \tag{5.4}$$

ただし，$N(\boldsymbol{p})$ は，運動量の分布関数である．

そこで，粒子の運動量分布が運動量の方向によらず一様であるとすると，(5.4) はさらに書き直されて，

$$p = \frac{1}{V} \int_{-\infty}^\infty d^3 p\, p_1 \frac{\partial \varepsilon}{\partial p_1} N(\boldsymbol{p})$$

$$= \frac{1}{3V} \int_{-\infty}^\infty d^3 p\, \boldsymbol{p} \cdot \frac{\partial \varepsilon}{\partial \boldsymbol{p}} N(\boldsymbol{p}) \tag{5.5}$$

となる．これが一般の場合の Bernoulli の式である．

（1） たとえば，エネルギー–運動量の関係が，フォノン型

$$\varepsilon = c_s |\boldsymbol{p}| \tag{5.6}$$

ならば，

$$\boldsymbol{p} \cdot \frac{\partial \varepsilon}{\partial \boldsymbol{p}} = \varepsilon \tag{5.7}$$

だから，(5.5) から，Bernoulli の式は，

$$pV = \frac{1}{3} \int_{-\infty}^\infty d^3 p\, \varepsilon(\boldsymbol{p}) N(\boldsymbol{p}) = \frac{1}{3} \overline{E} \tag{5.8}$$

となる．

（2） もし，分子が，エネルギーギャップ $\varDelta$ をもっており，

$$\varepsilon(\boldsymbol{p}) = \sqrt{c_s^2 \boldsymbol{p}^2 + \varDelta^2} \tag{5.9}$$

ならば，

$$\boldsymbol{p} \cdot \frac{\partial \varepsilon}{\partial \boldsymbol{p}} = \varepsilon - \varDelta \frac{\partial \varepsilon}{\partial \varDelta} \tag{5.10}$$

を (5.5) に代入して，

$$pV = \frac{1}{3}\int_{-\infty}^{\infty}\mathrm{d}^3p\left(\varepsilon - \Delta\frac{\partial\varepsilon}{\partial\Delta}\right)N(\boldsymbol{p}) \tag{5.11}$$

がえられる.

（3）　通常の粒子に対しては,

$$\varepsilon = \frac{1}{2m}\boldsymbol{p}^2 \tag{5.12}$$

$$\therefore\quad \boldsymbol{p}\cdot\frac{\partial\varepsilon}{\partial\boldsymbol{p}} = 2\varepsilon \tag{5.13}$$

式 (5.13) を (5.5) に代入すると, Bernoulli の式 (1.11),

$$pV = \frac{2}{3}\int_{-\infty}^{\infty}\mathrm{d}^3p\,\varepsilon(\boldsymbol{p})N(\boldsymbol{p}) = \frac{2}{3}\overline{E} \tag{5.14}$$

が再現される.

（4）　空洞輻射

なお, 上の方法は, 体積 V の中に閉じ込められた電磁場, すなわち, 空洞輻射の問題にも適用できる. 付録 C の式 (C.42c), (C.45) によると, 電磁場は, 運動量,

$$\hbar\boldsymbol{k} \equiv \boldsymbol{p} \tag{5.15}$$

エネルギー,

$$\hbar\omega_{\mathrm{k}} = c\hbar|\boldsymbol{k}| = c|\boldsymbol{p}| \tag{5.16}$$

をもった粒子の集まりのように取り扱うことができる. この場合, 粒子の分布関数は,

$$\sum_{r=1,2}a_{\boldsymbol{k}}^{(r)\dagger}a_{\boldsymbol{k}}^{(r)} \equiv N(\boldsymbol{p}) \tag{5.17}$$

である[*]. したがって計算は（1）のフォノン型のものをそのまま使って $c_s = c$ とすればよい. Bernoulli の式は,

$$pV = \frac{1}{3}\overline{E} \tag{5.18}$$

となる. つまり輻射の圧力はエネルギー密度の 1/3 である. これは, 輻射論で

---

[*]　式 (5.17) の左辺で用いた量については, 付録 C 参照.

よく知られた関係である.

§6. virial 定理

いままで粒子間の相互作用を完全に無視してきた. 実際には, 粒子間には相互作用があり, かつ, 粒子は, 容器の壁にあたって反射される. これらのことを考慮に入れると, 気体の状態方程式は, 理想気体のそれからずれてくる.

いま, i 番目の粒子に働く力を $\boldsymbol{F}_i$ とすると一般には,

$$\boldsymbol{F}_i = \sum_j \frac{\mathrm{d}\phi(r_{ij})}{\mathrm{d}r_{ij}} \frac{\boldsymbol{x}_i - \boldsymbol{x}_j}{r_{ij}} + \boldsymbol{F}_i^{(\text{surface})} \tag{6.1}$$

である. 式 (6.1) の右辺第1項の $\phi(r_{ij})$ は i 番目の粒子と j 番目の粒子の間のポテンシャルエネルギーで, r_{ij} はそれらの粒子の間の距離である. 右辺第2項は, i 番目の粒子が, 容器の壁のところに来たとき, 壁から受ける力である.

そこで, 全粒子の運動エネルギーの長時間平均を考える:

$$\overline{E} = \frac{1}{\tau}\int_0^\tau \mathrm{d}t\, \frac{1}{2}\sum_i m\left(\frac{\mathrm{d}\boldsymbol{x}_i}{\mathrm{d}t}\cdot\frac{\mathrm{d}\boldsymbol{x}_i}{\mathrm{d}t}\right)$$

$$= \frac{1}{\tau}\int_0^\tau \mathrm{d}t\left[\frac{1}{2}\frac{\mathrm{d}}{\mathrm{d}t}\sum_i m\left(\boldsymbol{x}_i\cdot\frac{\mathrm{d}\boldsymbol{x}_i}{\mathrm{d}t}\right) - \frac{1}{2}\sum_i m\left(\boldsymbol{x}_i\cdot\frac{\mathrm{d}^2\boldsymbol{x}_i}{\mathrm{d}t^2}\right)\right]$$

$$= -\frac{1}{\tau}\int_0^\tau \mathrm{d}t\, \frac{1}{2}\sum_i m\left(\boldsymbol{x}_i\cdot\frac{\mathrm{d}^2\boldsymbol{x}_i}{\mathrm{d}t^2}\right) + \frac{1}{\tau}\frac{1}{2}\sum_i m\boldsymbol{x}_i\cdot\frac{\mathrm{d}\boldsymbol{x}_i}{\mathrm{d}t}\bigg|_0^\tau \tag{6.2}$$

右辺第2項は, 粒子の位置や速度が時間とともに無限にならないならば, 十分長い τ をとると, 消える. したがって,

$$\overline{E} = -\frac{1}{\tau}\int_0^\tau \mathrm{d}t\, \frac{1}{2}\sum_i m\left(\boldsymbol{x}_i\cdot\frac{\mathrm{d}^2\boldsymbol{x}_i}{\mathrm{d}t^2}\right) \tag{6.3}$$

となるが, 粒子の運動方程式,

$$m\frac{\mathrm{d}^2\boldsymbol{x}_i}{\mathrm{d}t^2} = \boldsymbol{F}_i \tag{6.4}$$

を用いると, (6.1) により,

$$\overline{E} = \frac{1}{\tau}\int_0^\tau \mathrm{d}t\, \frac{1}{2}\sum_{i,j}\boldsymbol{x}_i\cdot\frac{\boldsymbol{x}_i - \boldsymbol{x}_j}{r_{ij}}\frac{\mathrm{d}\phi(r_{ij})}{\mathrm{d}r_{ij}} - \frac{1}{\tau}\int_0^\tau \mathrm{d}t\, \frac{1}{2}\sum_i \boldsymbol{x}_i\cdot\boldsymbol{F}_i^{(\text{surface})} \tag{6.5}$$

となる. 第1項を i と j について対称化すると,

$$\overline{E} = \frac{1}{\tau} \int_0^\tau \mathrm{d}t\, \frac{1}{4} \sum_{i,j} (\boldsymbol{x}_i - \boldsymbol{x}_j) \cdot (\boldsymbol{x}_i - \boldsymbol{x}_j) \frac{1}{r_{ij}} \frac{\mathrm{d}\phi(r_{ij})}{\mathrm{d}r_{ij}}$$

$$- \frac{1}{\tau} \int_0^\tau \mathrm{d}t\, \frac{1}{2} \sum_i \boldsymbol{x}_i \cdot \boldsymbol{F}_i^{(\mathrm{surface})}$$

$$= \frac{1}{4} \frac{1}{\tau} \int_0^\tau \mathrm{d}t \sum_{i,j} r_{ij} \frac{\mathrm{d}\phi(r_{ij})}{\mathrm{d}r_{ij}} - \frac{1}{\tau} \int_0^\tau \mathrm{d}t\, \frac{1}{2} \sum_i \boldsymbol{x}_i \cdot \boldsymbol{F}_i^{(\mathrm{surface})} \tag{6.6}$$

がえられる．右辺第 2 項の $\boldsymbol{F}_i^{(\mathrm{surface})}$ は，容器の壁だけで働く力である．壁の一点の座標 $\boldsymbol{x}$ において，粒子に働く力は壁の内側に向いて $-p\mathrm{d}\boldsymbol{S}$ である．ただし p は気体の圧力，$\mathrm{d}\boldsymbol{S}$ は，$\boldsymbol{x}$ における面積要素で，外向き方向を正した．すると (6.6) は，

$$\overline{E} = \frac{1}{4} \overline{\sum_{i,j} r_{ij} \frac{\mathrm{d}\phi(r_{ij})}{\mathrm{d}r_{ij}}} + \frac{1}{2} \int \mathrm{d}\boldsymbol{S} \cdot \boldsymbol{x} \cdot p$$

$$= \frac{1}{4} \overline{\sum_{i,j} r_{ij} \frac{\mathrm{d}\phi(r_{ij})}{\mathrm{d}r_{ij}}} + \frac{1}{2} \int \mathrm{d}^3x\, p \operatorname{div} \boldsymbol{x}$$

$$= \frac{1}{4} \overline{\sum_{i,j} r_{ij} \frac{\mathrm{d}\phi(r_{ij})}{\mathrm{d}r_{ij}}} + \frac{3}{2} p V \tag{6.7}$$

となる．最後の表示をうるには，Gauss の定理を用いた．(6.7) を書き直すと，

$$pV = \frac{2}{3} \overline{E} - \frac{1}{6} \overline{\sum_{i,j} r_{ij} \frac{\mathrm{d}\phi(r_{ij})}{\mathrm{d}r_{ij}}} \tag{6.8}$$

となる．これと Bernoulli の式 (1.11) と比べてみると，(6.8) の右辺第 2 項が相互作用による効果であることがわかる．式 (6.8) を **virial 定理** と呼ぶことがある．

　この virial 定理で面白いのは，これが長時間平均で成り立つ式であるということである．あとで (p.162) で見るように，統計力学においても，この式 (6.8) とほとんど同じ関係が成立する．ただし導き方はここでのやり方と完全に違った方法を用いるという点が見どころである．

　少々，荒っぽい議論をしておくと，(6.8) の右辺第 2 項の長時間平均を次のように書き直すことができる．長時間平均をとると，おそらく，粒子の密度は，一定値をとると考えてよいであろうから，(6.8) の右辺第 2 項の，i と j に関する和の項は 1 粒子について空間平均したものに N^2 をかけたものにごく近いと考えてよい．すなわち，

$$\frac{1}{\tau}\int_0^\tau \mathrm{d}t \sum_{i,j} r_{ij}\frac{\mathrm{d}\phi(r_{ij})}{\mathrm{d}r_{ij}} = N^2\frac{1}{V}\int \mathrm{d}^3x\, r\frac{\mathrm{d}\phi(r)}{\mathrm{d}r}$$

$$= N^2\frac{4\pi}{V}\int_0^\infty \mathrm{d}r\, r^2 r\frac{\mathrm{d}\phi(r)}{\mathrm{d}r} \tag{6.9}$$

したがって (6.8) は,

$$p = \frac{2}{3}\frac{\overline{E}}{V} - \frac{1}{6}\left(\frac{N}{V}\right)^2 4\pi\int_0^\infty \mathrm{d}r\, r^3\frac{\mathrm{d}\phi(r)}{\mathrm{d}r} \tag{6.10}$$

となる. この近似の意味は第Ⅳ章で明らかとなる.

第II章　統計力学の原理 I（古典論）

あまり深いことは考えないで
計算法にまず慣れるために

§1.　巨視的状態と微視的状態

熱力学

統計力学を学ぶ前に熱力学の復習をするのは退屈きわまりないことである. したがってここでは，熱平衡状態，準静的過程，可逆変化，非可逆変化などの言葉の意味，熱力学的量には，圧力 p，温度 T などのような**示強的**（intensive）な量，粒子数 N，内部エネルギー E，体積 V などのような**示量的**（extensive）な量の2種類があること，理想気体のこと，状態量のことなど，すべて周知として話をすすめる.

熱力学的な独立変数として，内部エネルギー E，粒子数 N，圧力 p，体積 V，化学ポテンシャル μ，温度 T，エントロピー S などのうち，どれか3個をとると，それにしたがって熱力学的関数が定義されることも，細かいことはおぼえていなくても，熱平衡において成り立つ式，

$$dE = TdS - pdV + \mu dN \tag{1.1}$$

$$dH = TdS + Vdp + \mu dN \tag{1.2}$$

$$dF = -SdT - pdT + \mu dN \tag{1.3}$$

$$dG = -SdT + Vdp + \mu dN \tag{1.4}$$

$$d(pV) = SdT + pdV + Nd\mu \tag{1.5}$$

などをみたら，その意味の大体の見当がつく……ということから話をはじめよう. ここで，H はエンタルピー，F は Helmholtz の自由エネルギー，G は Gibbs の自由エネルギーであって，お互いに Legendre 変換でむすばれている*).

式 (1.1) はエントロピー S を N, E, V の関数とみて，

$$dS = \frac{1}{T}dE + \frac{p}{T}dV - \frac{\mu}{T}dN \tag{1.6}$$

と書いてもよいが，いずれにしろ，これは**熱力学第1法則**（と第2法則の一部分）にほかならない．

巨視的状態

熱平衡状態において，巨視的状態を，(N, E, V) で指定し，エントロピー S が (N, E, V) にどのように依存するかがわかると，(1.6) によって，他の量，T や p や μ が決まる．(N, E, V) の代わりに，(N, T, V) を指定したときは，Helmholtz の自由エネルギー F が (N, T, V) にどのように依存するかがわかると，(1.3) により，他の量 μ や S や p が決まる．全く同様に，pV が (μ, T, V) の関数として与えられると，(1.5) により N, S, p が決まる．

(N, E, V) を指定するか，(N, T, V) を指定するか，または (μ, T, V) を指定して巨視的平衡状態をとりあげるかは全く勝手であって，実験的に，何をコントロールしているかにより自分に便利な組み合わせをとればよい．要は，巨視的な平衡系は，たった3個の量を指定すれば定まるということである．前にいったように，式 (1.1)〜(1.5) は，互いに Legendre 変換でむすばれているから，結局は同じことをやっているわけである．

【注　意】

このことは解析力学において，物理系を扱うのに，どんな正準変数を用いてもよいのと似ている．このようなあたりまえのことをわざわざここで注意した理由は，あとで出てくるいろいろな正準集合の理論というのが，上に注意した状態を指定する変数の組のとり方に対応しており，表面上違ったことをやっているようでも，結局は，熱力学的極限では，全く同じことをやっていることになる，ということを今のうちから理解しておいてほしいからである．そのときになって，一体どのように，種々の正準集合の理論を使いわけるのだろうかなどと迷わないように．

微視的状態

さて，たとえば，熱平衡状態を巨視的に，変数 (N, E, V) で指定したとしよ

---

*）［文献 12) 高橋（1978) p.99］参照．

う．その巨視的状態は，どのような微視的状態からできあがっているであろうか．この系は，N 個の粒子が，全体としてエネルギー E をもち，体積 V を形作っているわけである．これだけの制限を満たす微視的状態は，いうまでもなく無数に考えられる．粒子は，互いに相互作用している（衝突したりして，エネルギーを終始交換している）ので，事情はきわめて複雑だが，われわれが熱平衡状態にある物質を巨視的に観測する場合，それは巨視的な長さの時間をかけて観測するわけで，その間には，前章のおわりに，大ざっぱにあたってみたように，各粒子は，10 の何乗という回数だけ衝突している．われわれが巨視的に観測するのは，したがって，微視的に見ると，大変長い時間に関しての平均値であると考えられる．

　このことについては，第Ⅵ章で考えるが，その前に，N と E と V が与えられたとき，そのエネルギー E をもった，体積 V の N 粒子系としては，微視的にどのようなものが可能であるかを調べなければならない．その次に，その可能なものの中から，どれとどれが実際に巨視的状態に寄与しているかを考える．

　E と N と V が与えられたとき，微視的に可能な状態としては，1 個の粒子がエネルギー E をもち，残りの $N-1$ 個が，体積 V の中で静止している状態から（重心のことは考えない．），すべての粒子が，等しいエネルギー E/N で，体積 V の中をとびまわっている状態まで，いろいろと可能であろう．そこで，まず微視的状態をどのように定義するかが問題である．

　微視的状態を指定するには，明らかに，個々の粒子を別々に取り扱う，Newton 力学の立場ではむずかしい．それよりもむしろ解析力学の立場に立って，粒子系全体を一拠に問題とすべきであろう*⁾．解析力学の立場をとる利点は，粒子系を扱う場合，それを用いると単に Newton の立場よりも“状態”が正確に定義できるというだけでなく，電磁場やその他の粒子的でない系（たとえば，中間子場など）への拡張も容易であり，変数変換の広い可能性が活用できるという点にある．また，量子力学との関連も，解析力学によるほうが見やすいという利点もある．

---

*⁾　Newton 力学の形式と，解析力学の立場との本質的違いについては，［文献 12］高橋（1978）p. 38］参照．

位相空間

いま，自由度 f（これは，10^{23} 位の，大きいが有限の数であってもよいし，電磁場の系のように，無限の自由度でもよい）の系を考える．その系を，正準座標 $q_1, q_2, \cdots, q_f$ と，正準運動量 $p_1, p_2, \cdots, p_f$ で記述するとき，$q_i\ (i=1, 2, \cdots, f)$ と $p_j\ (j=1, 2, \cdots, f)$ で張られる，$2f$ 次元の**位相空間**の中で一点を与えると，その系が，どのような正準座標 $q_1, q_2, \cdots, q_f$ と正準運動量 $p_1, p_2, \cdots, p_f$ をもつかが決まる．そして，系の運動は，その点の，位相空間中での速度で決まる．正準方程式，

$$\left.\begin{array}{l} \dot{q}_i = \dfrac{\partial H_f}{\partial p_i} \\[4mm] \dot{p}_i = -\dfrac{\partial H_f}{\partial q_i} \end{array}\right\} \quad (i = 1, 2, \cdots, f) \tag{1.7a}$$

$$\tag{1.7b}$$

が成り立つからである．ここで・は時間微分，また，H_f はこの系の Hamiltonian である．

$2f$ 次元空間を一般に図示することはできないが，大体の概念だけを示す目的のためには，右のような図をかいておけばよい（2.1 図）．

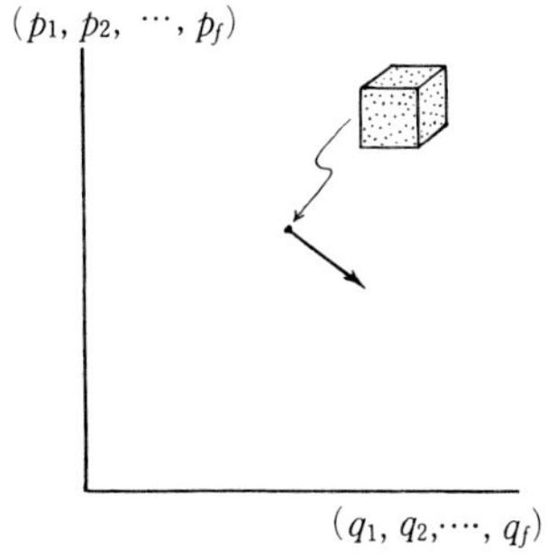

粒子数 N，全エネルギーの範囲 E と $E+\delta E$，体積 V を指定するということは，位相空間の言葉でいうと次のようになる．$f=3N$ として，$2f$ 次元の位相空間を考える．その中に，

$$E = H_N(q_1, q_2, \cdots, q_{3N}, p_1, \cdots, p_{3N}) \tag{1.8a}$$

および

$$E + \delta E = H_N(q_1, \cdots, q_{3N}, p_1, \cdots, p_{3N}) \tag{1.8b}$$

で決まる二つの面を考え，これら二つの面の間にはさまれていて，かつ系の体積が V である（つまり $q_1, q_2, \cdots, q_{3N}$ が V の中におさまる）部分を考えることである．どのような正準変数をとってもよい．変数のとり方によって，上の二つの面の形は変わるかもしれないが，正準形式のおかげで，位相空間中に指定された領域（この場合 (1.8) の 2 式で囲まれ，系の体積が V であるという制限を満たす領域）の体積は，正準変数によって不変である．

図 2.1

微視的状態の数

いま，位相空間中のある体積要素 $dq_1\cdots dq_{3N}, dp_1\cdots dp_{3N}$ を考える．この体積要素の中には，無論無限個の点（すなわち，微視的状態）が入っている．しかし，あとで量子力学との関連を議論するとき必要だから，Planck の常数 h を用い，体積要素を h^{3N} で割った，次元をもたない量，

$$d^N\Gamma \equiv \frac{1}{h^{3N}}dq_1\cdots dq_{3N}\,dp_1\cdots dp_{3N} \tag{1.9}$$

を，体積要素の中の微視的状態の数と定義しておくと便利である．量 (1.9) は，正準変換によって不変だから[*1]，どのような正準変数をとっても同じである．また，運動自身も正準変換だから，(1.9) は時間によらない．

可能な微視状態の数

そこで，式 (1.8) で決まる 2 つの面の間に，一体何個の微視的状態があるかを勘定してみよう．そのためには，まず関数，

$$\rho(^N\Gamma) = \begin{cases} 1 & E < H_N < E+\delta E \\ 0 & それ以外では \end{cases} \tag{1.10a}$$

を導入するのがよい．$^N\Gamma$ とは $6N$ 次元の位相空間の中の一点を意味し，$q_1, \cdots, q_{3N}, p_1, \cdots, p_{3N}$ と書く代わりに，単に $^N\Gamma$ と書いた．この関数 (1.10a) は，δE が小さいときは，実際の計算においては，Dirac のデルタ関数を用いた表示，

$$\rho(^N\Gamma) = \frac{\partial}{\partial E}\theta(E-H_N)\cdot\delta E$$

$$= \delta(E-H_N)\delta E \tag{1.10b}$$

を使うほうが便利である[*2]．

そうすると，(1.8) の 2 個の面の間には，微視的状態が，

$$W(N,E,V,\delta E) = \int_{E<H_N<E+\delta E} d^N\Gamma$$

$$= \int d^N\Gamma\rho(^N\Gamma) \tag{1.11a}$$

[*1]　文献 12) 高橋参照．

[*2]　$\theta(x) = \begin{cases} 1 & x>0 \\ 0 & x<0 \end{cases}$, したがって $\frac{d\theta(x)}{dx} = \delta(x)$.

個だけあることになる．表示 (1.10b) を使うと，(1.11a) は，

$$W(N, E, V, \delta E) = \int \mathrm{d}^N \Gamma \, \delta(E - H_N) \delta E$$

$$\equiv \Omega(N, E, V) \delta E \tag{1.11b}$$

と書ける．ここで定義した，

$$\Omega(N, E, V) = \int \mathrm{d}^N \Gamma \, \delta(E - H_N) \tag{1.12}$$

は，単位エネルギーの間に，どれだけの微視的状態が分布しているかを示す量で，これを**微視的状態の密度**または簡単に**状態密度**（density of states）と呼ぶ．式 (1.11) と (1.12) とは，統計力学で活躍する重要な式である*)．

　誤解のないように注意しておくが，(1.11) の W という量は，巨視的に E, N, V, δE が与えられたとき**可能な微視的状態の数**であって，それらの微視的状態のうち，どれとどれが熱平衡にある物理系によって，占められているかということは全然別問題である．ただ，これだけの可能な微視的状態が考えられるということを計算してみただけである．

　これらの多くの可能な微視的状態のうち，どれとどれが，どのようにして巨視的状態を作っているかを調べるのが次の仕事である．

§2. 熱平衡状態と等重率の仮定

等重率の仮定

　巨視的な長い時間によって観測された熱平衡系には，前節で計算した可能な微視的状態のうち，一体どれとどれが，どのくらいの割合で寄与しているのであろうか？

　結果をいうと，熱平衡にある，粒子数 N，エネルギー $E \sim E + \delta E$，体積 V をもった巨視的な系には，(1.11) で与えられる W 個の微視的状態のすべてが，完全に等しい重率で寄与し，それ以外の微視的状態は全然関与しないと仮定するのが一番よい．これを**等重率の仮定**（hypothesis of equal a priori probability）という．熱平衡系の統計力学は，この等重率の仮定の上に成り立ってい

---

*)　状態の数 W のことを，巨視的状態 $E, N, V, \delta E$ に対す**熱力学的重率**（thermodynamical weight）と呼ぶことがある．

る*).

　この等重率の仮定については，ここでこれ以上ごたごたと話をつづけないで，ただちに計算規則を与えておこう．そうして，その計算規則にしたがって，理想気体を取り扱い，まず，理想気体の状態方程式および，Maxwell 分布がえられることを確認しよう．

§3.　等重率の仮定をもとにした理論における計算規則

確率分布関数

　前々節で計算したすべての可能な微視的状態が，全く同じ重率で，熱平衡状態に寄与するとすると，$6N$ 次元の位相空間中の点 $^N\Gamma$ で指定される各微視的状態は，確率，

$$f_{\mathrm{MC}}(^N\Gamma) = \frac{\rho(^N\Gamma)}{W(N, E, V, \delta E)} \tag{3.1}$$

で，寄与することになる．ここで，$\rho(^N\Gamma)$ は，式（1.10a）で定義された関数である．式（3.1）で定義された関数は，**確率分布関数**（probability distribution function），または単に**分布関数**と呼ばれる．この関数は図 2.2 に示したような，$E=H_N$ と $E+\delta E=H_N$ にはさまれた部分でだけ $1/W$ の値をもち，それ以外の部分では 0 である．$\rho(^N\Gamma)$ に対して，(1.10b) の表示を使うと，

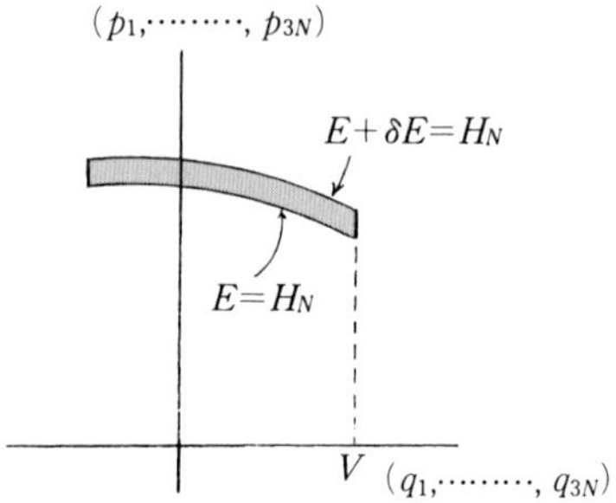

図 2.2

$$f_{\mathrm{MC}}(^N\Gamma) = \frac{\delta(E-H_N)\,\delta E}{W(N, E, V, \delta E)} \tag{3.1'}$$

＊) この点に関しては，専門家の間にも意見の不一致はみられないようである．しかし，元来熱平衡系の巨視的な取り扱いは，時間的平均値を問題にすることであるから，時間的平均と，等重率の仮定との間に橋渡しをしなければならない．この橋渡しをねらうのが，いわゆる ergodic problem であって，実に多くの物理学者や数学者を，いまだになやましつづけている．問題はまだ片づいていない．詳しいことは文献 17）の最後の章参照．なお文献 3）にある久保先生の article にもぜひ目を通されるとよい．この本では，この橋渡しについては神経を使わず，等重率の仮定から得られる結果を議論することにする．

と書ける.

熱平衡にある系に寄与する微視的状態は, どれもこれもすべて, エネルギー E と $E+\delta E$ の間に見いだされる確率は,

$$f_{\mathrm{MC}}(E)\delta E \equiv \int \mathrm{d}^N \Gamma\, f_{\mathrm{MC}}(^N\Gamma)$$

$$= \frac{\Omega(N, E, V)\delta E}{W(N, E, V, \delta E)} = 1 \tag{3.2}$$

である. ここで関係 (1.11b) を用いた.

ある物理量 $A(^N\Gamma)$ の, 熱平衡状態における平均値は,

$$\langle A \rangle_{\mathrm{MC}} \equiv \int \mathrm{d}^N\Gamma\, f_{\mathrm{MC}}(^N\Gamma) A(^N\Gamma) \tag{3.3}$$

で与えられる. (3.1)〜(3.3) の量に MC とつけたのは, この理論が, **Microcanonical** (小正準) 理論といわれているものだからである. 式 (3.3) が, <u>エネルギーが E と $E+\delta E$ の間にあり, 体積 V, 粒子数 N の系が熱平衡状態にあるときの, 物理量 A の巨視的な観測値である.</u>

あとで示すように, この場合, 系のエントロピー S は, Boltzmann の常数 k_{B} を用いて,

$$S(N, E, V) \equiv k_{\mathrm{B}} \log W(N, E, V, \delta E) \tag{3.4}$$

で与えられ, これから, 温度 T, 圧力 p, 化学ポテンシャル μ は,

$$\frac{\partial S(N, E, V)}{\partial E} \equiv 1/T \tag{3.5}$$

$$\frac{\partial S(N, E, V)}{\partial V} \equiv p/T \tag{3.6}$$

$$\frac{\partial S(N, E, V)}{\partial N} = -\mu/T \tag{3.7}$$

で求められる. これらが微視的量 W と熱力学的量 T, p, μ をむすびつける関係である.

式 (3.5) では, 左辺は N と E と V の関係であり, 右辺は $1/T$ だから, これを用いると, エネルギー E が, N と V と T の関係として与えられる*). すなわち,

$$E = E(N, V, T) \tag{3.5'}$$

43

である．したがってたとえば，系の定積熱容量は（3.5'）から，

$$C_V = \left(\frac{\partial E}{\partial T}\right)_V \tag{3.8}$$

によって与えられる．（3.6）や（3.7）も同様である．

【注　意】

（1）　δE について

このエントロピーの式（3.4）や，平均値の式（3.3）には，δE という観測にともなう不定性が入っていて，少々気持ちが悪いかもしれない．しかし，あとで見るように（p.55），（3.3），（3.5），（3.6），（3.7）には δE はどっちみちきいてこないし，エントロピーの定義（3.4）ではエントロピーが示量的量であるおかげで，δE からくる項は無視することができる．

（2）　Gibbs の paradox

実をいうと，自由粒子系では，エントロピーを（3.4）で定義すると，それが必ずしも示量的にならない．これは **Gibbs の paradox** と呼ばれ，長いこと物理屋をなやました．エントロピーを，（3.4）ではなく，

$$S = k_B \log(W/N!) \tag{3.4'}$$

で定義すると，問題は解決し，S がうまい具合に，示量的になる（p.53 および p.54 の議論参照）．

（3）　部分系の確率分布について

いま，N 個の粒子からなる全系が，N_1 個の粒子と N_2 個の粒子からなる2個の部分から成っており，第1の部分と第2の部分は，互いにエネルギーを交換することができるが，強い相互作用はないとしよう．この場合，全 Hamiltonian は，各部分の Hamiltonian の和，

＊）（前ページ）T が与えられたとき，E が唯一に定まらないというような異常が起こることもある．たとえば氷が解けるときがそうである．図2.3参照．

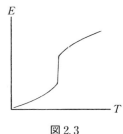

図2.3

$$H_N = H_{N_1} + H_{N_2} \tag{3.9}$$

と書けるとする. いま, 全系が熱平衡状態にあるとき, 第1の系が, $6N_1$ 次元
の位相空間の中の点 $^{N_1}\varGamma$ に見いだされる確率を求めてみよう. それを $f_1(^{N_1}\varGamma)$
とすると, われわれは, 第2の系のほうの状態には全然興味がないから,
$f_{\mathrm{MC}}(^N\varGamma)$ を, 第2の系のすべての変数について積分すれば, $f_1(^{N_1}\varGamma)$ がえられ
る. すなわち,

$$f_1(^{N_1}\varGamma) = \int \mathrm{d}^{N_2}\varGamma \, f_{\mathrm{MC}}(^N\varGamma)$$

$$= \int \mathrm{d}^{N_2}\varGamma \, \delta(E - H_{N_1} - H_{N_2}) \delta E / W(N, E, V, \delta E)$$

$$= \frac{\Omega_2(N_2, E - H_{N_1}, V) \delta E}{W(N, E, V, \delta E)} \tag{3.10}$$

となる. この確率分布関数は第1の系の位相空間では, エネルギー一定の狭い
幅の中だけに分布しているわけではなく, そこでは, エネルギー0と E の間に
分布する. 系1のエネルギーを E_1 とし, 系2のそれを E_2 とすると,

$$E = E_1 + E_2 \tag{3.11}$$

が成り立っていなければならない. これを概念図に書けば, 図2.4 および図
2.5 のようになる. 全系の分布関数 $f_{\mathrm{MC}}(^N\varGamma)$ は, 図2.4 の灰色で示した部分で,
一定の0でない値 $1/W$ をとるが, $f_1(^{N_1}\varGamma)$ のほうは, 図2.5 における灰色の領
域すなわち, エネルギー0から E までの全部にわたって, ある分布をしている.

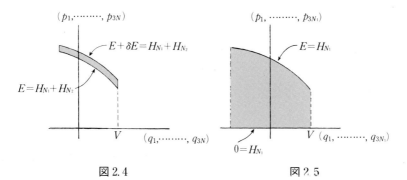

図2.4   図2.5

第1の系が, あるエネルギー E_1 と $E_1 + \delta E_1$ に見いだされる確率 $f_1(E_1) \delta E_1$
を見いだすには (3.10) に $\delta(E_1 - H_{N_1}) \delta E_1$ をかけて $^{N_1}\varGamma$ について積分してや

ればよい．それは，

$$f_1(E_1)\delta E_1 = \int \mathrm{d}^{N_1}\Gamma\, f_1(^{N_1}\Gamma)\,\delta(E_1-H_{N_1})\,\delta E_1$$

$$= \frac{\int \mathrm{d}^{N_1}\Gamma\,\delta(E_1-H_{N_1})\,\Omega_2(N_2,E-H_{N_1},V)\,\delta E_1\delta E}{W(N,E,V,\delta E)}$$

$$= \frac{\Omega_1(N_1,E_1,V)\,\Omega_2(N_2,E-E_1,V)\,\delta E_1\delta E}{\Omega_{1+2}(N_1+N_2,E,V)\,\delta E} \tag{3.12}$$

となる．これが，エネルギー E と $E+\delta E$ にある全系の一部としての第1の系が，その座標 $^{N_1}\Gamma$ のいかんにかかわらず，あるエネルギー E_1 と $E_1+\delta E_1$ の間に見いだされる確率である．

この量を，エネルギー E_1 について，0から E まで積分すると，1になっているはずである．それを示すには，Ω の定義（1.12）を用いてえられる関係，

$$\Omega_{1+2}(N,E,V) = \int \mathrm{d}^N\Gamma\,\delta(E-H_{N_1}-H_{N_2})$$

$$= \int_0^E \mathrm{d}E_1\int \mathrm{d}^{N_1}\Gamma\int \mathrm{d}^{N_2}\Gamma\,\delta(E-E_1-H_{N_2})\times\delta(E_1-H_{N_1})$$

$$= \int_0^E \mathrm{d}E_1\,\Omega_1(N_1,E_1,V)\,\Omega_2(N_2,E-E_1,V) \tag{3.13}$$

を用いればよい．（3.13）を**状態密度の合成則**という．

この部分系の存在確率を求めるやり方は，p.58 で Maxwell 分布を導いて見せるとき，および，エントロピー S から温度 T を定義するときに活躍する．

（注意おわり）

エントロピーの式（3.4）について[*]

エントロピーが（3.4）の形に書けるということは，次の考察からもうなずけると思う．いま，全エネルギーの平均値を，

$$E = \int \mathrm{d}^N\Gamma\, f_{\mathrm{MC}}(^N\Gamma)H_N \tag{3.14}$$

と書こう．そこで，Hamiltonian H_N と分布関数 $f_{\mathrm{MC}}(^N\Gamma)$ とそれぞれ ΔH_N，

---

[*]　この項は一応とばして，第4節を先に読んだほうがよいかもしれない．

$\Delta f(^N\Gamma)$ だけ変化させたとしよう. それに応じて, エネルギーは ΔE だけ変化するとすると,

$$\Delta E = \int \mathrm{d}^N\Gamma \, \Delta f(^N\Gamma) H_N + \int \mathrm{d}^N\Gamma \, f_{\mathrm{MC}}(^N\Gamma) \Delta H_N \qquad (3.15)$$

が成り立つ. この式の右辺第2項は, 熱平衡分布を乱さないで, 純力学的に H_N を ΔH_N だけ変化させたときの, 系のエネルギーの増加分である. これは熱力学的にいうと, 系に外界から断熱的に与えられた仕事によるエネルギーの増加分で, $\mathrm{d}'A$ と書かれる部分である. 一方, 第1項のほうは, これ以外の, 熱平衡分布 (3.1) を乱すようなエネルギーの増加分で, 熱力学でいう, 外界から**熱として系に流れ込む部分**で, 通常 $\mathrm{d}'Q$ と書かれるほうである. したがって (3.15) は,

$$\Delta E = \mathrm{d}'Q + \mathrm{d}'A \qquad (3.16)$$

という, 熱力学の第1法則にほかならない. もちろん, ここの議論は, 理想気体にかぎらず, 一般的に成り立つものである.

そこでいま, 力学的変化の部分がなく, $\mathrm{d}'A = 0$ で, 熱として系に入ったエネルギーのみを考えると,

$$\Delta E = \mathrm{d}'Q \qquad (3.17)$$

である. したがって,

$$\Delta[k_{\mathrm{B}} \log W] = \frac{\partial}{\partial E}[k_{\mathrm{B}} \log W] \cdot \Delta E$$

$$= \frac{\partial}{\partial E}[k_{\mathrm{B}} \log W] \mathrm{d}'Q \qquad (3.18)$$

が成り立つ. この式は, 左辺が完全微分だから, $k_{\mathrm{B}} \log W$ をエントロピーとみなし, (3.5) によって温度を定義すると, 丁度熱力学の第2法則の一部である, エントロピーの存在定理,

$$\mathrm{d}S = \mathrm{d}'Q/T \qquad (3.19)$$

がえられることになる.

もう一つ, (3.4) が, エントロピーと状態数をむすぶものであるという傍証は, 次のようなものである.

いま, エントロピー S が, 系のふくむ微視状態の数 W のみの関数としよう. 2個の全く別々の系 I および II を考えたとき, それぞれのエントロピーは,

$$S_{\mathrm{I}} = S(W_{\mathrm{I}}) \tag{3.20a}$$

$$S_{\mathrm{II}} = S(W_{\mathrm{II}}) \tag{3.20b}$$

である．ただし，W_{I} と W_{II} とは，それぞれの系のふくむ微視状態の数であるとする．ところで，これら2系全体について考えたとき，エントロピーは，相加的であるから，

$$S_{\mathrm{I+II}} = S_{\mathrm{I}} + S_{\mathrm{II}} \tag{3.21}$$

一方，状態数のほうは相乗的で，

$$W_{\mathrm{I+II}} = W_{\mathrm{I}} \times W_{\mathrm{II}} \tag{3.22}$$

したがって，全系のエントロピーは，

$$S_{\mathrm{I+II}} = S(W_{\mathrm{I+II}}) = S(W_{\mathrm{I}} \times W_{\mathrm{II}}) \tag{3.23}$$

である．この式と (3.20), (3.21) を一緒にすると，

$$S(W_{\mathrm{I}} \times W_{\mathrm{II}}) = S(W_{\mathrm{I}}) + S(W_{\mathrm{II}}) \tag{3.24}$$

となる．この式の解は，

$$S \propto \log W \tag{3.25}$$

である．その比例常数を k_{B} とすると，Boltzmann の関係式 (3.4) となる[1]．

【余　　談】

　熱力学を勉強して，はじめてエントロピーという量に出会ったとき，大抵の学生は，それがなんとなくつかみどころのない，得体の知れないものである……という印象をもつのが普通である．私もこの点例外ではなかった．熱の変化は完全微分ではないが，それを温度で割ると，ある量の完全微分になる．このある量をエントロピーと名づける……ではなんとなくよくわからない[2]．この意味は，統計力学的にいうと，(3.18) で説明したとおりだが，それでもなお，ピンとこないかもしれない．

　次のような言い方をしたら，もっと直観的にわかりやすいかもしれない．ある A という事象の起こる確率を f_A としよう．このとき，

---

[1]　エントロピーと微視状態の数 W の関係をはっきりと，(3.4) の形に書いたのは，実はBoltzmann ではなく Planck であった．誰かが「S と $\log W$ の比例定数は，Planck の定数と呼ぶべきではないか」といったら，Planck は「わしは二つも定数はいらん！」と答えたとか（この話は，Planck の弟子だった Yougrau の pub-talk）．

[2]　中国語ではエントロピーを熵と書くのだそうである．中々うまいではないか．

$$"S" = -k\sum_A f_A \log f_A \qquad (3.26)$$

という量を定義する. ただし k はある正の定義である. ここで定義した量 (3.26) は何を表現しているかというと, それは, われわれの "無知さの度合い" を示しているといってもよいし, "乱雑さの度合い" を示しているといってもよい.

たとえば, 箱が 50 個あって, その中の 1 個に金塊が入っているとする. どの箱に入っているか皆目わからないときは, どの箱に入っている確率も等しいわけで,

$$f_1 = f_2 = \cdots = f_{50} = \frac{1}{50} \qquad (3.27)$$

ととるべきであろう. すると, (3.26) により, そのときの "S" は,

$$"S" = -k\sum_{A=1}^{50} f_A \log f_A = k \log 50 = 3.9k \qquad (3.28)$$

となる. もし, 誰かがヒントをくれて, 金塊は, 偶数番目の箱のどれかに入っていると教えてくれたならば, 各箱に入っている確率は,

$$\left.\begin{array}{l} f_1 = f_3 = \cdots = f_{49} = 0 \\ f_2 = f_4 = \cdots = f_{50} = \dfrac{1}{25} \end{array}\right\} \qquad (3.29)$$

で, そのときの "S" は,

$$"S" = -k\sum_{A=\text{even}} f_A \log f_A = k \log 25 = 3.2k \qquad (3.30)$$

となり, 前の時より小さくなっている.

もし, 第 10 番目の箱の中に, 確実にその金塊が入っているとわかっていれば,

$$\left.\begin{array}{l} f_{10} = 1 \\ f_A = 0 \ (A \neq 10) \end{array}\right\} \qquad (3.31)$$

だから, 明らかに, そのときの "S" は,

$$"S" = 0 \qquad (3.32)$$

である.

このように, 式 (3.26) で定義された量は, われわれが, 対象に対してど

れだけの知識をもっているかによって変わってくる．より詳しい知識をもっていると，それだけ "S" は小さくなる．情報理論では，(3.26) で定義される量の最大値を平衡系におけるエントロピーと名づける．

われわれは，巨視的に N, E, V で指定された熱平衡状態に対して，どれだけの知識をもっているであろうか？　それには，微視的にいうと，$6N$ 次元の位相空間における一点であらわされるいろいろな微視的状態が，いろいろな確率で寄与しているであろう．点 ${}^N\Gamma$ における微視的状態が寄与している確率を $f({}^N\Gamma)$ とすると，(3.26) に対応する量は，

$$\text{``}S\text{''} \equiv -k \int \mathrm{d}^N\Gamma\, f({}^N\Gamma)\, \log f({}^N\Gamma) \tag{3.33}$$

である．

さて，この式に，確率分布関数 (3.1) の $f_{\mathrm{MC}}({}^N\Gamma)$ を入れてみると，

$$\begin{aligned}
\text{``}S\text{''} &= k \int_{E<H_N<E+\delta E} \mathrm{d}^N\Gamma\, \frac{1}{W(N, E, V, \delta E)} \log W(N, E, V, \delta E) \\
&= k \log W(N, E, V, \delta E) \tag{3.34}
\end{aligned}$$

となり，$k \equiv k_{\mathrm{B}}$ とすると，これはまさに Boltzmann の関係 (3.4) になる．$f_{\mathrm{MC}}({}^N\Gamma)$ をとったということは，われわれは，どの微視的状態が関与しているか全然知識がないので，$E<H_N<E+\delta E$ の状態がすべて，等しい確率で関与すると仮定したのであった．われわれは，微視的状態について完全に無知であるわけである．それが，Boltzmann のエントロピー (3.4) である．

(3.26) の定義によると，完全無知の状態，すなわち f_A が A によらず全部が互いに等しいとき，"S" は最大値をとる，ということを証明することができる．そのために，全確率が 1 になるという条件を課して，S の最大値を求めてみよう．つまり，

$$I = -k \sum_A f_A \log f_A + \lambda \left(1 - \sum_A f_A \right) \tag{3.35}$$

を f_A で微分して 0 とおいてみると，

$$-k(\log f_A + 1) - \lambda = 0$$

$$\therefore \quad f_A = \mathrm{e}^{-1-\lambda/k} \tag{3.36}$$

となり，f_A は，A によらずすべて等しくなる．$k>0$ ととっておくと，これ

は S の最大値を与えることがわかる．しかもその最大値は，

$$S_{\max} = k \log W \tag{3.37}$$

となる．ただし W は A のとりうる値の数である（すなわち，$A = 1, 2, 3,$ $\cdots, W$ とした）．

このように，等重率の仮定というのは，(3.33) で定義される量を最大にする．そのときの "S" をエントロピーという．

§4. 理想気体（古典論）

なにはともあれ，統計力学では，微視的状態の数を勘定することが先決問題である．それから確率分布関数 $f_{\mathrm{MC}}({}^N\Gamma)$ をつくり，(3.3) によって巨視的物理量を計算する．またエントロピーを (3.4) によって定義すると，(3.5) によって温度が決まる．圧力は (3.6) によって計算できる．このことを，以下，相互作用のない粒子系に適用して，首尾よく，理想気体の状態方程式，

$$pV = \nu RT \tag{4.1}$$

がえられること[*]，また，分子は Maxwell の分布式にしたがって分布していることを確認しておこう．

状態密度

N 個の自由粒子系の Hamiltonian，

$$H_N = \begin{cases} \sum_{i=1}^{N} \dfrac{1}{2m} \boldsymbol{p}_i^2 & V \text{ の中で} \\ 0 & V \text{ の外で} \end{cases} \tag{4.2}$$

を用いて，この系が，エネルギー E と $E + \delta E$ ($\delta E \ll E$) の間にあるときの，全状態数を求める．(1.11b) の，δ 関数による表示をとり，付録 A の積分公式 (A.5) を用いると全状態数は，

$$W'(N, E, V, \delta E) = \int \mathrm{d}^N\Gamma\, \delta(E - H_N)\, \delta E$$

---

[*]　前章の気体分子運動論では，Bernoulli の式 $pV = 2/3\overline{E}$ までは導くことができたが，右辺が νRT になるということは導けなかった．むしろ (4.1) と比べて $\overline{E} = 3\nu RT/2$ を導いたのであった．

$$= \frac{V^N}{h^{3N}} \frac{(2\pi m)^{3N/2}}{\Gamma\left(\dfrac{3N}{2}\right)} E^{3N/2} \frac{\delta E}{E} \tag{4.3}$$

となることがわかる[注1]. 状態密度 Ω は,

$$\Omega(N, E, V) = \frac{V^N}{h^{3N}} \frac{(2\pi m)^{3N/2}}{\Gamma\left(\dfrac{3N}{2}+1\right)} E^{3N/2} \tag{4.4}$$

である[注2].

エントロピー

Boltzmann の関係（3.4）によってエントロピーをつくってみよう. ただし, Γ 関数に対しては Stirling の式,

$$\Gamma\left(\frac{3N}{2}+1\right) = \sqrt{3\pi N}\left(\frac{3N}{2\mathrm{e}}\right)^{3N/2} \tag{4.5}$$

を用いる. すると状態の数（4.3）は,

$$W'(N, E, V, \delta E) = (V)^N \left(\frac{E}{N}\right)^{3N/2} \left(\frac{4\pi m}{3h^2}\right)^{3N/2} \mathrm{e}^{3N/2} \frac{1}{(3\pi N^3)^{1/2}} \frac{\delta E}{(E/N)} \tag{4.6}$$

となる. この対数をとると,

$$\log W'(N, E, V, \delta E) = N \log V + \frac{3N}{2} \log\left(\frac{4\pi m}{3h^2} \frac{E}{N}\right)$$
$$+ \frac{3}{2}N - \frac{3}{2}\log N - \frac{1}{2}\log 3\pi + \log\left(\frac{\delta E}{(E/N)}\right) \tag{4.7}$$

が得られる. これに, Boltzmann の定数 k_B をかけてエントロピーをつくろうとするとただちに困難にぶつかる. というのは, 式（4.7）の右辺第 1 項は示量的になっていないからである. エントロピーというものは示量的な量だから, このまま（4.7）を用いてエントロピーをつくるわけにいかない. そこで, W'

[注1]　W としないで W' と書いた理由は p.54 で明らかとなる.

[注2]　E の肩を $3N/2$ としてしまった. N は 10^{23} 位の大きな数だから, これに比べて 1 を無視した.

を $N!$ で割ってから対数をとると,

$$\log(W'/N!) = \log W' - N(\log N - 1) - \frac{1}{2}\log 2\pi - \frac{1}{2}\log N$$

$$= N\left[\log\frac{V}{N} + \frac{3}{2}\log\left(\frac{4\pi m}{3h^2}\frac{E}{N}\right) + \frac{5}{2}\right]$$

$$-\frac{5}{2}\log N - \log\pi - \log 36 + \log\frac{\delta E}{(E/N)} \tag{4.8}$$

となり, 右辺第1項が示量的になる. N が 10^{23} といった大きな値をとるときには, もちろん左辺の他の項は, 第1項に比べて無視できるから, 第1項だけをとって, 自由粒子系のエントロピーを,

$$S = k_{\mathrm{B}}N\left[\frac{3}{2}\log\left(\frac{4\pi m}{3h^2}\frac{E}{N}\right) + \log\frac{V}{N} + \frac{5}{2}\right] \tag{4.9}$$

と定義する. この量は示量的である.

【演習問題】

N 個の自由粒子からなる系において, エネルギー E を一定に保って, 体積を2倍にした場合のエントロピーの変化を計算してみよ.

【ヒント】 式 (4.9) の V を $2V$ としたものが, 体積2倍の系のエントロピーである. したがって,

$$S(N,E,2V) - S(N,E,V) = k_{\mathrm{B}}N(\log 2V - \log V)$$
$$= k_{\mathrm{B}}N\log 2 \tag{4.10}$$

となる. 体積が2倍になることによって, われわれは分子の位置に関する知識を失い, それだけ無知になったわけである.

【注　意】

(4.7) を示量的にするために, W' を $N!$ で割らなければならなかったということは, われわれのやった計算方法では, 微視状態の数を数えすぎているということである. しかも, 大変大きな数 $N!$ だけ数えすぎているということである. この $N!$ の補正をしなければならなくなった原因は式 (4.7) に, $N\log V$ という示量的でない量が出てきたためである. もう少し数式をさかのぼってみると, $N\log V$ が出てきたのは, 状態密度 (4.4) に V^N が出てきたことによっている. さらにこれは, 粒子の位置に関する積分の上限下限から出てきていることによっている. あとで見るように, たとえば調和振動子を扱う場合には,

位置の積分から系の体積は出てこない．調和振動子は，どっちみち，平衡点から，あまり遠方にはいけないからである．したがって，系の境界がどこにあるかという示量的な量が余計に入ってこない（つまり，V という示量的な量の N 乗などが入ってこない）ので，この場合には，$N!$ で割る必要はないのである．

古典統計力学において，ある時は $N!$ で割らなければならなかったり，ある時は $N!$ で割ってはいけなかったり，ちょっと無節操なように見えるが，一応 $N!$ の使い方に関しては，心配するほどの混乱は起きない．系の要素が力学自身によって局在化されている場合（調和振動子など）には <u>$N!$ で割ってはいけない</u>．要素が力学自身によって局在化されておらず，体積 V が入ってくる場合には，<u>$N!$ で割らなければならない*）．</u>要は，エントロピーを示量的にするということが規準になる．

ところで，上の処方は素直に受け入れるとしても，一体その物理的な基礎はどこにあるのかと立ち直られると，この段階では何もいえない．何か，粒子の個別性と関係しているらしいことは予想できるが，それとても，いろいろな場合に矛盾なくあてはまるようなうまい物理的解釈は，今のところ存在しない．この点は，あとで出てくる量子統計まで待ってもらうほかない．量子統計では，古典統計力学における $N!$ のミステリーがうまく説明できるようになったというよりも，このミステリーがはじめから起こらないようになっている．付録Bに，Boltzmann，修正 Boltzmann，量子統計における状態の数え方の違いを，簡単な場合について例示しておいた．

以下，N 粒子系の微視状態を考える場合，$N!$ の補正をした数え方をし，エネルギーが E と $E+\delta E$ の間にある微視状態の数として，(4.6) ではなく，

$$W(N, E, V, \delta E) = W'/N!$$

$$= \frac{V^N}{N!}\left(\frac{4\pi m}{3h^2}\frac{E}{N}\right)^{3N/2} \mathrm{e}^{3N/2}\frac{1}{(3\pi N^3)^{1/2}}\frac{\delta E}{(E/N)} \quad (4.11)$$

を採用する．すると，エントロピーは<u>示量的でない小さい項を無視するかぎり</u>，Boltzmann の式，

$$S(N, E, V) = k_\mathrm{B}\log W(N, E, V, \delta E) \quad (4.12)$$

---

*）この数え方にしたがう粒子を，修正 Maxwell-Boltzmann 統計にしたがう粒子と呼ぶことがある．

が成り立つ．ただし，式 (4.8) の最後にあらわれた，δE を含む項も落とした．この最後の点，神経質な読者は気になるかもしれない．δE は，エネルギーの測定にともなう不確定性だから，もちろん，

$$\delta E \ll E \tag{4.13}$$

でなければ意味がないであろう．そうすると，δE として最大のものをとっても，(4.8) の最後の項が示量的にきくことはありえないから，心配はいらない．ただし，δE が小さいほうでは，これが，負の大きな寄与をしないかと心配になる．この点は次のように考える．δE をできるだけ小さくするために，エネルギーの精密な測定をやろうとすると，当然，量子力学における，エネルギーと時間の間の不確定性関係，

$$\Delta E \Delta t \sim h \tag{4.14}$$

が問題になってくる．観測をするのに時間 Δt くらいかけておこなうとしたら，δE を ΔE より小さくすることはできないから，δE の下限は ΔE である．そこで，うんとゆっくり，約 10 年かけて測定してみよう．すると，

$$\Delta E \sim h/10\,\text{年} = 1 \times 10^{-27}\,\text{erg sec}/3 \times 10^7\,\text{sec}$$
$$= 3 \times 10^{-21}\,\text{erg}$$

である．いま，$T \sim 10^3\,°\text{K}$ くらいをとると，平均エネルギーは，

$$\frac{E}{N} \sim k_\text{B} T = 1.4 \times 10^{-3}\,\text{erg} \tag{4.15}$$

したがって，

$$\frac{\Delta E}{E/N} \sim 2 \times 10^{-18}$$

$$\therefore \ \log \frac{\Delta E}{(E/N)} \sim -40 \tag{4.16}$$

もっと温度を高くして $T \sim 10^{10}\,\text{K}$ をとっても，せいぜい，

$$\frac{E}{N} \sim 10^7\,\text{erg}$$

$$\therefore \ \log \frac{\Delta E}{(E/N)} \sim -63 \tag{4.17}$$

くらいにしかならない．(4.16) にしろ (4.17) にしろ，10^{23} という大きな示量的な項に比べたら全く問題にならない．したがって，(4.12) を計算する場合，

δE の項は，全然無視してかまわないのである．（4.12）は，右辺には，表面上 δE という不定なものが入っているようにみえるが，

$$\frac{E}{N} < \delta E < E \tag{4.18}$$

であるかぎり，結果には全然きかない．

【余　　談】

$S(N, E, N) = k_\mathrm{B} \log W(N, E, V, \delta E)$ について少々文句を述べておかなければならない．統計力学において何かを計算しようと思ったら，第1の仕事はエネルギー E と $E + \delta E$ との間にある微視的状態の数を計算することである．この計算にあたって，自由度の数が大変大きいということを利用して小さいと考えられる項をバサバサと落とす．このバサバサと落とす段階で，はじめて統計力学を学ぶ者は，なんとなく自信を失うことが多い．あとでバサバサと落とせるからこそ，エネルギーに対して任意の幅 δE などを入れておいても平気なのである．このバサバサと，いらない項を落とすところが，はじめは大変任意にみえるのである．どんな規準によって落としているのかということがわかるまでは，この切り捨てには，少々罪悪感がともなう．

いったん，切り捨ての規則がわかってしまって，任意性が全然ないことに気がつくまでには，かなりの経験がいる．

私がクラスでこの点を教える場合，次のようにやってみたら混乱が少ないように思われるのでそれをここで紹介しておこう．

まず W をまじめに計算する．そしてそれの対数をとったとき，示量的になる部分を，

Ext[$\log W$]

と書く．これが示量的になるということで，Ext[　] という操作は任意ではないのである．たとえば，

$$W \sim [E/N]^{\frac{3N}{2}-1}$$

であったとすると，

$$\log W = \left(\frac{3N}{2} - 1\right) \log\left(\frac{E}{N}\right)$$

$$\mathrm{Ext}[\log W] = \frac{3N}{2}\log\left(\frac{E}{N}\right)$$

である．示量的な量をとり出しておいてから，S と等号でむすぶと，それ以後，あまり問題は起こらないが，$\log W$ を正直に計算し，それを S と等号でむすんだあとで，示量的でない項を切り捨てると，なんとなく罪悪感がともなうのである．したがって"示量的な項のみをとり出す"という操作を記号 $\mathrm{Ext}[\ \ ]$ として，Boltzmann の関係をいちいち，

$$S(N, E, V) = k_\mathrm{B}\,\mathrm{Ext}[\log W]$$

と書いておくとよい．これを，状態密度 Ω であらわしても，エネルギー 0 から E までのすべての状態数 Ω_0 を使ってあらわしてもそれらの対数の示量的な部分は同じだから，

$$\begin{aligned}S(N, E, V) &= k_\mathrm{B}\,\mathrm{Ext}[\log W]\\ &= k_\mathrm{B}\,\mathrm{Ext}[\log \Omega]\\ &= k_\mathrm{B}\,\mathrm{Ext}[\log \Omega_0]\end{aligned}$$

と書いても，一向に罪悪感をともなわない．

このように，示量的な部分のみをとり出す……という操作に慣れるまでは，いちいち $\mathrm{Ext}[\ \ ]$ と書いておくほうが，概念的な混乱が少ないようである．

この書き方によると，Boltzmann の関係は上の通りであり，エントロピーの一般的定義は，

$$S = -k_\mathrm{B}\,\mathrm{Ext}\left[\int \mathrm{d}^N\varGamma\, f_\mathrm{MC}(^N\varGamma)\,\log f_\mathrm{MC}(^N\varGamma)\right]$$

などと書いておかなければならない．（(3.34) を見よ．）

以下，いちいち $\mathrm{Ext}[\ \ ]$ という記号を用いないこともあるが，いつでも数式は，この意味に解釈するとしておこう．

（余談おわり）

温 度

さて，(4.9) を E について微分し，定義式 (3.5) を用いると，系の温度が力学的な量であらわされる．すなわち，

$$\frac{\partial S(N, E, V)}{\partial E} = \frac{3}{2}k_\mathrm{B}\frac{N}{E} = \frac{1}{T} \tag{4.19}$$

57

$$\therefore \quad k_{\mathrm{B}}T = \frac{2}{3}\frac{E}{N} \tag{4.20}$$

である．これは，気体分子運動論で実験式の助けをかりて出した（Ⅰ.1.5）である．ここでは，温度を式（3.5）で定義することによって理論的に導かれた式となっている．

圧　力

圧力は，やはり，エントロピー（4.9）を，体積 V について微分し，定義式（3.6）を用いればよい．すなわち，

$$\frac{\partial S(N, E, V)}{\partial V} = k_{\mathrm{B}}\frac{N}{V} = \frac{p}{T} \tag{4.21}$$

である．この式を書き直すと，

$$pV = k_{\mathrm{B}}NT \tag{4.22}$$

であって，これは理想気体の状態方程式（4.1）にほかならない．

化学ポテンシャル

ついでに，系の科学ポテンシャルを，式（3.7）を用いて，力学的量であらわしておくと，

$$\frac{\mu}{T} = -\frac{\partial S(N, E, V)}{\partial N} = -k_{\mathrm{B}}\log\left\{\left(\frac{4\pi mE}{3h^2N}\right)^{3/2}\frac{V}{N}\right\} \tag{4.23}$$

となる．化学ポテンシャルは，上の式から明らかなように，示強的な量である．温度や圧力に比べ，化学ポテンシャルという量は，抽象的でつかみにくい．(3.5), (3.6), (3.7) をながめてみるとわかるように，温度とはエントロピーがエネルギーの変化に対してどう変わるかを示す目安になる量である．また圧力は，系の体積の変化に対して，エントロピーがどう変わるかを示す量である．一方，化学ポテンシャルは，系の粒子数の変化に対して，エントロピーがどう変わるかを示す量である．簡単にいうならば，化学ポテンシャルは，系から粒子がのがれ去る傾向をあらわす量であるということができる．この点は，p. 108 で議論する．

Maxwell 分布

最後に，熱平衡に対する前節の処方が，うまく Maxwell 分布を与えるということを示しておこう．そのために，(4.3) まで戻ろう．これを，分布関数 (3.1) に代入し，もう一度 $\int \mathrm{d}^N\varGamma$ を行なうと，当然のことながら (3.2) と同じく 1 と

なる．しかし今，一つの運動量の積分をやらずに，残りの変数全部についての
積分を遂行すると，熱平衡状態において，1 個の粒子に目をつけたとき，他の
$N-1$ 個の粒子の運動量は全くなんでもよいが，目をつけている粒子が運動量
$\boldsymbol{p}$ をもつ場合の確率がえられる．または，同じことだが運動量空間における粒
子の密度，

$$\frac{1}{N} \sum_{i=1}^{N} \delta(\boldsymbol{p} - \boldsymbol{p}_i) \tag{4.24}$$

の平均値を，(3.3) によって計算してもよい．前者の方法をとると，やはり公
式（A.5）を用いて，

$$\frac{\mathrm{d}^3 p}{N!} \frac{1}{h^{3N}} \int \mathrm{d}^3 x_1 \cdots \mathrm{d}^3 x_N \, \mathrm{d}^3 p_1 \cdots \mathrm{d}^3 p_{N-1}$$

$$\times \delta\left(E - \frac{1}{2m}\boldsymbol{p}^2 - \sum_{i=1}^{N-1} \frac{1}{2m}\boldsymbol{p}_i^2\right) \delta E / W(N, E, V, \delta E)$$

$$= \frac{\mathrm{d}^3 p}{h^{3N}} \frac{V^N}{N!} \frac{(2\pi m)^{3(N-1)/2}}{\Gamma\left(\dfrac{3(N-1)}{2}\right)} \left[E - \frac{1}{2m}\boldsymbol{p}^2\right]^{\frac{3(N-1)}{2}-1} / W$$

$$= \left[\frac{\beta}{2\pi m}\right]^{3/2} \left[1 - \frac{1}{2m}\boldsymbol{p}^2 \frac{1}{E}\right]^{3N/2} \mathrm{d}^3 p \tag{4.25}$$

がえられる．ただし (4.20) により，

$$\frac{3}{2}\frac{N}{E} = \frac{1}{k_{\mathrm{B}}T} \equiv \beta \tag{4.26}$$

である．これが，全エネルギー E を固定したとき，等しい確率で分布した N
粒子系の中で，1 個の粒子が運動量 $\boldsymbol{p}$ をもっている確率である．不定な量 δE
は，分子と分母でうまく消し合った．しかしこのままでは，まだ Maxwell 分布
の形をしていない．だが，よく考えてみると，これまでのところ，N が非常に
大きいということを使ってない．そこで，1 粒子のもつ平均エネルギー E/N
（$=3/2\beta$）を有限に保って，N の非常に大きな極限を考えると*)，式 (4.25) は，
正に Maxwell 分布式（I.2.16）になる．それを見るためには，(4.25) の最後

---

*) このような極限を，統計力学では，**熱力学的極限**（thermodynamical limit）という．

の項を,

$$\left[1-\frac{1}{2m}\boldsymbol{p}^2\frac{1}{E}\right]^{3N/2}=\left[1-\frac{1}{2m}\boldsymbol{p}^2\frac{3N}{2E}\frac{2}{3N}\right]^{3N/2}$$

$$=\left[1-\frac{\beta}{2m}\boldsymbol{p}^2\frac{2}{3N}\right]^{3N/2} \tag{4.27}$$

と変形し, 公式,

$$\lim_{N\to\infty}\left(1-\frac{x}{N}\right)^N=\mathrm{e}^{-x} \tag{4.28}$$

を思い出すとよい. β を有限に保ち, N のきわめて大きい極限では, したがって,

$$(4.25)=\left(\frac{\beta}{2\pi m}\right)^{3/2}\mathrm{e}^{-\beta p^2/2m}\mathrm{d}^3p \tag{4.29}$$

となり, 式（I.2.16）を N で割ったものと完全に一致する.

【注　意】

　ここでは, 巨視的条件を満たす, すべての微視的状態が, 全く同じ確率で寄与するとして, $N\to\infty$ の極限で熱平衡状態における粒子の運動量分布, すなわち Maxwell 分布になることを示した. しかし, このような, エネルギー E と $E+\delta E$ にはさまれた微視的状態は等しい重率で寄与し, それ以外の微視的状態は全然関与しないとする仮定が, Maxwell 分布を与える唯一の分布ではない. これについては, p.130 の議論参照.

この章のまとめ

　しつこいようだが, ここでの考え方をもう一度まとめておく. いまここに, 現実に熱平衡状態にある, 一つの N 粒子系があるとする. われわれは巨視的に, この系はエネルギー E と $E+\delta E$ の間にあり, 体積 V, 粒子数 N でその状態を指定することができる. このとき現実の系は, エネルギーが $E\sim E+\delta E$, 体積 V, 粒子数 N をもったすべての可能な相異なった微視的状態が, 等しい割合でまざった状態にあると考える. 微視的状態を正準変数で指定すると, すべての状態は各々等しい確率（3.1）で寄与している. この系の微視的物理量を $A(^N\varGamma)$ とすると, 巨視的な物理量の値は, 平均値（3.3）で与えられる. たとえば, A として Hamiltonian H_N をとると, 直ちに,

$$\langle H_N\rangle_{\mathrm{MC}}=E \tag{4.30}$$

がえられる.

　確率論的な構成をはっきりさせるためには，W 個の相異なった微視的状態をもつ，巨視的には同じ系を，1 個ずつ W 個並べて，その確率的集団の中から，全く勝手に 1 個の系をとり出したときの物理量の期待値が，熱平衡におけるその物理量の観測地であると考える.

　ここで導入した母集団は，**小正準集合**（microcanonical ensemble）といわれる. この集団中の分布，すなわち $E \sim E + \delta E, N, V$ をもったすべての微視的状態が等しい確率で分布するとき，その分布を**小正準分布**（microcanonical distribution）と呼ぶ.

　いうまでもなく，エネルギー，体積，粒子数の，この集団における期待値は，それぞれ E, V, N そのものである. この性質のために，小正準集合の理論は，力学との関係の理論的研究には便利である. ただしこの理論の中で重要な役割をしている状態密度（1.12）の計算が，簡単な例以外ではなかなかむずかしいという欠点がある. この点はあとで導入する，canonical theory や，grand canonical（大正準）theory でかなり改良される. p. 46 から p. 51 への説明をとばした読者は，ここで一応そこまで戻ることをおすすめする.

第Ⅲ章　状態数の計算および数学的技巧

統計力学に必要な
最小限の計算例と数学的技巧

§1. 微視的状態の数および状態密度

前節で述べた，小正準集合の理論では，考えている巨視的状態と同じ $E, N,$ V をもったすべての可能な微視的状態の数という概念が基本的な役割を果たしている．そこで以下，二，三の簡単な系について，この量を計算しておこう．

一般論

まず一般論を与えておく．エネルギーが，0 から E までの間に含まれる微視的状態の総数は，

$$\Omega_0(E) = \int \mathrm{d}^N\Gamma\, \theta(E - H_N) \tag{1.1}$$

で与えられる[*]．エネルギー E が連続とすると，(1.1) を E で微分することにより，この点における状態密度，

$$\Omega(E) = \frac{\partial \Omega_0(E)}{\partial E} = \int \mathrm{d}^N\Gamma\, \delta(E - H_N) \tag{1.2}$$

が得られる．ただし δ は，Dirac のデルタ関数で，

$$\delta(x) = \frac{\mathrm{d}}{\mathrm{d}x}\theta(x) \tag{1.3}$$

からきたものである．(1.2) を用いると，エネルギー E と $E + \delta E$ の間のエネルギーをもったすべての可能な微視的状態の数（熱力学的重率）は，

$$W(E, \delta E) = \Omega(E)\,\delta E \tag{1.4}$$

---

[*] θ については，p. 40 の脚注を見よ．

である．この式は，E が連続変数のとき意味がある表現で，E がもし，とびとびの値しかとれなかったら，それに応じた考慮が必要である．

$\Omega(E)$ の一般的な振舞い

この章のいろいろな例が示すように，状態密度は，エネルギー E とともに急激に増加する関数であるのが普通である．また，その増加の仕方にも，おのずから制限がある．状態数を計算したら，次の4個の点に注意してみよう．

（I）　温度が常に正であるか？　これを知るには式（II.3.5）によって，

$$\frac{\partial}{\partial E} \log \Omega(E) > 0 \tag{1.5}$$

であればよい．

（II）　系にエネルギーを注ぎ込んだとき，温度が上るか？　やはり（II.3.5）によると，そのためには，

$$\frac{\partial}{\partial E} \log \Omega(E) \text{ は，} E \text{ とともに減少する正の関数}$$

でなければならない．これと同じことだが，

（II′）　エネルギーのゆらぎがうまく定義できるか？　そのためには，

$$\frac{\partial^2}{\partial E^2} \log \Omega(E) < 0 \tag{1.6}$$

でなければならない（理由は p.118 で説明する）．

（III）　ゆらぎが熱力学的関数自身より適度に小さいか？　この条件は，

$$-\left[\frac{\partial^2}{\partial E^2} \log \Omega(E) \right]^{-1}$$

がたかだか N のオーダーで増える，ということになる．あとで見るように，ゆらぎ σ は，

$$\sigma_E^2 = -\left[\frac{\partial^2}{\partial E^2} \log \Omega(E) \right]^{-1} \tag{1.7}$$

で定義されるからである．

上の4個の条件が，すべての系の Ω について満たされているわけではなく，系によって，いろいろの異常があらわれる．たとえば負の温度があらわれたり，ゆらぎがある温度で異常に大きくなったりする．相転移などの異常が起こるのは，そのようなときである（研究者は，このような異常が起こると俄然興味が

わいてくる).

以下，簡単な例について $\Omega(E)$ などを具体的に計算してみるが，向う見ずの計算に追われずに，上の4個の条件が満たされているか否かをチェックすることを忘れないように気をつけたい．

（1） 古典的自由粒子の系 [*)]

いま，エネルギー ε と運動量 $\boldsymbol{p}$ が，

$$\varepsilon = \frac{1}{2m}\boldsymbol{p}^2 \tag{1.8}$$

を満たしている粒子 N 個からなる系を考える．付録の公式（A.4）を用いると，

$$\Omega_0(N,E) = \frac{1}{N!\,h^{3N}} \int \mathrm{d}^3x_1 \cdots \mathrm{d}^3x_N \, \mathrm{d}^3p_1 \cdots \mathrm{d}^3p_N \, \theta\!\left(E - \sum_{i=1}^{N} \boldsymbol{p}_i^2/2m\right)$$

$$= \frac{V^N}{N!\,h^{3N}} \int \mathrm{d}^3p_1 \cdots \mathrm{d}^3p_N \, \theta\!\left(E - \sum_{i=1}^{N} \boldsymbol{p}_i^2/2m\right)$$

$$= \frac{V^N}{N!} \left(\frac{2\pi mE}{h^2}\right)^{3N/2} \bigg/ \Gamma\!\left(\frac{3N}{2}+1\right) \tag{1.9}$$

がえられる．状態密度は，したがって，

$$\Omega(N,E) = \frac{\partial \Omega_0(N,E)}{\partial E}$$

$$= \frac{3N}{2} \frac{V^N}{N!} \left(\frac{2\pi mE}{h^2}\right)^{3N/2} \bigg/ E\,\Gamma\!\left(\frac{3N}{2}+1\right) \tag{1.10}$$

である．

前頁の4条件が満たされているか否かの検討は各自やってほしい．なお演習問題として，熱力学的極限で，

$$\lim_{N\to\infty} \frac{\Omega(N, E-\varepsilon)}{\Omega(N,E)} = \mathrm{e}^{-\beta\varepsilon} \tag{1.11}$$

が成り立つことも確認しておいてほしい．ただし ε は任意の小さいエネルギーであり，極限をとるとき，

---

*) ここでは，はじめから，Gibbs の補正を考慮しておく．

$$\beta \equiv \frac{\partial}{\partial E} \log \Omega(N, E) \tag{1.12}$$

を一定に保つようにする[1].

もし、粒子のエネルギーと運動量の関係が、粒子的な (1.8) ではなく、フォノン的な関係，

$$\varepsilon = c_s |\boldsymbol{p}| \tag{1.13}$$

（c_s はフォノンの速度，つまり音速）

で与えられるならば，

$$\Omega_0(N, E) = \frac{V^N}{N!} \frac{1}{h^{3N}} \int \mathrm{d}^3 p_1 \cdots \mathrm{d}^3 p_N \, \theta(E - c_s(p_1 + \cdots + p_N))$$

$$= \frac{1}{N!} \frac{(8\pi V)^N}{(3N)!} \left(\frac{E}{hc_s}\right)^{3N} \tag{1.14}$$

である．ただし p. 267 の公式 (A.7) を用いた．したがって，

$$\Omega(N, E) = \frac{\partial \Omega_0(N, E)}{\partial E}$$

$$= \frac{1}{N!} \frac{(8\pi V)^N}{(3N-1)!} \left(\frac{E}{hc_s}\right)^{3N} \Big/ E \tag{1.15}$$

となる．前の場合と同様，$\Omega(N, E)$ は E とともに急激に増大する．

p. 63 の 4 条件および式 (1.11) の関係が成り立つことは各自の演習問題である．また Boltzmann の関係を用いてエントロピーを求めると[2]，それぞれ，

$$S = k_{\mathrm{B}} N \left[\frac{3}{2} \log\left(\frac{4\pi m}{3h^2} \frac{E}{N}\right) + \log \frac{V}{N} + \frac{5}{2} \right] \tag{1.16}$$

（$\varepsilon = \boldsymbol{p}^2/2m$ のとき）

$$S = k_{\mathrm{B}} N \left[3 \log\left(\frac{1}{hc_s} \frac{E}{3N}\right) + \log\left(8\pi \frac{V}{N}\right) + 4 \right] \tag{1.17}$$

（$\varepsilon = c_s p$ のとき）

---

[1] 式 (1.11), (1.12) の関係は，物理的にいうと次のようなことを意味する．(1.24), (1.36) もすべて同じである．これは，全系が一定温度 $T = (k_{\mathrm{B}}\beta)^{-1}$ であるとき，その系の中の一部をながめたとき，その一部がエネルギー ε をもつ確率は $\mathrm{e}^{-\beta\varepsilon}$ に比例するということであって，あとで出てくる正準集合に理論的根拠を与える重要な関係である．

[2] Boltzmann の関係を用いるとき，p. 53 の注意を忘れないように．

になる.

【演習問題】

エントロピーの式 (1.16), (1.17) を用い,エネルギーと温度の関係を求め,両者を比較してみよ.また式 (Ⅱ.3.6) を用いて,気体の状態方程式 $pV = \nu RT$ が成り立っているか,上の二つの場合につき調べよ.(1.16), (1.17) の場合に Bernoulli の式はそれぞれ,

$$pV = \frac{2}{3}\frac{E}{N}$$

$$pV = \frac{1}{3}\frac{E}{N}$$

となることを証明せよ.

（2）　古典的調和振動子の系

調和振動子 f 個からなる系を考える.各調和振動子のエネルギーは,

$$\varepsilon = \frac{1}{2}(p^2 + \omega^2 q^2) \tag{1.18}$$

で与えられるから,

$$q = \frac{\sqrt{2\varepsilon}}{\omega}\cos\phi \tag{1.19a}$$

$$p = \sqrt{2\varepsilon}\sin\phi \tag{1.19b}$$

によって,変数 ε と ϕ に変換すると,1 振子の位相空間における面積要素は,

$$dqdp = \left|\frac{\partial(q, p)}{\partial(\varepsilon, \phi)}\right|d\varepsilon d\phi$$

$$= \frac{1}{\omega}d\varepsilon d\phi \tag{1.20}$$

である.

全系のエネルギーが 0 から E までの状態の数は,したがって,

$$\Omega_0(f, E) = \frac{1}{h^f}\int dq_1\cdots dq_f dp_1\cdots dp_f\,\theta(E - \varepsilon_1 - \varepsilon_2 - \cdots - \varepsilon_f)$$

$$= \left(\frac{2\pi}{h\omega}\right)^f\int_0^\infty d\varepsilon_1\cdots d\varepsilon_f\,\theta(E - \varepsilon_1 - \cdots - \varepsilon_f)$$

$$= \left(\frac{E}{\hbar\omega}\right)^f \Big/ f! \tag{1.21}$$

状態密度は，

$$\Omega(f, E) = \left(\frac{E}{\hbar\omega}\right)^f \Big/ E(f-1)! \tag{1.22}$$

となる．エントロピーは，大きな f に対して，

$$S = k_{\mathrm{B}} f \left[\log\left(\frac{E}{\hbar\omega f}\right) + 1\right] \tag{1.23}$$

である．これはこのままで Gibbs の補正をしないで示量的な量になっている．

熱力学的極限で，

$$\lim_{f\to\infty} \frac{\Omega(f, E-\varepsilon)}{\Omega(f, E)} = \mathrm{e}^{-\beta\varepsilon} \tag{1.24}$$

が成り立つことを示すのは容易であろう．ただし ε は任意の小さいエネルギー，かつ，

$$\beta \equiv \frac{\partial}{\partial E} \log \Omega(f, E) = f/E \tag{1.25}$$

である．

（3）　調和振動子の系（量子論）

f 個の量子的調和振動子からなる系をとる．各振子の 0 点エネルギーを省略すると，振子のエネルギーは，ε_0 を単位として，

$$\varepsilon = \varepsilon_0 l \tag{1.26}$$
$$(l = 0, 1, 2, 3, \cdots)$$

で与えられる．全系のエネルギーは，今回は連続ではなく，ある正の整数を M とするとき，

$$E = \varepsilon_0 M \tag{1.27}$$

しかとれない．このような状態の数は，

$$W(f, E) = \sum_{l_1=0}^{\infty} \cdots \sum_{l_f=0}^{\infty} \delta_{M, l_1+l_2+\cdots+l_f} \tag{1.28}$$

で与えられる．これは，最後の Kronecker のデルタのために，与えられた正整数 M に対し，

$$M = l_1 + l_2 + \cdots + l_f \tag{1.29}$$

を満たす状態の数に等しい（各 $l_1, l_2, \cdots, l_f$ が別々に $0, 1, 2, \cdots, \infty$ という値をとる）. これを計算するには，f 個の箱に，区別できない M 個の要素を入れるときの入れ方の数を勘定すればよい. それは，

$$W(f, E) = \frac{(M+f-1)!}{M!\,(f-1)!} \tag{1.30}$$

で与えられる[*1]. これは，おおきな M と f に対して単調に増加する.

　大きな M と f に対して，Stirling の式を用いると，

$$W(f, E) \fallingdotseq \frac{(M+f)^{M+f}}{M^M f^f} \tag{1.31}$$

であるから，この系のエントロピーは，

$$S = k_\mathrm{B} \log W(f, E)$$
$$= k_\mathrm{B} f \left[\log\left(1 + \frac{E}{\varepsilon_0 f}\right) + \frac{E}{\varepsilon_0 f} \log\left(1 + \frac{\varepsilon_0 f}{E}\right) \right] \tag{1.32}$$

で与えられる. これから式（II.3.5）によって，系の温度を定めてみると，

$$\frac{1}{T} = \frac{\partial S(f, E)}{\partial E}$$
$$= k_\mathrm{B} \frac{1}{\varepsilon_0} \log \frac{E + f\varepsilon_0}{E} \tag{1.32}$$

となる. これを E について解くと，

$$E = f \frac{\varepsilon_0}{\mathrm{e}^{\beta\varepsilon_0} - 1} \tag{1.33}$$

がえられる[*2]. ただし，

$$\beta \equiv 1/k_\mathrm{B} T \tag{1.34}$$

とおいた. 与えられたエネルギー E と，温度の関係は，自由粒子の系のときのように比例関係とはならず，(1.33) のように複雑なものとなる. したがって，この調和振動子系の比熱は，古典的な理想気体のように，温度に無関係な一定

[*1]　たとえば，$M=2, f=3$ くらいを実際に数えてみればよい.

[*2]　はじめから，式 (1.26) に零点エネルギー $\varepsilon_0/2$ を考慮しておくと，(1.33) の代わりに，

$$E = f\left(\frac{1}{2}\varepsilon_0 + \frac{\varepsilon_0}{\mathrm{e}^{\beta\varepsilon_0} - 1}\right) \tag{1.33'}$$

がえられる.

値をとるようにはならず (p.28), 温度の減小とともに 0 に近づく. 高温ではエネルギー等分配の法則 (p.19) が成り立っている. この場合も,

$$\beta \equiv \frac{\partial}{\partial E} \log W(f, E) \tag{1.35}$$

を一定に保ちながら, $f \to \infty$ とすると, $\varepsilon \ll E$ に対して,

$$\lim_{f \to \infty} \frac{W(f, E-\varepsilon)}{W(f, E)} = \mathrm{e}^{-\beta\varepsilon} \tag{1.36}$$

が成り立つ.

最後に一つ, 計算の演習問題を出しておく.

【演習問題】

式 (1.30) のもとになる (1.28) を用い,

$$\sum_{M=0}^{\infty} W(f, \varepsilon_0 M) \mathrm{e}^{-\beta\varepsilon_0 M} = \left[\frac{1}{1 - \mathrm{e}^{-\beta\varepsilon_0}} \right]^f \tag{1.37}$$

を証明せよ.

前にも注意したように, (1.36) と (1.37) とは, あとで導入する正準集合において重要な式である.

(4) 回転子の系

2個の原子 A および B が棒でつながれた 2 原子分子の回転の自由度だけを考えよう. 2 原子分子の重心に座標の原点をとったとき, 回転の自由度は, Hamiltonian

$$H_{\mathrm{rot}} = \frac{1}{2I} \left(p_\theta^2 + \frac{1}{\sin^2\theta} p_\phi^2 \right) \tag{1.38}$$

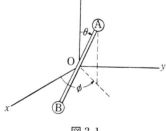

図 3.1

であらわされる. I は, 分子の重心のまわりの慣性能率である. このような回転子 N 個からなる系を考えよう. 各回転子の自由度は 2 であるから, 全体では $2N$ の自由度となり, これを記述する位相空間は $4N$ 次元である.

古典的にこの系を扱う場合は, 理想気体の計算がそのまま使える. 状態密度は, 定義により,

$$\Omega(N, E) = \int \mathrm{d}^N \Gamma \, \delta(E - H_{\mathrm{rot}1} - \cdots H_{\mathrm{rot}N}) \tag{1.39}$$

である. ただし,

$$\int \mathrm{d}^N \Gamma = \frac{1}{h^{2N}} \prod_{i=1}^{N} \int_0^\pi \mathrm{d}\theta_i \int_0^{2\pi} \mathrm{d}\phi_i \int_{-\infty}^{\infty} \mathrm{d}p_{\theta_i} \int_{-\infty}^{\infty} \mathrm{d}p_{\phi_i} \tag{1.40}$$

である．積分を遂行するために，

$$\frac{p_{\phi_i}}{\sin\theta_i} = \xi_i \tag{1.41}$$

とおくと，δ関数の中から θ_i が消える代わりに，$\sin\theta_i$ が外に出るから，角の積分がまずできる．したがって，

$$\int \mathrm{d}^N \Gamma = \frac{1}{h^{2N}} (4\pi)^N \prod_{i=1}^{N} \int_{-\infty}^{\infty} \mathrm{d}p_{\theta_i} \int_{-\infty}^{\infty} \mathrm{d}\xi_i \tag{1.42}$$

となる．こうすると，状態密度の積分は，理想気体のときとほとんど同じになり，積分公式 (A.5) が使えるから，

$$\Omega(N, E) = \left(\frac{4\pi^2}{h^2}\right)^N (2IE)^{N-1} 2I / \Gamma(N)$$

$$= \left(\frac{2IE}{\hbar^2}\right)^N \Big/ E\Gamma(N) \tag{1.43}$$

がえられる．したがって，エントロピーは，

$$S = k_{\mathrm{B}} N \left[\log \frac{2IE}{\hbar^2 N} + 1 \right] \tag{1.44}$$

となる．温度とエネルギーの関係は，

$$\frac{\partial S}{\partial E} = k_{\mathrm{B}} \frac{N}{E} = \frac{1}{T} \tag{1.45}$$

である．したがって，この系の熱容量は，

$$C = \frac{\partial E}{\partial T} = k_{\mathrm{B}} N \tag{1.46}$$

であって，温度によらない*)．

---

*)　ここでちょっと注意を要する点がある．もし2個の原子ⒶとⒷとが相異なったものである場合には，上の計算はそのままでよいが，ⒶとⒷが区別不可能な場合には，今までの計算では，状態の数を数えすぎている．というのは，その場合には，ⒶとⒷを含む任意の平面内で，重心のまわりに180°回転しても，全然同じ状態しかえられないからである．したがって同原子の場合には，正しくは，式 (1.42) を 2^N で割っておかなければならない．すると，エントロピー (1.44) も，それに応じて変わってくる．

回転子を量子力学的に扱うと，Hamiltonian (1.38) の固有値は，

$$E_{l,m} = \frac{\hbar^2}{2I}(l+1) \tag{1.47}$$

$$m = l, l-1, \cdots, -l$$

$$l = 0, 1, 2, 3, \cdots$$

であるから，事情は複雑であり，簡単に $\Omega(N, E)$ を計算できない．したがって，この問題は別の機会に論じることにしよう（p. 142）．

（5）二準位要素の系

次に，応用は広いが，少々変わった物理系として，各要素が，0 または ε_0 という，たった2個のエネルギーしかとれない場合，このような要素 f 個からなる系のとりうる状態の数を勘定してみよう．この場合は，二つ前の例と同様，系のとりうるエネルギーは，とびとびの値しかとれないから，エネルギー密度という考え方は成り立たない．各要素が，0 と ε_0 のエネルギーしかとれないから，全エネルギー E を作るためには，エネルギー ε_0 をもつ要素の数を数えてみさえすればよい．これを l_+ とすると，状態の数は明らかに，f 個の中から l_+ 個とり出すとり出し方が等しい．したがって，エネルギー $E = \varepsilon_0 l_+$ をもつ状態の数は，

$$W(f, E) = \frac{f!}{l_+!\,(f-l_+)!} \tag{1.48}$$

である．

この場合，計算しなくても容易にわかるように，すべての要素が 0 または，すべての要素が ε_0 のエネルギーをもった状態は，それぞれ1個しかない．0 エネルギーをもった要素の数 $f - l_+$ がだんだんと増えてくると，状態の数はだんだんと増えてくるが，$f - l_+$ が，ε_0 のエネルギーをもった要素の数 l_+ に等しくなると（f は簡単のため偶数とする）状態数 (1.48) は最大になり，それからだんだんと状態は減ってくる．この点が前三つの例と大変異なっている．したがって，この系に統計力学をあてはめると，前の二つの例と大変異なった事情があらわれる．例えば，負の温度などという変なものがあらわれる．つまり，p. 63 の第 I の条件が，

$$l_+ > f - l_+ \tag{1.49}$$

で破れる．これをみるために，(1.47) に Stirling の式を用いて，

$$W(f, E) = \frac{f^f}{l_+^{l_+}(f - l_+)^{f - l_+}} \tag{1.50}$$

とすると，系のエントロピーは，

$$S = k_B \log W(f, E)$$

$$= k_B f \left[\log \frac{f\varepsilon_0}{f\varepsilon_0 - E} + \frac{E}{f\varepsilon_0} \log \frac{f\varepsilon_0 - E}{E} \right] \tag{1.51}$$

となり，うまい具合に示量的になっている．これから温度を計算してみると，

$$\frac{1}{T} = \frac{\partial S(f, E)}{\partial E} = \frac{k_B}{\varepsilon_0} \log \frac{f\varepsilon_0 - E}{E} \tag{1.52}$$

である．この場合，

$$\frac{1}{2} f\varepsilon_0 > E \tag{1.53}$$

であるかぎり，系のエネルギーの増加とともに温度も上っていくが，丁度半分の要素がエネルギーレベル ε_0 をとった点で温度は無限大になる．さらに，エネルギーレベル ε_0 をとる要素の数 l_+ が増えると，温度は負の無限大のほうからだんだんと上ってくる．

このようなことは，エネルギーレベルがたくさんある要素であっても，有限の数しかない場合には，いつでも起こる．また，原子の中などで電子が，高いエネルギーレベルには達しにくく，事実上有限個のエネルギーレベルしかきかない場合には，負の温度を考えなければならない．

なお，式 (1.52) を E について解くと，

$$E = \frac{f\varepsilon_0}{1 + e^{\varepsilon_0 \beta}} \qquad (\beta^{-1} \equiv k_B T) \tag{1.54}$$

となるから，系の熱容量は，

$$C = \frac{\partial E}{\partial T} = f k_B \left(\frac{\varepsilon_0}{k_B T} \right)^2 e^{\beta \varepsilon_0} \frac{1}{(1 + e^{\beta \varepsilon_0})^2} \tag{1.55}$$

で与えられる．この形を **Schottky 形**といい，大体の傾向は右図のようなものである．

$$k_B T / \varepsilon_0 = 0.5$$

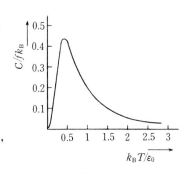

図 3.2

のあたりに, するどいピークがあるのが特徴的である. 温度の高いところの比熱がほとんど0になるから, 少しのエネルギー変化で温度は急激に変わることができる.

【注　意】

（1）　ここでみたように, 負の温度というのは, $+\infty°$K のさらに上のほうにあらわれる. つまり負の温度は, 正の温度より高いわけである. したがって, 正の温度のものと負の温度のものをくっつけると, 熱は負の温度のものから正の温度のもののほうへ流れる. $+a°$K のものと, $-a°$K の同じものを接触させると, 最終温度は $0°$K ではなく, $\pm\infty°$K になる（$+\infty°$K と $-\infty°$K とは同じものである）. 負の温度という概念は核スピン共鳴やレーザーの取り扱いに有用である.

（2）　エネルギーが0から E までを持つ微視的状態の数 $\Omega_0(E)$ と, 状態密度 $\Omega(E)$ の間には,

$$\Omega(E)\delta E < \Omega_0(E) < \Omega(E)E \tag{1.56}$$

が成り立つから[*1)],

$$\log(\Omega(E)\delta E) < \log\Omega_0(E) < \log(\Omega(E)E) \tag{1.57}$$

も成り立つ. ところが,

$$\log(\Omega(E)E) - \log(\Omega(E)\delta E) = -\log\left(\frac{\delta E}{E}\right) \tag{1.58}$$

は, 熱力学的極限で, 示量的な量に比べ無視できるほど小さい量である（p.54参照）. したがって, エントロピーは Ω_0 を使って書いてもよい. すなわち,

$$S = k_{\mathrm{B}}\mathrm{Ext}[\log W(N, E, V, \delta E)] = k_{\mathrm{B}}\mathrm{Ext}[\log\Omega(N, E, V)\delta E]$$
$$= k_{\mathrm{B}}\mathrm{Ext}[\log\Omega_0(N, E, V)] \tag{1.59}$$

のどれを使ってもよい[*2)].

§2.　最大項の方法

前に, N 個の自由粒子の系においてエネルギー0から E までの状態の数 $\Omega_0(N, E)$, 式 (1.9) を求めるのに付録の式 (A.4) を用いた. ここでは, 同じ

[*1)]　$\Omega(E)$ は E とともに単調に増加することを仮定した.

[*2)]　Ext[　] の意味については p.56 を見よ.

問題を別の方法で求めてみよう．そのほうが物理的理解を助けることもあるし，計算がむずかしいとき，いかにそれを避けるかという練習になるばかりでなく，あとで出てくる正準集合や，大正準集合の理論を導入する準備ともなるからである．要は，自由粒子の系の場合は，

$$E = \sum_{i=1}^{N} \boldsymbol{p}_i^2 / 2m \tag{2.1}$$

の制限のうえで積分を遂行しなければならないこと，また量子論的調和振動子の系では，（1.28）が示すように，

$$M = l_1 + l_2 + \cdots + l_f \tag{2.2}$$

という条件を満たすように和をとらなければならないというところにむずかしさがあるので，これを緩和しようというのである．

古典的自由粒子の系

N 個の自由粒子の系の場合をもう一度考えよう．いま，1粒子の運動量空間を，大きさ $V \mathrm{d}^3 p / h^3$ の細胞にわけて，細胞に通し番号 $s = 1, 2, \cdots, \infty$ をつける．s 番目の細胞に入っている粒子の数を n_s とすると，明らかに，

$$N = \sum_s n_s \tag{2.3}$$

である．各細胞は小さくて，その中の n_s 個の粒子すべて同じエネルギー ε_s をもつとみなせるようにしておくと，

$$E = \sum_s \varepsilon_s n_s \tag{2.4}$$

である．

いま，外力など働いていなくて，運動量空間のある細胞 s の中に1粒子が入りうる確率は，その細胞のもつ可能な状態の数，

$$g_s = \frac{V}{h^3} \mathrm{d}^3 p_s \tag{2.5}$$

のみに依存し，細胞がどこにあるかには無関係としよう．

粗視状態

さらに，同じ細胞の中では，粒子は区別不可能ではあるが，異なった細胞に属する粒子を区別するとすると，系がある特別の配列 $n_1, n_2, \cdots \equiv \{n_s\}$ に見いだされる状態の数は，

$$W'\{n_s\} = \frac{N!}{n_1!\,n_2!\cdots}\,(g_1)^{n_1}(g_2)^{n_2}\cdots \tag{2.6}$$

である[1]. したがって, これを (2.3) と (2.4) を満たすようなすべての $n_1, n_2, \cdots$ について加え合わせたものが, すべての可能な配列の仕方の数で, これが熱力学的重率である[2]. ここで, (2.3), (2.4) を満たすように和をとるのは, 大変な難事である.

ところが, (2.6) という量は, あとで示すように, ある $\{n_s\}$ の配列(それを $\{n_s^*\}$ と書く)で, きわめてするどい極大をもち, 配列 $\{n_s^*\}$ からずれると, 急激に小さくなってしまう. そこで, (2.6) を, (2.3), (2.4) を満たす, すべての $\{n_s\}$ について和をとるところを, この最大の配列 $\{n_s^*\}$ でおきかえるという近似を採用する. つまり, (2.6) の条件付きの和を, 条件 (2.3), (2.4) のついた極値問題でおきかえようというわけである.

Lagrange の未定係数法

条件付きの極値問題を扱うには, Lagrange の未定係数法といううまい手がある. そこで未定係数 α と β を用い,

$$I\{n_s\} \equiv \log W'\{n_s\} + \alpha\Big(N - \sum_s n_s\Big) + \beta\Big(E - \sum_s \varepsilon_s n_s\Big) \tag{2.7}$$

を定義しよう. Lagrange の未定係数法では, (2.7) を, n_s をすべて独立として変分してよいから気楽である.

式 (2.7) に (2.6) を代入し, Stirling の式を用いると,

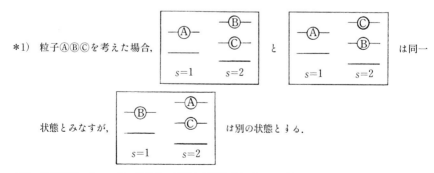

*1) 粒子Ⓐ ⒷⒸを考えた場合, ～ と ～ は同一状態とみなすが, ～ は別の状態とする.

*2) 位相空間の中の一点で指定する状態を微視状態と呼ぶのに対し, このように, もっとおおまかに $\{n_s\}$ で指定する状態のことを, **粗視状態** ということがある.

$$I\{n_s\} = N(\log N - 1) - \sum_s n_s(\log n_s - 1) + \sum_s n_s \log g_s$$

$$+ \alpha(N - \sum_s n_s) + \beta(E - \sum_s \varepsilon_s n_s) \tag{2.8}$$

となる．したがって，最大値を与える $\{n_s^*\}$ は，

$$0 = \frac{\partial I\{n_s^*\}}{\partial n_s^*}$$

$$= -\log n_s^* + \log g_s - \alpha - \beta \varepsilon_s \tag{2.9}$$

すなわち，

$$n_s^* = g_s e^{-\alpha - \beta \varepsilon_s} \tag{2.10}$$

で与えられる．常数 α と β とは，条件 $(2.3), (2.4)$,

$$N = \sum_s n_s^* = e^{-\alpha} \sum_s g_s e^{-\beta \varepsilon_s} \tag{2.11}$$

$$E = \sum_s \varepsilon_s n_s^* = e^{-\alpha} \sum_s g_s \varepsilon_s e^{-\beta \varepsilon_s} \tag{2.12}$$

できまる．

$$\varepsilon_s = \frac{1}{2m} \boldsymbol{p}_s^2 \tag{2.13}$$

とすると，(2.5) を用いて，

$$N = e^{-\alpha} \frac{V}{h^3} \int d^3 p \, e^{-\beta p^2/2m} = e^{-\alpha} \frac{V}{h^3} \left(\frac{2\pi m}{\beta}\right)^{3/2} \tag{2.14}$$

$$E = e^{-\alpha} \frac{V}{h^3} \int d^3 p \, \frac{p^2}{2m} e^{-\beta p^2/2m}$$

$$= e^{-\alpha} \frac{V}{h^3} \frac{3}{2} \left(\frac{2\pi m}{\beta}\right)^{3/2} \frac{1}{\beta} \tag{2.15}$$

したがって，β は，

$$\beta = \frac{3}{2} \frac{N}{E} \tag{2.16}$$

ときまる．式 (2.16) を (2.14) または (2.15) に入れると，

$$\alpha = \log\left[\left(\frac{4\pi m}{3h^2} \frac{E}{N}\right)^{3/2} \frac{V}{N}\right] \tag{2.17}$$

となる（この式と, (II.4.23) とを比べて見よ）.

Boltzmann の式

さて, これらの値を用いると,

$$\log W'\{n_s^*\} = N(\log N - 1) - \sum_s n_s^* \log(n_s^*/g_s) + \sum_s n_s^*$$

$$= N(\log N - 1) + \sum_s n_s^*(\alpha + \beta\varepsilon_s) + N$$

$$= N(\log N - 1) + \alpha N + \beta E + N$$

$$= N(\log N - 1) + N\left[\log\left(\frac{4\pi m}{3h^2}\frac{E}{N}\right)^{3/2} + \log\frac{V}{N} + \frac{5}{2}\right]$$

$$\tag{2.18}$$

がえられる. これは, 右辺第一項を除き, Boltzmann 定数 k_B をかけると, 以前に得た自由粒子系のエントロピー (II.4.9) にピタリである[*].

まとめ

ここでやったことをまとめると, 次のようになっている. すなわち, <u>N 個の自由粒子系の微視状態の数</u> (II.4.3) を直接計算する代わりに, $\{n_s\}$ で指定される粗視状態の数を求め, そのうちの最大項だけとって (Gibbs のパラドックスに関する補正 $N!$ で割って), $k_B \log(W'\{n_s^*\}/N!)$ を計算すると正しいエントロピーがえられるということである. このように, 粗視状態の最大項だけとって, 微視状態の総数を近似するやり方を, **最大項の方法**と呼ぶ. この方法によって, いったんエントロピー

$$S = k_B \,\mathrm{Ext}[\log(W'\{n_s^*\}/N!)]\tag{2.19}$$

を計算すれば, あとは式 (II.3.5), (II.3.6), (II.3.7) によって温度, 圧力, 化学ポテンシャルを計算することができる. すると, ここで導入した α と β は, それぞれ,

$$\beta = (k_B T)^{-1}\tag{2.20}$$

$$\alpha = -\mu(k_B T)^{-1}\tag{2.21}$$

---

[*] 右辺第一項は, p.44 で説明した. Gibbs のパラドックスの項である. 式 (2.6) をすべての $\{n_s\}$ にわたって加え合わせたものは, したがって p.51 の W' にあたるもので, 正しい状態数は, これを $N!$ で割ったものである.

であることがわかる*).

　なお，ここで計算したように，同じ細胞の中では区別不可能だが，異なった細胞に属する粒子は区別可能な場合（p.75 の脚注を見よ），これらの粒子は，Maxwell-Boltzmann の統計にしたがうということもある．Gibbs の補正をしたものを修正 Maxwell-Boltzmann の統計にしたがうという．以下，修正されたものを考えることにする．

【注　　意】

（１）　ここで用いた最大項の方法を概念的に図示すると，右図のようなものである．すべての垂直な線をたしあわせる代わりに，最高値をとる $\{n_s^*\}$ における値でおきかえてしまったわけである．もう少し精密に計算をやろうと思ったら，

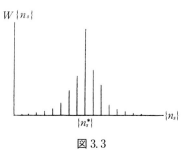

図 3.3

$$\text{すべての } W\{n_s\} \text{ の和} = W\{n_s^*\} \times (\text{幅}) \tag{2.22}$$

としたほうが近似がよいが，エントロピーの計算には，この対数をとり，

$$S = k_B \,\mathrm{Ext}[\log(\text{すべての } W\{n_s\} \text{ の和})]$$
$$= k_B \,\mathrm{Ext}[\log W\{n^*\} + \log(\text{幅})] \tag{2.23}$$

を問題にするわけで，右辺第一項が示量的であるのに対し，第二項が省略できるほど小さければ，この項を正直に計算する必要はない．

　そこで，$W\{n_s\}$ が式 (2.6) で与えられる場合に，大体のことをあたってみると，

$$\log W\{n_s\} = \log W\{n_s^*\}$$
$$+ \frac{1}{2} \sum_{s,r} (n_s - n_s^*)(n_r - n_r^*) \frac{\partial^2}{\partial n_s^* \partial n_r^*} \log W\{n_s\} + \cdots \tag{2.24}$$

だから，

$$\frac{\partial^2}{\partial n_s^* \partial n_r^*} \log W\{n_s^*\} = -\delta_{rs} \frac{1}{n_s^*} \tag{2.25}$$

したがって，n_s が n_s^* に近いところで，

---

*)　式 (2.20) をえるには，(2.16) と（Ⅱ.4.20）を比べてみればよい．また (2.21) をえるには，(2.17) と（Ⅱ.4.23）を比較すればよい．

$$\log W\{n_s\} = \log W\{n_s^*\} - \frac{1}{2}\sum_s (n_s - n_s^*)^2 \frac{1}{n_s^*} + \cdots \tag{2.26}$$

$$\therefore \quad W\{n_s\} = W\{n_s^*\}\mathrm{e}^{-\frac{1}{2}\sum_s (n_s-n_s^*)^2/n_s^*} \tag{2.27}$$

となる. これは, $W\{n_s\}$ が n_s^* の近くで, 幅 $\sqrt{n_s^*}$ をもっていることを示している. (2.27) によると,

$$W \equiv \sum_{\{n_s\}} W\{n_s\} \doteqdot W\{n_s^*\}\prod_s (2\pi n_s^*)^{1/2} \tag{2.28}$$

であるから[*],

$$S = k_{\mathrm{B}}\,\mathrm{Ext}[\log W]$$

$$= k_{\mathrm{B}}\,\mathrm{Ext}[\log W\{n_s^*\} + \frac{1}{2}\sum_s \log n_s^*]$$

$$= k_{\mathrm{B}}\,\mathrm{Ext}[\log W\{n_s^*\}] \tag{2.29}$$

となる. したがって, エントロピーは (2.19) でよいのである.

（2） 上の最大項の方法と結局同じことだが, 前に式 (1.37) で練習したように, $W\{n_s\}$ に, $\mathrm{e}^{-\alpha N}\mathrm{e}^{-\beta E}$ をかけて, N について 0 から ∞ までの和をとり, E について 0 から ∞ まで積分したものを計算する手もある. すなわち,

$$\sum_{N=0}^{\infty}\int_0^{\infty}\mathrm{d}E\sum_{\{n_s\}} W\{n_s\}\delta_{N,\sum_s n_s}\delta(E-\sum_s \varepsilon_s n_s)\mathrm{e}^{-\alpha N}\mathrm{e}^{-\beta E}$$

$$= \sum_{\{n_s\}} W\{n_s\}\mathrm{e}^{-\alpha\sum_s n_s}\mathrm{e}^{-\beta\sum_s \varepsilon_s n_s} \tag{2.30}$$

を計算してみる. こうすると $n_s = 0, 1, 2, \cdots$ に関する和は, すべての s について独立にやってよいから, 話は簡単である. すなわち, (2.30) は,

$$(2.30) = \prod_s \sum_{n_s=0}^{\infty}\frac{1}{n_s!}(g_s\mathrm{e}^{-\alpha-\beta\varepsilon_s})^{n_s}$$

$$= \prod_s \exp(g_s\mathrm{e}^{-\alpha-\beta\varepsilon_s})$$

―――――――――

[*] Gauss 関数の積分 (A.1) を用いた.

$$= \exp \sum_s \left(g_s \mathrm{e}^{-\alpha - \beta \varepsilon_s} \right)$$

$$= \exp \left\{ \frac{V}{h^3} \left(\frac{2\pi m}{\beta} \right)^{3/2} \mathrm{e}^{-\alpha} \right\} \tag{2.31}$$

である．ただし，(2.13) と同じく，

$$\varepsilon_s = \boldsymbol{p}_s^2 / 2m \tag{2.32}$$

ととった．また，ここに出てきた，α と β とは，単なるパラメーターで，前のときの Lagrange multiplier とは，一応無関係な量である．しかし，Lagrange 未定係数法のときとほとんど同じ計算であることに注意されたい．

ここでは一体何をやっているのかというと，結局は，粗視状態の数 (2.6) を，条件 (2.3), (2.4) のもとに加えあわせるのが目的だが，それはしんどいから，それができたとして，それを $W(N, E)$ とし，

$$\sum_{N=0}^{\infty} \int_0^{\infty} \mathrm{d}E\, W(N, E) \mathrm{e}^{-\alpha N} \mathrm{e}^{-\beta E} = \exp \left\{ \frac{V}{h^3} \left(\frac{2\pi m}{\beta} \right)^{3/2} \mathrm{e}^{-\alpha} \right\} \tag{2.33}$$

と計算したわけである．

量 $W(N, E)$ が本当はほしいのに，それをまじめに計算しないで，(2.33) のような量を計算したわけである．これでは何にもならないようにみえるかもしれない[*]．確かに，一般的にいうとなにもならないかもしれない．しかしたとえば，物理学ではある関数が求められない場合，その関数の Fourier 変換を求め，それを逆変換してもとの関数を求めるという手をよく使うことがあるのを思い出すとよい．ここの例では，$W(N, E)$ が求められないから，$\mathrm{e}^{-\alpha N} \times \mathrm{e}^{-\beta E}$ をかけて，N と E について和および積分を遂行したら結果が求まったのである．これは，数学でいう Laplace 変換である．したがって，(2.33) に，Laplace の逆変換をおこなうことができれば，$W(N, E)$ が求まることになる（p. 207 の議論参照）．

しかし，統計力学で扱う関数 $W(N, E)$ は（このモデルにかぎらず），一般に，

---

[*]　これは，例の，電燈の下で何か探している男を連想させる．ある男が，電燈の下でウロウロと何か探しているのをみて，他の男が，「一体あなたはそこで何をしているのかね？」とたずねたら，男は答えていわく，「あっちの暗いところで私は鍵を落したのだが，暗いところではどうせ見つけられないから，ここの明るいところで探しているのだ」．

N や E に関して，急激に増加する（減少することもある）関数である（たとえば，p. 54 の式 (4.11) や，(1.22), (1.31) などを見よ）．このような場合には，いちいち Laplace の逆変換をしなくても，(2.33) のままで，物理的な量を引き出すことができるというのが，あとで出てくる大正準集合の理論である．事実，(2.33) の量を，

$$Z_G \equiv \exp\left\{\frac{V}{h^3}\left(\frac{2\pi m}{\beta}\right)^{3/2}\mathrm{e}^{-\alpha}\right\} \tag{2.34}$$

とおいて，

$$\log Z_G = \frac{V}{h^3}\left(\frac{2\pi m}{\beta}\right)^{3/2}\mathrm{e}^{-\alpha} \tag{2.35}$$

を作ってみる．これは，(2.14) と全く同じである．ただし，(2.14) の α と β は Lagrange の未定係数であったのに対し，(2.35) の α と β は全く勝手に導入したものである．この勝手さを利用して，はじめから，この α と β とは，(2.20) (2.21) で与えられるものとしておけば，(2.33) で与えられる量は，そのまま役に立つのである．この話は，第 V 章で，大正準集合として詳しく説明する．注意書きが長くなって申し訳なかったが，ここでは，条件付きの和 $W(N, E)$ を直接遂行するよりも，指数関数をかけた，条件なしの和を遂行するほうが，うんとやさしいということを読みとっていただきたい．

Bose-Einstein の統計にしたがう粒子の系

先を急がないで，最大項の方法の適用できる例として，Bose-Einstein の統計にしたがう粒子を導入しよう．すなわち，Maxwell-Boltzmann のときと違い，同じ細胞にいくつでも入ることができ，異なった細胞にある粒子も完全に区別不可能な粒子の系のとりうる状態の数を計算する[*]．この場合の事情を図示してみると，Maxwell-Boltzmann のときとの違いがはっきりすると思う．Bose-Einstein の統計では，前に異なっていた情態 (a) 図と (b) 図は同一とみなす．ただし (c) 図や (d) 図の場合は前と同様許すことにする．すると，ある配列 $\{n_s\}$ をもった状態の数は，

---

[*] 細胞の数が 3，粒子の数が 3 のときについては付録 B 参照．

$$W_{\mathrm{BE}}\{n_s\} = \frac{(n_1+g_1-1)\,!}{n_1!\,(g_1-1)\,!}\frac{(n_2+g_2-1)\,!}{n_2!\,(g_2-1)\,!}$$

$$\cdots\cdots\cdots$$

$$= \prod_s \frac{(n_s+g_s-1)\,!}{n_s!\,(g_s-1)\,!} \tag{2.36}$$

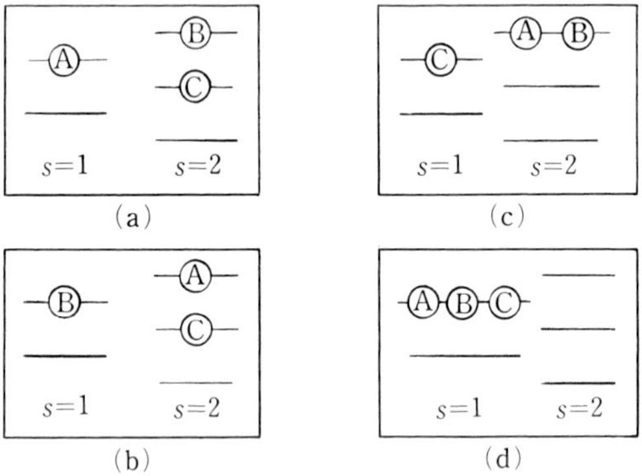

図 3.4

である[*].　すべての可能な配列の総数は，

$$W_{\mathrm{BE}} = \sum_{\{n_s\}}{}' W_{\mathrm{BE}}\{n_s\} \tag{2.37}$$

である．$n_1, n_2, \cdots$ に対する和は，やはり，

$$N = \sum_s n_s \tag{2.38}$$

$$E = \sum_s \varepsilon_s n_s \tag{2.39}$$

を満たすようにおこなわなければならない．また，各細胞に何個でも粒子が入りうると考えるので，$n_s\,(s=1,2,\cdots)$ は 0 および任意の正整数をとりうる．

Bose-Einstein 分布

式 (2.37) の和をとるのは，やはりむずかしいから，ここでも，最大項の方法

---

[*]　この数え方は，式 (1.30) のときと同じ.

を使って，和を最大項で代用する．前のように (2.7) に対応する量を作って n_s^* を決めると，

$$n_s^* = \frac{g_s}{e^{\alpha+\beta\varepsilon_s}-1} \tag{2.40}$$

がえられる．この分布を **Bose-Einstein 分布**という．α と β を決める式は，

$$\varepsilon = \frac{\boldsymbol{p}^2}{2m} \tag{2.41}$$

のとき，

$$N = \frac{V}{h^3} \int d^3p \frac{1}{e^{\alpha+\beta p^2/2m}-1} \tag{2.42a}$$

$$E = \frac{V}{h^3} \int d^3p \frac{p^2/2m}{e^{\alpha+\beta p^2/2m}-1} \tag{2.42b}$$

となるが，今回は前のように簡単に積分できないから，当分このままにしておくより仕方がない．いずれにしろ，α と β とは，(2.42a), (2.42b) を通じて，N, E, V の関数である．

そこで，式 (2.37) の和を，最大項でおきかえて，エントロピーを定義すると，

$$
\begin{aligned}
S &= k_B \,\mathrm{Ext}[\log W_{BE}] \\
&= k_B \,\mathrm{Ext}[\log W_{BE}\{n_s^*\}] \\
&= k_B\left\{\alpha N + \beta E + \sum_s g_s \log \frac{1}{1-e^{-\alpha-\beta\varepsilon_s}}\right\} \\
&= k_B\left\{\alpha N + \beta E + \frac{V}{h^3}\int d^3p \log \frac{1}{1-e^{-\alpha-\beta p^2/2m}}\right\}
\end{aligned} \tag{2.43}
$$

がえられる[*]．この系の温度を見いだすためにはこの量を E で微分しなければならない．この場合 α や β が E に依存するということに気をつけなければならない．ところが，この計算を詳しく追いかけてみると，結果は，それを無視した計算と同じになる．ちゃんとやってみると，(2.43) から，

$$\frac{\partial S}{\partial E} = k_B\left\{N\frac{\partial \alpha}{\partial E} + E\frac{\partial \beta}{\partial E} + \beta\right.$$

---

[*]　この場合は，Gibbs のパラドックスは起こらない．

$$-\frac{V}{h^3}\int \mathrm{d}^3p\,\frac{1}{1-\mathrm{e}^{-\alpha-\beta p^2/2m}}\left(\frac{\partial\alpha}{\partial E}+\frac{\partial\beta}{\partial E}\frac{p^2}{2m}\right)\mathrm{e}^{-\alpha-\beta p^2/2m}\Bigg\}$$

$$=k_\mathrm{B}\Bigg\{N\frac{\partial\alpha}{\partial E}+E\frac{\partial\beta}{\partial E}+\beta-\frac{V}{h^3}\int\mathrm{d}^3p\,\frac{1}{\mathrm{e}^{\alpha+\beta p^2/2m}-1}\left(\frac{\partial\alpha}{\partial E}+\frac{\partial\beta}{\partial E}\frac{p^2}{2m}\right)\Bigg\}$$

$$=k_\mathrm{B}\Bigg\{N\frac{\partial\alpha}{\partial E}+E\frac{\partial\beta}{\partial E}+\beta-N\frac{\partial\alpha}{\partial E}-E\frac{\partial\beta}{\partial E}\Bigg\}$$

$$=k_\mathrm{B}\beta \tag{2.44}$$

となる．最後の段階では，(2.41), (2.42) を用いた．そこで，前章の (3.5) によってこれを $1/T$ とおくと，(2.20) と同じく，

$$\beta=(k_\mathrm{B}T)^{-1} \tag{2.45}$$

が得られる．同様に，S を N で微分し，それを $-\mu/T$ とおくと，やはり (2.21) と同じく，

$$\alpha=-\mu(k_\mathrm{B}T)^{-1} \tag{2.46}$$

となる．

別のやり方

注意の (2) で述べた．Laplace 変換を使っても，同様の積分があらわれる．すなわち，

$$Z_G\equiv\sum_{N=0}^{\infty}\int_0^{\infty}\mathrm{d}E\,\mathrm{e}^{-\alpha N}\mathrm{e}^{-\beta E}W_{\mathrm{BE}}(N,E)$$

$$=\prod_s\sum_{n_s=0}^{\infty}\frac{(n_s+g_s-1)!}{n_s!\,(g_s-1)!}\mathrm{e}^{-(\alpha+\beta\varepsilon_s)\,n_s}$$

$$=\prod_s\frac{1}{[1-\mathrm{e}^{-(\alpha+\beta\varepsilon_s)}]^{g_s}} \tag{2.47}$$

したがって，

$$\log Z_G=-\sum_s g_s\log\{1-\mathrm{e}^{-(\alpha+\beta\varepsilon_s)}\}$$

$$=-\frac{V}{h^3}\int\mathrm{d}^3p\,\log\{1-\mathrm{e}^{-(\alpha+\beta p^2/m)}\} \tag{2.48}$$

である．(2.47) を計算するとき使った式は，

$$\sum_{n=0}^{\infty}\frac{(n+g-1)!}{n!\,(g-1)!}A^n=\frac{1}{(1-A)^g} \tag{2.49}$$

$$(|A| < 1)$$

である.（2.48）を α で微分すると,

$$\frac{\partial}{\partial \alpha} \log Z_G = -\frac{V}{h^3} \int \mathrm{d}^3 p \frac{1}{1 - e^{\alpha + \beta p^2/2m}} \tag{2.50}$$

であって, 前の（2.42a）と同一の積分となり, また,（2.48）を β で微分すると,

$$\frac{\partial}{\partial \beta} \log Z_G = -\frac{V}{h^3} \int \mathrm{d}^3 p \frac{p^2/m}{1 - e^{\alpha + \beta p^2/2m}} \tag{2.51}$$

となって,（2.42b）と同じ積分となる.

　前の時と同様, ここの α と β が, はじめから（2.45）,（2.46）の関係にあると しておけば, 式（2.51）,（2.51）はそれぞれ,

$$\frac{\partial}{\partial \alpha} \log Z_G = -N \tag{2.52}$$

$$\frac{\partial}{\partial \beta} \log Z_G = -E \tag{2.53}$$

となる.

Fermi-Dirac の統計にしたがう粒子の系

　最後に, Maxwell-Boltzmann とも, Bose-Einstein の分布とも異なる分布を する粒子として Fermi-Dirac の統計にしたがうものを考えよう. 今度は, すべ ての粒子が区別不可能であるばかりでなく, 一つの席には, たかだか 1 個まで しか入りえない粒子を考える[*]. すると, 図 3.4 のうち,（a）や（b）は許され かつ同じ状態だが,（c）や（d）は禁止される.

　この場合は, 各細胞に入りうる粒子の数 n_s は, 細胞中の状態数 g_s より大き くはなれない. このような粒子 n_s 個が, 席数 g_s に分配される方法は明らかに, g_s 個のものから n_s 個をえらびだすやり方に等しい. したがって, $n_1, n_2, \cdots \equiv \{n_s\}$ という配列の仕方の数は,

$$W_{\mathrm{FD}}\{n_s\} = \prod_s \frac{g_s!}{n_s!(g_s - n_s)!} \tag{2.54}$$

である. すべての可能な配列の仕方の数は,

---

[*]　1 個の席に, ある正整数 n_0 個までの粒子が入りうるような状態数の数え方をすることもでき る. そのような粒子は, パラ統計にしたがうという.

$$W_{\text{FD}} = \sum_{\{n_s\}}' W_{\text{FD}}\{n_s\} \tag{2.55}$$

となる．この場合には，和は，

$$N = \sum_s n_s \tag{2.56}$$

$$E = \sum_s \varepsilon_s n_s \tag{2.57}$$

を満たすような，すべての，

$$n_s = 0, 1, 2, \cdots, g_s \tag{2.58}$$

についておこなわなければならない．

　前の2個の例と同様，まず最大項の方法を用いて，(2.55) の和を最大項でおきかえ，次に，(2.55) に $e^{-\alpha N} e^{-\beta N}$ をかけてから和をとる例の方法と比べてみよう．

Fermi-Dirac 分布

　g_s と n_s は大きいとして Stirling の式を用いると，条件 (2.56), (2.57) のもとに，$W_{\text{FD}}\{n_s\}$ を最大にする n_s^* は，簡単な計算の結果，

$$n_s^* = g_s \frac{1}{1+e^{\alpha+\beta\varepsilon_s}} \tag{2.59}$$

であることがわかる*)．この分布を，**Fermi-Dirac の分布**という．電子，陽子，中性子などは，この分布にしたがう．α と β は前と同様，

$$N = \sum_s g_s/(1+e^{\alpha+\beta\varepsilon_s}) \tag{2.60}$$

$$E = \sum_s g_s \varepsilon_s/(1+e^{\alpha+\beta\varepsilon_s}) \tag{2.61}$$

から原理的にきまる．また，エントロピーは，

$$\begin{aligned} S &= k_{\text{B}} \text{Ext}[\log W_{\text{FD}}] \\ &= k_{\text{B}} \text{Ext}[\log W_{\text{FD}}\{n_s^*\}] \\ &= k_{\text{B}} \sum_s \left[n_s^* \log \frac{g_s - n_s^*}{n_s^*} + g_s \log \frac{g_s}{g_s - n_s^*} \right] \end{aligned}$$

---

*)　右辺はいつでも g_s より小さくなっていることに注意．

$$= k_{\mathrm{B}}[\sum_s g_s(\alpha+\beta\varepsilon_s)/(1+\mathrm{e}^{\alpha+\beta\varepsilon_s})+\sum_s g_s\log(1+\mathrm{e}^{-\alpha-\beta\varepsilon_s})]$$

$$= k_{\mathrm{B}}[\alpha N+\beta E+\sum_s g_s\log(1+\mathrm{e}^{-\alpha-\beta\varepsilon_s})] \tag{2.62}$$

である.

α と β

α と β が, $(2.60),(2.61)$ を通じて N, E, V に依存することに注意して, これをエネルギー E で微分すると, 前と全く同様に, α と β の E への依存性を無視したと同じ結果,

$$\frac{\partial S}{\partial E} = k_{\mathrm{B}}\beta \tag{2.63}$$

となるから, これを $1/T$ とおくと, やはり,

$$\beta = (k_{\mathrm{B}}T)^{-1} \tag{2.64}$$

が得られる. 同様に S を N で微分して $-\mu/T$ とおくと,

$$\alpha = -\mu(k_{\mathrm{B}}T)^{-1} \tag{2.65}$$

となり, α と β とは, 前の2例と全く同じ物理的意味をもつことがわかる.

別のやり方

次に, 式 (2.55) を用いて,

$$Z_G \equiv \sum_{N=0}^{\infty}\int_0^{\infty}\mathrm{d}E\, W_{\mathrm{FD}}\,\mathrm{e}^{-\alpha N}\mathrm{e}^{-\beta E} \tag{2.66a}$$

を計算すると,

$$Z_G = \sum_{N=0}^{\infty}\int_0^{\infty}\mathrm{d}E\sum_{\{n_s\}}W_{\mathrm{FD}}\{n_s\}\delta_{N,\sum_s n_s}\delta(E-\sum_s\varepsilon_s n_s)\mathrm{e}^{-\alpha N}\mathrm{e}^{-\beta E}$$

$$= \sum_{\{n_s\}}\prod_s\frac{g_s!}{n_s!\,(g_s-n_s)!}\mathrm{e}^{-(\alpha+\beta\varepsilon_s)n_s}$$

$$= \prod_s[1+\mathrm{e}^{-(\alpha+\beta\varepsilon_s)}]^{g_s} \tag{2.66b}$$

がえられる. したがって,

$$\log Z_G = \sum_s g_s\log\{1+\mathrm{e}^{-(\alpha+\beta\varepsilon_s)}\} \tag{2.67}$$

$$\frac{\partial}{\partial \alpha} \log Z_G = -\sum_s g_s / (1 + e^{\alpha + \beta \varepsilon_s}) \tag{2.68}$$

$$\frac{\partial}{\partial \beta} \log Z_G = -\sum_s g_s \varepsilon_s / (1 + e^{\alpha + \beta \varepsilon_s}) \tag{2.69}$$

となる. 前の例と同様, α と β がはじめから (2.64), (2.65) であるとすると, (2.52), (2.53) と全く同じ式がえられることがわかる. これらの式は, 当分使わないから忘れていてもよいが, 第V章ではぜひ思い出してもらわなければならない. Bose-Einstein, Fermi-Dirac の統計にしたがう粒子の物理的考察は, そこでおこなう.

【注　意】 ［Lagrange の未定係数法について］

前の3個の例において, 最大項の方法を用いて, 粒子の分布を定めたとき, Lagrange の未定係数 α と β とは, 全粒子数が N, 系の全エネルギーが E となるという条件を通じて, それぞれ, N, E, V に依存することになる. そこで, Boltzmann の関係によって, エントロピーを計算すると, 式 (2.43), (2.61) のようにエントロピーは α や β を生に含んだ関係がえられる. α や β は結局 N, E, V であらわされる量だから, エントロピーはしたがって, N, E, V の関数であることは確かである.

α や β を生に含んだエントロピーを用いて温度を定義するために, それをエネルギー E で微分するとき, α や β も, E で微分しなければならないが, 結果の式 (2.44), (2.63) を見ると, 実は, α や β を微分しないのと同じ結果になっている. これは実は偶然のことではなく, Lagrange の未定係数法の性質で全く一般的なことである. このことを一般的に証明しておこう.

いま, ある変数 $q_1, \cdots, q_f$ の関数 $F(q_1, \cdots, q_f)$ を考え, それを, 条件,

$$G(q_1, \cdots, q_f) = E \tag{2.70}$$

のもとに極値にするという問題を考えてみよう. Lagrange の未定係数 β を用いると, この問題は,

$$I(q_1, \cdots, q_f) \equiv F(q_1, \cdots, q_f) + \beta (E - G(q_1, \cdots, q_f)) \tag{2.71}$$

を極値にする問題でおきかえられる. I を極値にする q_s^* $(s = 1, 2, \cdots, f)$ は, 方程式,

$$\frac{\partial F(q_1^*, \cdots, q_f^*)}{\partial q_s^*} - \beta \frac{\partial G(q_1^*, \cdots, q_f^*)}{\partial q_s^*} = 0 \tag{2.72}$$

と,

$$G(q_1^*, \cdots, q_f^*) = E \tag{2.73}$$

の解である. すなわち q_s^* は (2.72), (2.73) を通じて, β と E に依存する. この依存性に注意して, (2.73) の両辺を E で微分すると,

$$\sum_{s=1}^{f} \frac{\partial G(q_1^*, \cdots, q_f^*)}{\partial q_s^*} \frac{\partial q_s^*}{\partial E} = 1 \tag{2.74}$$

という条件がでる. したがって, $F(q_1, \cdots, q_f)$ の極値を E で微分すると,

$$\frac{\partial F(q_1^*, \cdots, q_f^*)}{\partial E} = \sum_{s=1}^{f} \frac{\partial F(q_1^*, \cdots, q_f^*)}{\partial q_s^*} \frac{\partial q_s^*}{\partial E} \tag{2.75}$$

これに, (2.72) を使い, 次に (2.74) を考慮すると,

$$\frac{\partial F(q_1^*, \cdots, q_f^*)}{\partial E} = \beta \sum_{s=1}^{f} \frac{\partial G(q_1^*, \cdots, q_f^*)}{\partial q_s^*} \frac{\partial q_s^*}{\partial E}$$

$$= \beta \tag{2.76}$$

すなわち, F や G の格好によらず (2.76) が成り立つという結果がえられることになる.

上のことを, q_s の代わりに n_s とし, $F(q_1, \cdots, q_f)$ の代わりに $\log W\{n_s\}$ でおこなえばよいわけである. したがって, 最大項の方法を用いて, 温度を決めると, $W\{n_s\}$ の格好によらず, いつでも,

$$\beta = (k_B T)^{-1} \tag{2.77}$$

がえられる.

なお, この証明ではエネルギー ε_s や, 状態の数 g_s の具体的な形には無関係である点に注意されたい. したがって (2.77) の関係はモデルには全然よらない関係である.

自分ばかりえっさかえっさか計算しているのは, なんだか損をしているような気がしてきたから, ここで意地悪く練習問題を5題出しておく.

【演習問題 1】

Maxwell–Boltzmann, Bose–Einstein, Fermi–Dirac の統計にしたがう粒子の場合のエントロピー (2.19), (2.43), (2.62) の三つの場合につき, $\partial S / \partial V$ を計算し, それを p/T とおいて, 理想気体の状態方程式 $pV = \nu RT$ がどの場合に成り立っているか調べよ.

【ヒ ン ト】 g_s が体積 V に比例している. それぞれの場合,

$$\frac{\partial S_{\mathrm{MB}}}{\partial V} = k_{\mathrm{B}} N / V$$

$$\frac{\partial S_{\mathrm{BE}}}{\partial V} = -\frac{k_{\mathrm{B}}}{h^3} \int \mathrm{d}^3 p \, \log(1 - \mathrm{e}^{-\alpha - \beta p^2/2m})$$

$$\frac{\partial S_{\mathrm{FD}}}{\partial V} = \frac{k_{\mathrm{B}}}{V} \sum_s g_s \log(1 + \mathrm{e}^{-\alpha - \beta p_s^2/2m})$$

となるはず.

【演習問題 2】

問題 1 と同じ場合につき, Bernoulli の方程式が成り立つか否か調べよ. また,

$$\varepsilon = c_s |\boldsymbol{p}|$$

を満たす Bose-Einstein の統計にしたがう粒子の場合には, Bernoulli の式は,

$$pV = \frac{1}{3} E$$

となることを示せ*).

【演習問題 3】

上の三つの場合につき, α と β が (2.64), (2.65) のとき,

$$\frac{pV}{T} = k_{\mathrm{B}} \log Z_{\mathrm{G}}$$

が成り立つことを確かめよ.

【演習問題 4】

Bose-Einstein の場合の全エネルギーの式 (2.42b), および Fermi-Dirac の場合のそれ (2.61) を用い, $\beta = (k_{\mathrm{B}} T)^{-1}, \alpha = -\mu(k_{\mathrm{B}} T)^{-1}$ を代入して, 低温における比熱が, どのようになるか大体の傾向をあたってみよ. そして, エネルギー等分配の法則の結論と比較してみよ.

【演習問題 5】

Maxwell-Boltzmann, Bose-Einstein, Fermi-Dirac の統計にしたがう粒子の場合, エントロピーはそれぞれ,

---

*) 空洞にとじこめられた輻射の圧力 p とエネルギー密度 u の間に成り立つ関係 $p = u/3$ と比べてみよ.

$$S_{MB} = -k_B \sum_s \{n_s^* \log n_s^* - n_s^* - n_s^* \log g_s\}$$

$$S_{BE} = -k_B \sum_s \{n_s^* \log n_s^* - (g_s + n_s^*) \log (g_s + n_s^*) + g_s \log g_s\}$$

$$S_{FD} = -k_B \sum_s \{n_s^* \log n_s^* + (g_s - n_s^*) \log (g_s - n_s^*) - g_s \log g_s\}$$

となることを証明せよ.

まとめ

状態の総数 $W(N, E, V)$ を求めるという問題は，粗視状態の数 $W\{n_s\}$ を，条件,

$$N = \sum_s n_s \tag{2.78}$$

$$E = \sum_s \varepsilon_s n_s \tag{2.79}$$

のもとに，すべての $n_s = 0, 1, 2, \cdots$ について加え合わせるという具合に定式化できることが多い．しかし，条件付きの和をとるということは一般にむずかしい．幸いなことに，非常に自由度の多い系を扱う場合には，粗視状態のあるもの，$W\{n_s^*\}$ が，他に比べ圧倒的に大きい．そこで，条件 (2.78), (2.79) を，それぞれ Lagrange の未定係数 α と β で考慮して，$W\{n_s\}$ を極大にする分布 n_s^* を求める．Lagrange の未定係数法では，一応形式的に，条件 (2.78), (2.79) を無視して計算を遂行することができるから，もとの $W(N, E, V)$ を直接求めるより，うんと容易である．そこで，和を最大項×幅でおきかえると，

$$W(N, E, V) = \sum_{\{n_s\}}' W\{n_s\}$$
$$\fallingdotseq \sqrt{2\pi} \times (幅) \times W\{n_s^*\} \tag{2.80}$$

したがって，エントロピーの定義より，

$$S(N, E, V) = k_B \, \text{Ext}[\log W(N, E, V)]$$
$$= k_B \, \text{Ext}[\log W\{n_s^*\} + \log\{\sqrt{2\pi}\,(幅)\}] \tag{2.81}$$

となる．右辺第1項は，第2項に比べて圧倒的に大きいから，第2項は省略できる．結局，エントロピーは，

$$S(N, E, V) = k_B \, \text{Ext}[\log W\{n_s^*\}] \tag{2.82}$$

で与えられる.

そこで,

$$\frac{\partial S(N, E, V)}{\partial E} \equiv \frac{1}{T} \tag{2.83}$$

$$\frac{\partial S(N, E, V)}{\partial N} \equiv -\frac{\mu}{T} \tag{2.84}$$

と置くと, $W\{n_s\}$ の格好によらず, Lagrange の未定係数は,

$$\beta = (k_B T)^{-1} \tag{2.85}$$

$$\alpha = -\mu(k_B T)^{-1} \tag{2.86}$$

と決まる. すなわち, β は, 本質的に温度の逆数であり, α とは, 化学ポテンシャルを温度で割って, 符号を変えたものである.

次に,

$$\frac{\partial S(N, E, V)}{\partial V} \equiv \frac{p}{T} \tag{2.87}$$

と置くと, 圧力が決まる. Maxwell-Boltzmann 粒子の場合, (2.87) は, 理想気体の状態方程式を意味する. Bose-Einstein および Fermi-Dirac 粒子の場合は, そうはならない.

さて, 上にまとめた最大項の方法と全く同じことを別のやり方で扱うことができる. それには, $W(N, E, V)$ に $e^{-\alpha N - \beta E}$ をかけて,

$$Z_G \equiv \sum_{N=0}^{\infty} \int_0^{\infty} dE\, e^{-\alpha N} e^{-\beta E} W(N, E, V) \tag{2.88}$$

を計算する. この計算では, やはり, 条件式 (2.78), (2.79) が消えてしまうから, $W(N, E, V)$ を直接求めるより容易である. そうすると, ここの α と β が, (2.85), (2.86) で与えられるとき, いつでも,

$$pV = k_B T \log Z_G(\mu, T, V) \tag{2.89}$$

が成り立っている (p.85 の演習問題 3). したがって, (2.89) を一つの熱力学的関数として (II.1.5) を用いると, いろいろな問題を扱うことができるわけである. これが, あとで導入する大正準集合の理論である.

　示量的でない小さい項を無視するやり方にはもう慣れたと思うから, これ以後, Ext[ ] という記号をいちいち書かないことにする.

【余　談】

　理想気体は，いままでたびたび扱ってきたように，状態方程式，

$$pV = k_B N T \tag{2.90}$$

を満たす．また，エントロピーは（p.77 参照）

$$S = k_B N \left[\frac{5}{2} \log T - \log p + \log \frac{(2\pi m)^{3/2} k_B^{5/2}}{h^3} + \frac{5}{2} \right] \tag{2.91}$$

内部エネルギーは，

$$E = \frac{3}{2} k_B N T \tag{2.92}$$

で与えられる．^{4}He は，温度 $T = 300°$K で，$V = 10^3\,\text{cm}^3$ の中に $N = 1 \times 10^{22}$ 個の分子を含んでおり，理想気体の性質をもっていると考えられる．大体の数値を頭に入れておくために，この場合の p や S や E を計算しておこう．^{4}He 分子の質量として，

$$m = 6.64 \times 10^{-24}\text{g} \tag{2.93}$$

をとると，

$$p = k_B \frac{N}{V} T$$

$$= 1.38 \times 10^{-16}\,\text{erg deg}^{-1} \cdot \frac{1 \times 10^{22}}{10^3\,\text{cm}^3} \cdot 300°\,\text{deg}$$

$$= 4.1415 \times 10^5\,\text{erg cm}^{-3}$$

$$= 4.1415 \times 10^5\,\text{dyne cm}^{-2}$$

$$= 0.409\ \text{気圧} \tag{2.94}$$

内部エネルギーは，

$$E = \frac{3}{2} k_B N T = \frac{3}{2} \times (1.3805) \times 10^{-16}\,\text{erg deg}^{-1} \times 10^{22} \times 300°\,\text{deg}$$

$$= 6.21 \times 10^8\,\text{erg} \tag{2.95}$$

エントロピーは少々めんどうだが上の式から，

$$S = 2.21 \times 10^7\,\text{erg deg}^{-1} \tag{2.96}$$

となる．

【蛇　足】

　最大項の方法に自信をつけるために，結果がわかっている場合を，この

方法で取扱ってみよう．よく知られた関係，

$$N! \sum_{\{n_s\}=0}^{\infty} \frac{(a_1)^{n_1}(a_2)^{n_2}\cdots}{n_1! \, n_2! \cdots} \delta_{N, \sum_s n_s} = (\textstyle\sum a_s)^N \tag{2.97}$$

の左辺を最大項の方法を用いて計算し，正しい答，右辺と比べてみることにする．いま，

$$W\{n_s\} \equiv N! \prod_s \frac{(a_s)^{n_s}}{n_s!} \tag{2.98}$$

とおき，

$$I\{n_s\} = \log W\{n_s\} + \alpha(N - \textstyle\sum_s n_s) \tag{2.99}$$

を最大にする分布 n_s^* を求めると，例によって，

$$n_s^* = a_s \mathrm{e}^{-\alpha} \tag{2.100}$$

となる．ただし，Lagrange の未定係数 α は

$$N = \sum_s n_s^* = \mathrm{e}^{-\alpha} \sum_s a_s \tag{2.101}$$

によって決まる．

　そこで，(2.98) に，(2.100) を用いて $W\{n_s^*\}$ を計算してみると，Stirling の式を利用し，

$$W\{n_s^*\} = N! \prod_s \frac{(a_s)^{n_s^*}}{n_s^*!} = \left(\frac{N}{\mathrm{e}}\right)^N \prod_s \left(\frac{\mathrm{e}a_s}{n_s^*}\right)^{n_s^*}$$

$$= N^N \prod_s (a_s/n_s^*)^{n_s^*} = N^N \prod_s (\mathrm{e}^{\alpha})^{n_s^*}$$

$$= N^N \mathrm{e}^{\alpha N} = (\textstyle\sum_s a_s)^N \tag{2.102}$$

となり，最大項がまさに (2.97) における正確な値とピタリと一致していることがわかる．(2.102) の最後の段階では，(2.101) の関係を用いた．

§3.　数学的技巧*⁾

前節でやった計算は少々やっかいだったが，統計力学という学問が，元来

＊）　この項は，数学者には秘密にしておいて下さい．

10^{23} という多体系を問題にしなければならないという宿命をしょっているかぎり，避けることのできないものであった．それでも，前節で扱ったのは，相互作用のない自由粒子の系であって，いわば，simplest non-trivial models であったわけである．

　前節の計算で，$W(N, E, V)$ や $\Omega(N, E, V)$ の大体の傾向がのみ込めたと思うから，次にこれらの関数を取扱う少々ずるい数学的な技巧を勉強することにする．特に，前のいろいろな例で見たように，W や Ω は，E や N や V とともに，急激に増加または減少する関数であるから，そのことを最大限に活用したいのである．以下，数学的厳密さは全く犠牲にする．

（1） Gauss の積分

まず，

$$I = \int_{-\infty}^{\infty} \mathrm{d}x \, \mathrm{e}^{-\frac{1}{2}ax^2} \qquad (a > 0) \tag{3.1}$$

の積分のやり方の復習からはじめよう．定積分は，どのような変数で書いても同じだから，(3.1) の右辺を y で書いておいて，

$$I^2 = \int_{-\infty}^{\infty} \mathrm{d}x \int_{-\infty}^{\infty} \mathrm{d}y \, \mathrm{e}^{-\frac{1}{2}ax^2} \mathrm{e}^{-\frac{1}{2}ay^2} \tag{3.2}$$

をまず計算する．これを，x, y で張られる 2 次元空間の積分と考え，

$$\begin{aligned} x &= r\cos\theta \\ y &= r\sin\theta \end{aligned} \tag{3.3}$$

で変換すると，

$$\mathrm{d}x\mathrm{d}y = r\mathrm{d}r\mathrm{d}\theta \tag{3.4}$$

となるから，

$$I^2 = \int_0^{2\pi} \mathrm{d}\theta \int_0^{\infty} \mathrm{d}r \, r\mathrm{e}^{-\frac{1}{2}ar^2} = 2\pi \int_0^{\infty} \mathrm{d}s \, \mathrm{e}^{-as} = \frac{2\pi}{a} \tag{3.5}$$

したがって，

$$I = \sqrt{\frac{2\pi}{a}} \tag{3.6}$$

と簡単に答が出る．Gauss 関数の幅は $1/\sqrt{a} \equiv \sigma_0$ だから，

$$I = \int_{-\infty}^{\infty} \mathrm{d}x \, \mathrm{e}^{-\frac{1}{2}x^2/\sigma_0^2} = \sqrt{2\pi} \, \sigma_0 \tag{3.7}$$

である．このことは，前にも用いたし，これからもたびたび用いる．

（2）　一つの極大をもつ正の関数

次に図 3.5 ① のようにある点 x^* できわめて大きな極大を一つもつが，$x=x^*$ のところ以外では急激に 0 となるような正の関数 $F(x)$ を考える．この関数を $-\infty$ から ∞ まで積分する場合，その極大のあたりを Gauss 関数で近似しようというのである．この場合，関数 $F(x)$ よりなめらかな，$F(x)$ の対数をとり，

$$\log F(x) = \log F(x^*) + (x-x^*)\frac{\partial}{\partial x^*}\log F(x^*)$$

$$+ \frac{1}{2!}(x-x^*)^2\frac{\partial^2}{\partial x^{*2}}\log F(x^*) + \cdots \tag{3.8}$$

と展開してみる．そこで，x^* を，

$$\frac{\partial}{\partial x^*}\log F(x^*) = F'(x^*)/F(x^*) = 0 \tag{3.9}$$

とえらぶ．次に，(3.9) を満たす x^* のところで，$F''(x^*)<0$ ならば，

$$\frac{\partial^2}{\partial x^{*2}}\log F(x^*) = \frac{F''(x^*)}{F(x^*)}$$

$$\equiv -1/\sigma_{x*}^2 \tag{3.10}$$

とおくことによって，関数 $F(x)$ の，x^* のあたりの幅 σ_{x*} を決めることができる．(3.10) を (3.8) の右辺に代入して，高次の項を省略してしまうと，

$$\log[F(x)/F(x^*)] \fallingdotseq -\frac{1}{2}\frac{1}{\sigma_{x*}^2}(x-x^*)^2 \tag{3.11}$$

$$\therefore \quad F(x) \fallingdotseq F(x^*)e^{-\frac{1}{2}(x-x^*)^2/\sigma_{x*}^2} \tag{3.12}$$

したがって，(3.7) を利用すると，

$$\int_{-\infty}^{\infty}\mathrm{d}x\,F(x) \fallingdotseq \int_{\infty}^{\infty}\mathrm{d}x\,F(x^*)e^{-\frac{1}{2}(x-x^*)^2/\sigma_{x*}^2}$$

$$= \sqrt{2\pi}\,\sigma_{x*}F(x^*) \tag{3.13}$$

と近似できることになる．

（3）　急激に増加する正の関数

いま，$x=0$ では 0 であり，x が大きくなるにしたがって急激に大きくなる関数 $\Omega(x)$ があったとする（図 3.5 ②）．そのとき，

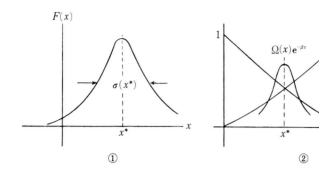

図 3.5

$$Z(\beta) \equiv \int_0^\infty \mathrm{d}x\, \Omega(x) \mathrm{e}^{-\beta x} \qquad (\beta > 0) \tag{3.14}$$

を評価するのに，上の式 (3.13) を利用することができる．$\Omega(x)$ は急激に増加する正の関数であり，$\mathrm{e}^{-\beta x}$ は急激に減少する関数だから，それらの積は，どこかに極大をもつことがある．そのような場合には，

$$F(x) \equiv \Omega(x) \mathrm{e}^{-\beta x} \tag{3.15}$$

とおいて，前の議論をくり返すと，まず，極大を与える x^* は，

$$\frac{\mathrm{d}}{\mathrm{d}x^*} \log[\Omega(x^*) \mathrm{e}^{-\beta x^*}] = \frac{\mathrm{d}}{\mathrm{d}x^*} \log \Omega(x^*) - \beta = 0 \tag{3.16}$$

で決まる．次に，幅は，

$$\frac{\mathrm{d}^2}{\mathrm{d}x^{*2}} \log[\Omega(x^*) \mathrm{e}^{-\beta x^*}] = \frac{\mathrm{d}^2}{\mathrm{d}x^{*2}} \log \Omega(x^*) \equiv -\frac{1}{\sigma_{x^*}^2} \tag{3.17}$$

である．したがって，(3.13) を利用すると，

$$Z(\beta) = \int_0^\infty \mathrm{d}x\, \Omega(x) \mathrm{e}^{-\beta x} = \sqrt{2\pi}\, \sigma_{x^*} \Omega(x^*) \mathrm{e}^{-\beta x^*} \tag{3.18}$$

となる．

　かなり，荒っぽいことをやったようだが，おどろくなかれ，これまでたびたび用いた Stirling の公式というのは，(3.18) を使うと，立ちどころに導き出すことができる．

（4）　Stirling の公式

　これを出すためには，

$$\left.\begin{array}{l} \Omega(x) = x^n \\ \beta = 1 \end{array}\right\} \tag{3.19}$$

として，(3.18) を使いさえすればよい．まず，

$$n! = \int_0^\infty \mathrm{d}x\, x^n \mathrm{e}^{-x} \tag{3.20}$$

と書けることに目をつける．$x^n \mathrm{e}^{-1}$ が最大値をとる点 x^* は，(3.16) により，

$$x^* = n \tag{3.21}$$

である．幅のほうは (3.17) により，

$$\sigma_{x^*} = \sqrt{n} \tag{3.22}$$

となるから，(3.20) の積分に (3.18) をあてはめると，見事に，

$$n! \fallingdotseq \sqrt{2\pi n}\,(n/\mathrm{e})^n \tag{3.23}$$

という，たびたび利用した関係がえられる[*]．

（5）　一つの極大をもつ正の関数となめらかな関数の積

Gauss 関数を Fourier 積分であらわし，

$$\mathrm{e}^{-\frac{1}{2}x^2/\sigma_0^2} = \frac{\sigma_0}{\sqrt{2\pi}} \int_{-\infty}^\infty \mathrm{d}k\, \mathrm{e}^{ikx}\mathrm{e}^{-\frac{1}{2}\sigma_0^2 k^2} \tag{3.24}$$

に，δ 関数の Fourier 表示，

$$\delta(x) = \frac{1}{2\pi} \int_{-\infty}^\infty \mathrm{d}k\, \mathrm{e}^{ikx} \tag{3.25}$$

を用いると，(3.24) は形式的に，

$$\mathrm{e}^{-\frac{1}{2}x^2/\sigma_0^2} = \sqrt{2\pi}\,\sigma_0 \mathrm{e}^{\frac{1}{2}\sigma_0^2 \frac{\mathrm{d}^2}{\mathrm{d}x^2}\delta(x)}$$

$$= \sqrt{2\pi}\,\sigma_0 \left\{ 1 + \frac{1}{2}\sigma_0^2 \frac{\mathrm{d}^2}{\mathrm{d}x^2} + \cdots \right\}\delta(x) \tag{3.26}$$

と書くことができる．したがって (1) で用いた関数 $F(x)$（x^* でするどい極大をもち，他の点で急激に 0 に近づく正の関数）と，なめらかな関数 $G(x)$ の積を計算するには，

---

[*]　この式，特に両辺の対数をとったものを電卓でちょっとあたってみると，いかにこの近似がよいものであるかわかると思う．たとえば，$n=5$ でも，左辺は 120，右辺は 118 である．

$$\int_{-\infty}^{\infty} dx\, F(x) G(x) \doteqdot F(x^*) \int_{-\infty}^{\infty} dx\, e^{-\frac{1}{2}(x-x^*)^2/\sigma_{x*}^2} G(x)$$

$$= \sqrt{2\pi}\, \sigma(x^*) F(x^*) \int_{-\infty}^{\infty} dx\, G(x) \left(1 + \frac{1}{2}\sigma_{x*}^2 \frac{d^2}{dx^2} + \cdots\right)$$

$$\times \delta(x-x^*)$$

$$= \sqrt{2\pi}\, \sigma(x^*) F(x^*) \left\{ G(x^*) + \frac{1}{2}\sigma_{x*}^2 G''(x^*) + \cdots \right\}$$

$$(3.27)$$

$$= \int_{-\infty}^{\infty} dx F(x) \left\{ G(x^*) + \frac{1}{2}\sigma_{x*}^2 G''(x^*) + \cdots \right\} \quad (3.27')$$

とすればよい．最後の段階では，(3.13) を用いた．またここの σ_{x*}^2 は (3.10) で与えられる．

(3.27′) の形を用いると，なめらかな関数 $G(x)$ を $F(x)$ で平均する場合，

$$\overline{G} \equiv \int_{-\infty}^{\infty} dx\, G(x) F(x) \Big/ \int_{-\infty}^{\infty} dx\, F(x)$$

$$= G(x^*) + \frac{1}{2}\sigma_{x*}^2 G''(x^*) + \cdots \tag{3.28}$$

となる．

たとえば，

$$G(x) \equiv (x-x^*)^2 \tag{3.29}$$

とすると，(3.28) よりただちに，

$$(\varDelta x)^2 \equiv \overline{(x-x^*)^2} = \sigma_{x*}^2 \tag{3.30}$$

がえられるから，$\varDelta x$ は，関数 $F(x)$ の x^* における幅に等しいという予想通りの結果となる．

なお，式 (3.27) を，なめらかな関数 $G(x)$ をかけて積分するという了解のもとに，形式的に，

$$F(x) = \sqrt{2\pi}\, \sigma_{x*} F(x^*) \left\{ 1 + \frac{1}{2}\sigma_{x*}^2 \frac{d^2}{dx^2} + \cdots \right\} \delta(x-x^*) \tag{3.31}$$

と書いておいてもよい．

これだけの準備のもとに話を先に進めよう．

§4.　等重率の仮定と温度

　今まで，N と E と V で指定された，熱平衡にある巨視系を統計力学的に表現する方法を，相互作用のない多くの要素からなる系についてのいろいろな例を通して勉強してきた．それには，はじめに導入した等重率の仮定が基礎になっている．しかし，最も大切な熱学的量である温度を，統計力学的に決定する式（Ⅱ.3.5），

$$\frac{\partial S(N, E, V)}{\partial E} = \frac{1}{T}$$

は天下りに与えられただけで，それを導くことがのびのびになっていた．ここらでこの問題を追求してみよう．物質の温度とは，一体何であろうかという問題を，まず考えてみなければならない．

　Maxwell-Boltzmann または，Gibbs によって修正された Maxwell-Boltzmann の統計にしたがう粒子の系では，温度は，系の中の，粒子1個あたりのもつ平均エネルギーであったが，Bose-Einstein や Fermi-Dirac の統計にしたがう粒子の系では，平均エネルギーと温度の関係は，(2.42b) や (2.61) で見たように，かなり複雑である．

　よくよく考えてみると，エネルギー的に完全に孤立した体系の温度を云々することは，どっちみち不可能なことである．温度を云々することができるためには，外からのエネルギーを断ち，少なくとも2個の系を，エネルギーだけの交換が許される条件に放置して，両系全体が，ある平衡状態に到達するのを待ち，そのとき，2個の系に共通なものを温度と定義するのが合理的であろう．ただし，巨視的な平衡状態においてもこれを微視的に見れば，一方の系から他方の系にエネルギーが入ったり出たりしているのであろう．

温度の統計力学的定義

　この考え方を統計力学にもち込むには，次のように考えなければならない．すなわち，N_1 個の粒子からなる第1の系の Hamiltonian を H_{N_1} とし，N_2 個の粒子からなる第2の系の Hamiltonian を H_{N_2} としよう．この2個の系を，エネルギーのみが，互いにいったりきたりできる状態に置く．ただし，2個の系の相互作用はきわめて小さくて，合成系1+2の全 Hamiltonian は，

$$H_N = H_{N_1} + H_{N_2} \tag{4.1}$$

$$(N = N_1 + N_2)$$

と書けるとする.この場合,合成系1+2が,外界からのエネルギーの出入を断って,熱平衡に達したとすると,それは,確率分布 $f_{MC}(^N\Gamma)$ で与えられるはずである.この場合,第1の系がエネルギー E_1 と $E_1+\delta E_1$ の間に見いだされる確率は,p.46で計算したように,

$$f_1(E_1)\delta E_1 = \frac{\Omega_1(E_1)\Omega_2(E-E_1)\delta E_1\delta E}{\Omega_{1+2}(E)\delta E} \tag{4.2}$$

となる.全く同様に,第2の系が,エネルギー E_2 と $E_2+\delta E_2$ の間に見いだされる確率は,

$$f_2(E_2)\delta E_2 = \frac{\Omega_2(E_2)\Omega_1(E-E_2)\delta E_2\delta E}{\Omega_{1+2}(E)\delta E} \tag{4.3}$$

である.ただし(4.2)と(4.3)では,ここで本質的でない変数 N_1 や N_2 などは省略して書かなかった.また,

$$E = E_1 + E_2 \tag{4.4}$$

である.

さて,系1と2とをエネルギー的に接触させて放置したとすると,第1の系と第2の系とは,それぞれ,条件(4.4)を満たしながら,$f_1(E_1)$ と $f_2(E_2)$ とが最大のところで落ち着くであろう.この章のいろいろな例で見たように,$\Omega_1(E_1)$ と $\Omega_2(E_2)$ とは,通常,それぞれ E_1,E_2 とともに急激に増加する関数である.たとえば(4.2)のほうをみると,E_1 が増加すると $\Omega_1(E_1)$ は急激に増加する.一方,$\Omega_2(E-E_1)$ のほうは E_1 が増えるにつれて急激に減少するから,右の図に見られるように,両関数の積は,一般にはある値 E_1^* でするどい極大をもつと考えられる.一方,(4.3)のほうも,関係(4.4)が満たされるかぎり,全く同じであって,やはり $E_1^* = E-E_2^*$ でするどい極大をもつ.この極大を与える E_1^* や E_2^* は,(4.2)の対数を E_1 で微分して,それを0と置くことによってえられる.したがって,

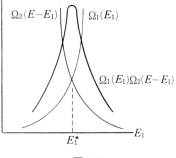

図3.6

$$\frac{\partial \log \Omega_1(E_1^*)}{\partial E_1^*} = \frac{\partial \log \Omega_2(E_2^*)}{\partial E_2^*} \tag{4.5}$$

$$E = E_1^* + E_2^* \tag{4.6}$$

が成り立つということが, 系1と2が熱平衡状態にある条件である. (4.5) の示す, 系1と2に共通な量を (次元を考慮して),

$$\beta = (k_B T)^{-1} \tag{4.7}$$

とおくと, 今までたびたび用いてきた各系についての関係,

$$\frac{\partial S(E)}{\partial E} = k_B \frac{\partial}{\partial E} \log \Omega(E) = \frac{1}{T} \tag{4.8}$$

が成り立つこととなる. ただし, ここでは, $\Omega_1(E_1)\Omega_2(E-E_1)$ が, E_1^* で, 極小ではなく, 極大をとるということは当然のこととしてしまったが, 実は, 極大であるためには,

$$\frac{1}{\sigma_{E_1^*}^2} \equiv -\frac{\partial^2}{\partial E_1^{*2}} \log \Omega_1(E_1^*) - \frac{\partial^2}{\partial E_2^{*2}} \log \Omega_2(E_2^*) \tag{4.9}$$

が正でなければならない. このとき, $\sigma_{E_1^*}$ が E_1^* における山の幅を表わす量である.

状態密度の合成則 (Ⅱ.3.13) に, 前節の (3.13) をあてはめて計算すると,

$$\Omega_{1+2}(E) = \int_0^E dE' \, \Omega_1(E')\Omega_2(E-E')$$
$$= \sqrt{2\pi} \, \sigma_{E_1^*} \Omega_1(E_1^*)\Omega_2(E_2^*) \tag{4.10}$$

がえられるから, エントロピーの関係に直すと,

$$S_{1+2}(E) = S_1(E_1^*) + S_2(E_2^*) + k_B \log(\sqrt{2\pi} \, \sigma_{E_1^*}) \tag{4.11}$$

となる. 極大の幅 $\sigma_{E_1^*}$ が省略できるほど小さいならば[*], 合成系のエントロピーは各系のエントロピーの和となる.

【注　意】

（1）ここの議論では, $\Omega_1(E_1)\Omega_2(E-E_1)$ が, E_1^* にたった一つのはっきりした極大をもつということを仮定して温度を定義した. したがって, このような場合には, 温度 T を与えると, 対応するエネルギー E_1^* が唯一に決まる. 任

---

[*]　自由粒子系では, $\sigma \sim (N_1 N_2 / N)^{1/2}$ のオーダーである. したがって, $\log \sigma$ は, S_1 や S_2 に対して省略できる.

意の Ω_1 と Ω_2 をとったとき，いつでも
はっきりした極大が存在するという保証
はもちろんない．たとえば，$\Omega_1(E_1)$
$\Omega_2(E-E_1)$ が，右図のようだと，

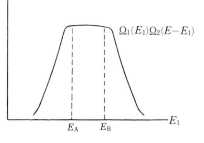

$$E_A < E_1 < E_B$$

の範囲では，系1と2の間にエネルギー
のやりとりがあっても，温度は変わらな
いということが起こる．このような場合

図 3.7

には，第1の系が E_B-E_A だけのエネルギーを第2の系に与えている間，温度
は一定に保たれ，エネルギーのゆらぎが異常に大きくなるということが起こる．

（2）　式 (4.2), (4.3) までもどり，2個の系を熱的に接触した場合の熱の移
動について考えてみよう．いま，系1が温度 T_1, 系2が温度 T_2 をもっていた
とする．このとき，

$$\frac{\partial}{\partial E_1} S_1(E_1) = \frac{1}{T_1} \tag{4.12}$$

$$\frac{\partial}{\partial E_2} S_2(E_2) = \frac{1}{T_2} \tag{4.13}$$

$$E = E_1 + E_2 \tag{4.14}$$

が成り立っている．2個の系を合成した系のエントロピーは，

$$S_{1+2}(E) = k_B \log \Omega_1(E_1)\Omega_2(E_2) \tag{4.15}$$

であるから，熱の移動によるエントロピーの変化は，

$$dS_{1+2}(E) = \frac{\partial S_1(E_1)}{\partial E_1} dE_1 + \frac{\partial S_2(E_2)}{\partial E_2} dE_2$$

$$= \left(\frac{1}{T_1} - \frac{1}{T_2} \right) dE_1 \tag{4.16}$$

である．もし $T_1 > T_2$ だと dS_{1+2} が正であるためには，dE_1 は負でなければな
らない．つまり，温度の高かった第1の系が，熱エネルギーを失うとき，全系
のエントロピーは高くなる．そのほうが，より起こりやすいということになる
（ただし，なぜ，エントロピーの大きいほうに向かって事が運ばれていくかは，
非平衡系の統計力学の扱う問題であって，小正準理論の枠内では答えられな
い）．

ここで一つ，教育的な演習問題を出しておく．

【演習問題】

p.71 で考えた，エネルギーが 0 と ε_0 (>0) の二準位しかとれない要素 f 個からなる系を考える．負の温度にあるこの系を，古典的理想気体で作られた小さな温度計と接触したまま放置するとどんなことが起こるかを論ぜよ．ただし，自由度 f は，非常に大きいとする．

【ヒ　ン　ト】

二準位の要素からなる系の状態密度は（1.47）で計算したように，

$$\Omega(f,E) = W(f,E) = \frac{f!}{\left(\dfrac{E}{\varepsilon_0}\right)!\left(f-\dfrac{E}{\varepsilon_0}\right)!} \tag{4.17}$$

である．そこで Stirling の公式を用いて，エントロピーは（1.51），

$$S = k_{\mathrm{B}}f\left[\log\frac{f\varepsilon_0}{f\varepsilon_0-E} + \frac{E}{f\varepsilon_0}\log\frac{f\varepsilon_0-E}{E}\right] \tag{4.18}$$

となる．

温度 T とエネルギー E の関係は，（1.54），

$$\frac{1}{T} = \frac{k_{\mathrm{B}}}{\varepsilon_0}\log\frac{f\varepsilon_0-E}{E} \tag{4.19}$$

または，

$$E = \frac{f\varepsilon_0}{1+\mathrm{e}^{\varepsilon_0\beta}} \qquad \beta = (k_{\mathrm{B}}T)^{-1} \tag{4.20}$$

で与えられる．

そこで，古典的な理想気体の状態密度，

$$\Omega_{\mathrm{gas}}(N,E,V) \equiv \mathrm{A}(N,V)E^{\frac{3N}{2}-1} \tag{4.21}$$

$$\mathrm{A}(N,V) = \frac{3N}{2}\frac{V^N}{N!}\left(\frac{2\pi m}{h^2}\right)^{\frac{3N}{2}}\Big/\Gamma\left(\frac{3N}{2}+1\right) \tag{4.22}$$

を用い，合成系において，

$$\Omega(E)\,\Omega_{\mathrm{gas}}(E_0-E) \tag{4.23}$$

が最大になる点 $E = E^*$ をさがしてみると，

$$\log\frac{f\varepsilon_0-E^*}{E^*} = \frac{3N}{2}\frac{\varepsilon_0}{E_0-E^*} \tag{4.24}$$

という条件がえられる．これは，$E^* < f\varepsilon_0/2$，すなわち2準位系の温度が正の
ところにしか解をもたない．E^* を求めるために，左辺を $(1/2)f\varepsilon_0 - E^*$ で展
開し，右辺をその最大値 $3N\varepsilon_0/\{E_0 - (1/2)f\varepsilon_0\}$ でおきかえると，

$$E^* \fallingdotseq \frac{1}{2}f\varepsilon_0\left(1 - \frac{3N}{4}\frac{\varepsilon_0}{E_0 - \frac{1}{2}f\varepsilon_0}\right) \tag{4.25}$$

がえられる．温度計は小さいとしているから，$E_0 \sim f\varepsilon_0$ のオーダーである．し
たがって，右辺第二項は，$3N/2f$ のオーダーでこれも小さい（$\because N \ll f$）．す
なわち，E^* は，$(1/2)f\varepsilon_0$ の少し下になる[1]．

　以上のことをまとめてみると，次のようになる．2準位の要素からなる大き
な系に，小さい温度計を接触させると，系が，負の温度にあっても，そこでは
平衡状態に達しえず，$T = +\infty°K$ より少し下のきわめて高い温度に落ち着く．
つまり，負の温度にある系というものは，大変不安定なもので，小さい攪乱に
よって，正の温度の状態に落ちてしまう．レーザーなどは，この性質をうまく
利用して，一定振動数の光を増幅するわけである[2]．

§5. 圧力と化学ポテンシャル

圧 力

　右図のように，完全に自由に動きうるピストンに
よって分けられた2個の箱に別々に気体を入れて放
置するとしよう．このピストンは，自由に左右に動
けるばかりでなく，自由にエネルギーを通すとする．
すると，前節の考え方と全く同様にして，左側の系

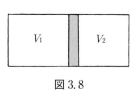

図 3.8

1が，エネルギー E_1 と $E_1 + \delta E_1$ の間にあり，体積が V_1 に見いだされる確率は，

$$f_1(N_1, E_1, V_1)\delta E_1 = \frac{\Omega_1(N_1, E_1, V_1)\Omega_2(N_2, E_2, V_2)\delta E_1 \delta E}{\Omega_{1+2}(N, E, V)\delta E} \tag{5.1}$$

---

[1]　$\log\dfrac{1+x}{1-x} = 2\left(x + \dfrac{1}{3}x^3 + \cdots\right)$　　　$(|x| < 1)$

[2]　増幅装置とは，いつでも，きわめて不安定な安定状態を作ることであるらしい．少しの入力
　　で，大きな結果を出すというわけである．美しい音楽をきかせてくれるステレオ増幅機も，
　　やはり原理的には同じく不安定状態を作り出すことなのである．

で与えられる．ただし，

$$N = N_1 + N_2 \tag{5.2}$$

$$E = E_1 + E_2 \tag{5.3}$$

$$V = V_1 + V_2 \tag{5.4}$$

である．いうまでもなく，系全体は外界から遮断されており，熱平衡状態にあるとする．

前の議論と全く同様に，$f_1(N_1, E_1, V_1)$ と $f_2(N_2, E_2, V_2)$ が最大の値をとるのは，この場合，

$$\frac{\partial}{\partial E_1^*} \log \Omega_1(N_1, E_1^*, V_1^*) = \frac{\partial}{\partial E_2^*} \log \Omega_2(N_2, E_2^*, V_2^*) \tag{5.5}$$

$$\frac{\partial}{\partial V_1^*} \log \Omega_1(N_1, E_1^*, V_1^*) = \frac{\partial}{\partial V_2^*} \log \Omega_2(N_2, E_2^*, V_2^*) \tag{5.6}$$

の場合である．ここで，

$$E = E_1^* + E_2^* \tag{5.7}$$

$$V = V_1^* + V_2^* \tag{5.8}$$

である．

(5.5) のほうは，前節の議論により，温度 T を与える．(5.6) による，系1と2に共通の量を $p/k_{\mathrm{B}}T$ とおき，k_{B} をかけてエントロピーに直すと，(Ⅱ.3.6)

$$\frac{\partial S(N, E, V)}{\partial V} = \frac{p}{T} \tag{5.9}$$

が得られるわけである．

温度が等しく，圧力の異なる2個の系を接触させたとき（ただし，エネルギーの交換はないとして），前と同様の考え方により，エントロピーの変化は，

$$dS_{1+2}(V) = \frac{\partial S_1(V_1)}{\partial V_1} dV_1 + \frac{\partial S_2(V_2)}{\partial V_2} dV_2$$

$$= \frac{1}{T}(p_1 - p_2) dV_1 \tag{5.10}$$

である．ただし，

$$V = V_1 + V_2 \tag{5.11}$$

とし，V のほうは変化しないとした．

(5.10) によると，

$$p_1 > p_2 \tag{5.12}$$

のとき，全体のエントロピーが増加するのは dV_1 が正のときである．いいかえると，圧力の高い第1の系は膨脹し，圧力の低い第2の系は収縮するという常識的な結果がえられる．

圧力の別の定義

しかしながら，これで圧力の問題がおわりになるわけではない．というのは第Ⅱ章，3節の (3.3) によって，圧力というものを (5.9) と全然別に計算できるから，両計算法が等しい答を与えることを確認しておかなければならない．

圧力とは，系のエネルギーの体積による変化に負号をつけたものだから，小正準理論においては，

$$p = -\left\langle \frac{\partial H_N}{\partial V} \right\rangle_{\mathrm{MC}}$$

$$= -\int \mathrm{d}^N \Gamma \frac{\partial H_N}{\partial V} f_{\mathrm{MC}}(^N\Gamma)$$

$$= -\frac{1}{\Omega(N,E,V)\delta E}\int \mathrm{d}^N\Gamma \frac{\partial H_N}{\partial V}\delta(E-H_N)\delta E \tag{5.13}$$

であるべきである．この関係と (5.9) の関係をみるために，(5.13) を次のように変形してみよう．θ 関数に対する性質 (1.3) を用いると (5.13) の右辺は，

$$p = \frac{1}{\Omega(N,E,V)\delta E}\int \mathrm{d}^N\Gamma \frac{\partial}{\partial V}\theta(E-H_N)\delta E$$

$$= \frac{\dfrac{\partial}{\partial V}\Omega_0(N,E,V)}{\dfrac{\partial}{\partial E}\Omega_0(N,E,V)} = \frac{\partial}{\partial V}\log\Omega_0(N,E,V)\bigg/\frac{\partial}{\partial E}\log\Omega_0(N,E,V)$$

$$\tag{5.14}$$

これは，p.73 の注意の項で説明したところにより，

$$= \frac{\partial}{\partial V}S(N,E,V)\bigg/\frac{\partial}{\partial E}S(N,E,V) \tag{5.15}$$

である．(4.8), (5.9) を用いると，(5.15) はうまい具合に圧力 p になる．したがって，(5.13) による圧力と，エントロピーを用いた定義 (5.9) は同じものであることがわかる．

化学ポテンシャル

化学ポテンシャルの関係

$$\frac{\partial S(N, E, V)}{\partial N} = -\frac{\mu}{T} \tag{5.16}$$

を導くにも，前と全く同じ手を使う．今度は，粒子を交換しうるような状態に2つの系を放置しておいて，平衡状態にもっていけばよい．全く同じことだから議論をくりかえさない．

化学ポテンシャルの物理的意味

2個の系があり，両者の温度は等しいが，化学ポテンシャルがそれぞれ μ_1, μ_2 である場合，合成系のエントロピーの変化は例により，

$$dS_{1+2}(N) = \frac{\partial S_1(N_1)}{\partial N_1}dN_1 + \frac{\partial S_2(N_2)}{\partial N_2}dN_2$$

$$= -\frac{1}{T}(\mu_1 - \mu_2)dN_1 \quad (N = N_1 + N_2) \tag{5.17}$$

となる．したがって，もし，

$$\mu_1 > \mu_2 \tag{5.18}$$

だとすると，エントロピーが大きくなるためには dN_1 が負でなければならない．つまり，化学ポテンシャルの高いほうの系の粒子が，低いほうの系に移っていく．化学ポテンシャルは，したがって簡単にいうならば，系から粒子がとび出そうとする傾向をあらわすものであるといえる[*]．化学ポテンシャルを使う具体的な例は第Ⅶ章（p.248）であげる．

§6.　小正準理論の確率論的整備

今までの例や議論で，小正準理論における計算法が大体見当ついたと思う．ただし今まで，理論の確率論的な基礎のことを，あまりやかましくいわなかった．ここらで，そのことを少々考えてみることにしよう．確率論的な基礎などというと，少々こわくなるが，やさしい言葉でいい直すと，単にくじびきを引くということにすぎない．

---

[*]　大学で下手な講義をしていると，学生がどんどんと減っていく．つまり下手な講義は，クラスの化学ポテンシャルを高くする．化学ポテンシャルとは，いわば外遊熱みたいなものといえる．

くじびき

このくじびきとは次のようなものである．まずエネルギー E, 粒子数 N, 体積 V をもった巨視的な系を相手にするとしよう（ただし，エネルギー E には，例によって δE だけの幅をもたせてあるとする）．この巨視的状態に符合する微視的状態は，$W(N,E,V,\delta E)$ だけある[*1]．この数だけの微視的状態を<u>1個ずつ集めてつくった</u>，とてつもなく大きなくじびきを考える．"くじびき"ではなんとなく権威がないから，これを**小正準集合**とよぶと物理学らしくなる．このくじびきの箱の中の票の数 W はとてつもなく大きくて扱いにくいから，その対数をとって，

$$S(N,E,V) = k_{\mathrm{B}} \log W(N,E,V,\delta E) \tag{6.1}$$

という量を作り，このくじびきを特徴づける量としよう．これを物理学らしく，エントロピーと呼ぶ．

熱平衡状態

このくじびきの箱の中から，1個をとりだしたとき期待すべき状態，あるいは，何回も何回もくじびきを引いたときの平均が，**熱平衡状態**であるとするわけである[*2]．

このくじびきをつくるとき，その一つ一つを，正準変数で指定しておくと約束しておかないと，くじびきの定義があいまいになる．

Ergodic 問題

前にちょっと注意したように，現実に熱平衡にある巨視的物体を，巨視的な時間をかけて観測する間に，系は，いろいろな微視的状態を通過していくわけで，われわれは，その時間的平均を観測しているわけであるから，上に考えたくじびきにおける平均と，時間平均とが一致してくれないと困る．この問題は，直観的にいうとあまり問題はないようにみえるが，数学的に厳密に取扱うとすると大変な難問で，いまだに一般的な取り扱いに成功していないようである．これが ergodic な問題として知られている難問中の難問である．

[*1]　W と簡単に書いたが，今までの例で見たように，これは，e^N（$N = 10^{23}$）という，想像もつかないほど大きな数である．

[*2]　実際のくじびきでは，大抵の場合，チリ紙しかあたらない．1回くじを引いたとき，チリ紙があたると期待すれば，期待はずれがないわけである．熱平衡状態とは，チリ紙の事である．

　熱平衡にある物体を超高速のカメラでムービーにとり，1コマ1コマをばら
ばらにしたとき，それが，小正準集合という名のくじびきに一致すればよいが，
その証明がなかなかできないわけである．しかし考えてみると，もし，そのよ
うな証明ができたら物理学の理論としては，少々手に負えないものになるよう
な気がする．というのは，いうまでもなく，今まで扱ってきたような，相互作
用のない粒子の集合においては，時間平均をとっても，熱平衡状態らしいもの
が出てくる可能性が全然ないからである．相互作用のない粒子系では，そのう
ちの1個の粒子にエネルギーをそそぎ込んでも，そのエネルギーが他の粒子に
移りわたっていくことはないので，熱平衡状態などには決して移っていかない．
たとえ，弱い線形の相互作用があったとしても，それは規準座標を導入するこ
とによって，やはり独立な粒子の系と同じになるから，エネルギーは，系全体
に広がっていかない．したがって，時間平均をとったとき熱平衡状態らしいも
のが得られるためには，どうしても，規準座標などによって簡単に消し去られ
てしまわないような複雑な非線形相互作用の存在を仮定しなければならない．
そのような複雑な非線形相互作用の存在が不可欠な理論というものはおそらく
実用からはほど遠いものでしかありえないであろう．良い物理学というものは，
原理が明確であり，原理の本質を失わないかぎり，できるだけ簡単なモデル化
ができるようなものであるべきである．

モデルの単純化

　この点，くじびきを引くという小正準集合の理論というのは，実にうまくで
きている．今までたびたび考えてきたように，その理論では，完全に相互作用
のない理想化された系に対して，熱平衡らしい状態を作ることができる．この
本の以下に見るように，理想化されたものより少々複雑な相互作用のある系を
扱う場合にも，いろいろなモードを分離していって，結局は相互作用のない要
素の集まりとして表現し，それから統計集合をつくって計算を遂行するのが普
通，初歩的な統計力学で学ばなければならない方法なのである．

計算方法の改良

　しかし，そのように，相互作用のない要素に分離していくにしても，小正準
集合の理論では，今までのいろいろな例でみてきたように，要素全体の数や全
体のエネルギーが一定であるという条件があるために，計算は必ずしも容易で
はない．この点を改良し，本当に，各要素をばらばらに取り扱えるようにした

のが，次章で導入する正準集合や，大正準集合の理論である．単に，各要素を
ばらばらに分離したものが扱えるばかりでなく，相互作用のある系をも，組織
的に取り扱うことができる．

　これらの新しい集合の理論においても，同じエネルギーをもった，異なった
微視的状態は，すべて同じ重率で平衡状態に寄与する．ただし異なったエネル
ギーの状態は，エネルギーが大きくなるにしたがって指数的に少ない重率をも
っている．しかし，微視的状態の数は一般にはエネルギーとともに急激に増大
するから，(微視的状態の数)×(指数的減少の重率) という量は，あるエネルギ
ーのところに，するどい極大をもち，結局，小正準集合の理論と同じ平均値を
与えることになる（p.128 の図 4.2 を見よ）．したがって，するどい極大が 1 個
ある場合には，どの集合理論を用いるかは全く勝手で，計算に都合の良い集合
理論を用いて計算を遂行すればよいのである．

第Ⅳ章　正準集合の理論と簡単な応用

いままでの議論をもう少し使いやすくする.
それを用いて少々応用問題を解いてみる.
ここで話はかなり現実的になる.

§1.　小正準集合理論のまとめと展望

いままでに長々と説明してきた小正準集合の理論を，ここで一応まとめ，応用問題をやる前に，物理的にも，計算上も，もう少し使いやすい形に理論を書き直しておこう.

小正準集合の理論は，巨視系が，粒子数 N，エネルギー E，体積 V で与えられているときに使うのに便利である[*).

微視的状態の数

計算の順序としては，まず，微視状態の数 W や，Ω_0 や，微視状態密度 Ω を計算する．それらは，

$$W(N, E, V, \delta E) = \Omega_0(N, E, V) - \Omega_0(N, E + \delta E, V)$$
$$= \Omega(N, E, V)\delta E \tag{1.1}$$

で関係している．特に，状態密度 Ω は，

$$\Omega(N, E, V) \equiv \int d^N \Gamma\, \delta(E - H_N) \tag{1.2a}$$
$$\tag{1.2b}$$

という表現を使うことが多い.

エントロピー

これが計算できたら，これら（どれでもよい）の微視的量を用いて，エントロピー，

$$S(N, E, V) = k_B \operatorname{Ext}[\log W(N, E, V)] \tag{1.3a}$$

[*)　このほかに，外力をあらわすパラメーターが入っていてもよいが，簡単のために，一応それを無視しておこう.

$$= k_{\mathrm{B}} \, \mathrm{Ext}[\log \Omega_0(N, E, V)] \tag{1.3b}$$

$$= k_{\mathrm{B}} \, \mathrm{Ext}[\log \Omega(N, E, V)] \tag{1.3c}$$

を作りあげる[*1]. これが, 微視的量と巨視的量をむすぶ第1の鍵である.

温度, 圧力など

次に, (1.3) を用い, 系の温度 T と微視的量を,

$$\frac{1}{T} = \frac{\partial S(N, E, V)}{\partial E} \tag{1.4}$$

でむすびつける. これが, 微視的量 (W や Ω_0 や Ω) と巨視的量 T をむすびつける第2の鍵である. さらに, 巨視量 p (圧力) や μ (化学ポテンシャル) を,

$$\frac{p}{T} = \frac{\partial S(N, E, V)}{\partial V} \tag{1.5}$$

$$-\frac{\mu}{T} = \frac{\partial S(N, E, V)}{\partial N} \tag{1.6}$$

で微視量にむすびつける. そうすると (1.4), (1.5), (1.6) は, 熱力学における関係,

$$\mathrm{d}S = \frac{1}{T}\mathrm{d}E + \frac{p}{T}\mathrm{d}V - \frac{\mu}{T}\mathrm{d}N \tag{1.7}$$

を再現する. これは,

$$\mathrm{d}E = T\mathrm{d}S - p\mathrm{d}V + \mu\mathrm{d}N \tag{1.8}$$

と書き直してみると, 熱力学の第1法則にほかならない. あとは, Legendre 変換を用いて, 種々の関数を定義していくと, 熱力学と同様にしていろいろな物理量を定義することができる. それを, (1.3), (1.4), (1.5), (1.6) をうまく用いて, 微視的量であらわせばよい[*2].

[*1]　ここの記号 Ext[ ] の意味は p.56 で説明したように, "示量的な部分をとり出す" ということを強調するためであって, 式 (1.3) の中にあらわれた4個の量は, N が 10^{23} という大きな数であるという事を考慮したうえで, それとは比べものにならないような小さい項を, バサバサ落したうえで厳密に等しいことを示すのである. このバサバサと落とすのには, それが示量的になるというちゃんとした規準があるのであって, 単に小さいと考えられる項を, 主観や都合によって落とすのとはちがう. (1.3a), (1.3b), (1.3c) を誰が計算しても, 計算さえ間違えなければ結果は等しいのである.

[*2]　たとえば, Helmholtz の自由エネルギー $F(N, T, V)$ は,

$$F(N, T, V) = E - ST \tag{1.9}$$

別の集合理論

しかしながら，実際には，小正準集合から出発して，こんなまどろっこしいことをして，Helmholtz の自由エネルギーを計算しない．上の話は，原理的に可能であるということであって，統計力学では，Helmholtz の自由エネルギーがほしければ，もっと直接それを計算する方法が存在する．それが次に紹介する正準集合の理論である．また，Gibbs の自由エネルギーを計算したいならば，いちいち，小正準集合や，正準集合の理論を用いて，エントロピーや Helmholtz の自由エネルギーを計算してから Legendre 変換をするという，まどろっこしいことをしないで（もちろん，そうしたければ，そうして一向にかまわない），T–p 集合の理論（p.209）を使って直接計算することができる．

そして，このようにいろいろな集合の理論は，Laplace 変換によって互いに関連している．

量子統計力学への拡張

いままで，古典論を頭において，大きな位相空間の中で，微視的状態を考えてきた．ここでこれをまず量子力学に持ち込むことを考えよう．量子力学は元来，正準形式で定式化されているから，この仕事は実に容易である．基本的な微視量 W や Ω_0 や Ω を量子力学的に計算すればそれで話がすむのである．

まず，量子力学的な Hamiltonian H_N の固有値問題が解けたとして，

$$H_N|l\rangle = E_l|l\rangle \tag{1.10}$$

とする．l は，量子数のすべてをまとめて書いたもので，同じエネルギーをもったいろいろな状態があるのが普通である．すると，エネルギー E 以下にあるすべての状態の数は，

$$\Omega_0(N,E,V) \equiv \sum_l \theta(E-E_l) \tag{1.11}$$

また，エネルギー E と $E+\delta E$ にある状態の数は，

$$W(N,E,V,\delta E) - \sum_{E<E_l<E+\delta E} 1 \tag{1.12}$$

で定義されるので，(1.4) を用いて，E を (N,T,V) の関数であらわし，それを (1.3) の右辺に代入して，S を同じく (N,T,V) の関数としてあらわし，それらを (1.9) の右辺に代入してやればよい．理想気体の場合，式 (III.1.16) から出発して自ら計算してみるとよい．

で，これを，

$$W(N, E, V, \delta E) = \Omega(N, E, V)\delta E \tag{1.13}$$

と書いて，状態密度 $\Omega(N, E, V)$ を定義する．実用上は，固有値 E_l が連続かあるいはとびとびかによって，

$$\Omega(N, E, V) = \sum_l \delta(E - E_l) \tag{1.14a}$$

$$= \sum_l \delta_{E, E_l} \tag{1.14b}$$

とする．あとはすべて古典の場合と同じで，(1.3)〜(1.6)を活用すればよい．

§2.　正準集合の理論

温度を指定した系

いま，粒子数 N，温度 $T(\equiv (k_B\beta)^{-1})$，体積 V で指定された巨視的な系があるとしよう．この巨視的な系は，どのような微視的な系の平均として与えられるであろうか？　小正準集合の理論では，温度の代わりに，エネルギー E が指定してあったからエネルギー E をもった微視的力学系とむすびつけやすかったが，今度は，系が温度 T で指定されているので，いろいろなエネルギー E をもった微視的状態が関与してくるであろうという予想がつく．いろいろなエネルギー E をもった微視的状態が，どのような確率で関与しているかを見いだすためには，次のように考える．

ある巨視系の温度を一定に保つためには，その系を，大きな熱浴に接触させておかなければならない（熱浴と系の間では，エネルギーだけが交換できるとしておく．）．熱浴と系とを一緒にした系全体は，外界から孤立していて外界とはエネルギーのやりとりがいっさいないとすると，その合成系については，今までの小正準集合の理論がそのままあてはまる．われわれの扱っている定温度の巨視系を，この熱浴と一緒にした大きな定エネルギー系の一部とみなそう．この問題は，すでに第Ⅱ章および小正準集合理論において系の温度を導入するところ（第Ⅲ章第4節）で扱ったことがある．

孤立系の部分系

いま，全合成系のエネルギーを E_{total} とすると，われわれに興味のある，巨視系が，エネルギー E と $E + \delta E$ の間に見いだされる確率は，式（Ⅲ.4.2）により，

$$f(E)\delta E = \frac{\Omega(E)\,\Omega_{\text{bath}}(E_{\text{total}}-E)\,\delta E}{\Omega_{\text{total}}(E_{\text{total}})} \tag{2.1}$$

である. この式の中の Ω_{bath} は, 熱浴の状態密度であって, 第Ⅲ章のいろいろな例でみたように式 ((Ⅲ.1.11), (Ⅲ.1.24), (Ⅲ.1.36) などを見よ), E が E_{total} に比べて小さいときは,

$$\Omega_{\text{bath}}(E_{\text{total}}-E) = e^{-\beta E}\Omega_{\text{bath}}(E_{\text{total}}) \tag{2.2}$$

と書ける. この β は,

$$\beta \equiv \frac{\partial}{\partial E}\log\Omega_{\text{bath}}(E) \tag{2.3}$$

であって, 熱浴の温度 (つまり, 平衡状態ではわれわれの系の温度と同じ) である. (2.2) を (2.1) に代入してやると, $f(E)$ の E への依存性は,

$$f(E) = \frac{1}{Z_{\text{C}}(\beta)}\Omega(E)e^{-\beta E} \tag{2.4}$$

となる*). ここの $Z_{\text{C}}(\beta)$ は, Ω_{total} や Ω_{bath} で書いておいてもよいが, (2.4) が確率であるということからくる規格化条件,

$$\int_0^\infty f(E)\,\mathrm{d}E = 1 \tag{2.5}$$

からきまり,

$$Z_{\text{C}}(\beta) = \int_0^\infty \mathrm{d}E\,\Omega(E)e^{-\beta E} \tag{2.6}$$

である*).

---

*)　第Ⅲ章の例を用いずに, もう少し一般的に式 (2.4) を導くには次のようにすればよい. それには, 熱浴のエントロピーの式,
$$S_{\text{bath}}(E_{\text{total}}-E) = k_{\text{B}}\log\Omega_{\text{bath}}(E_{\text{total}}-E) \tag{2.7}$$
を逆に解いて,
$$\begin{aligned}
\Omega_{\text{bath}}(E_{\text{total}}-E) &= \exp\Big[\frac{1}{k_{\text{B}}}S_{\text{bath}}(E_{\text{total}}-E)\Big]\\
&= \exp\frac{1}{k_{\text{B}}}\Big\{S_{\text{bath}}(E_{\text{total}})-E\frac{\partial S_{\text{bath}}(E')}{\partial E'}\Big|_{E'=E_{\text{total}}}+\cdots\cdots\Big\}\\
&\fallingdotseq \exp\frac{1}{k_{\text{B}}}\Big\{S_{\text{bath}}(E_{\text{total}})-\frac{E}{T}\Big\}\\
&= e^{-\beta E}\exp\Big[\frac{1}{k_{\text{B}}}S_{\text{bath}}(E_{\text{total}})\Big]
\end{aligned} \tag{2.8}$$
とする (ここで (2.3) を用いた). すると, $f(E)$ への依存性は, やはり (2.4) で与えられる.

公理的整理

以上の話を，公理的に整理すると次のようになる．

粒子数 N，温度 T，体積 V の巨視系には，いろいろな微視的状態が，確率，

$$f_{\mathrm{c}}(^N\varGamma) = \frac{1}{Z_{\mathrm{c}}(\beta)} \mathrm{e}^{-\beta H_N} \quad (\text{古典論}) \tag{2.9}$$

$$f_{\mathrm{c}}(l) = \frac{1}{Z_{\mathrm{c}}(\beta)} \mathrm{e}^{-\beta E_l} \quad (\text{量子論}) \tag{2.10}$$

で寄与している．ただし，

$$\beta = (k_{\mathrm{B}}T)^{-1} \tag{2.11}$$

である．$f_{\mathrm{c}}(^N\varGamma)$ および $f_{\mathrm{c}}(l)$ は，それぞれ古典論，量子論における**確率分布関数**である．この確率分布にしたがう集団を考え（前のくじびき），それを**正準集合**と呼ぶ．

期待値

ある物理量 A の期待値は，古典論では，

$$\langle A \rangle_{\mathrm{c}} \equiv \int \mathrm{d}^N\varGamma \, f_{\mathrm{c}}(^N\varGamma) A(^N\varGamma) \tag{2.12a}$$

量子論では，

$$\langle A \rangle_{\mathrm{c}} \equiv \sum_l f_{\mathrm{c}}(l) \langle l|A|l \rangle \tag{2.12b}$$

となる．ただし $\langle l|A|l \rangle$ は，量子力学的状態 $|l\rangle$ についての，A の期待値である．

分配関数

$$Z_{\mathrm{c}}(N, \beta, V) = \int \mathrm{d}^N\varGamma \, \mathrm{e}^{-\beta H_N} \quad (\text{古典論}) \tag{2.13a}$$

$$Z_{\mathrm{c}}(N, \beta, V) = \sum_l \mathrm{e}^{-\beta E_l} \quad (\text{量子論}) \tag{2.13b}$$

あるいは，古典論でも量子論でも成り立つ表現，

$$Z_{\mathrm{c}}(N, \beta, V) = \int_0^\infty \mathrm{d}E \, \varOmega(N, E, V) \mathrm{e}^{-\beta E} \tag{2.13c}$$

のことを，正準集合における**状態和**（sum of states, state-sum），または**分配関数**（partition function）と呼び小正準集合の理論における W と同様，正準集合

理論において基本的役割を果たす量である．

【注　　意】

（1）　ここで注意すべきことは，正準集合の理論は，(2.13c) の形に書くと，この積分が収束するかぎり，β が負でもよいということである．ただし，この場合には，$\Omega(E)$ が E の大きなところで，急激に 0 に近づく必要がある．逆に，$\Omega(E)$ が E の大きいところで急激に 0 に近づく場合には，最も確からしい状態は，負の温度をもつことができる．このような例は，p. 143 で論ずる．

（2）　正準集合の理論における状態和を (2.13c) に書いたからといって，それを実際計算する場合，まず $\Omega(N, E, V)$ を計算し，それに $\mathrm{e}^{-\beta E}$ をかけて，その積を E について積分するわけではない．もしそうしなければならないのならば，正準集合の理論は，小正準集合の理論より，いつでも多くの手間がかかることになり，全く非実用的である．正準集合の理論の便利さは，まさに，そのようなまわり道をしないで，(2.13) を用いて直接計算できる，という点にあるのである．このことは，次の節のいろいろな例から明らかになると思う．

状態和を (2.13c) の形に書く意味は，実用性にあるのではなく，$\Omega(N, E, V)$ という小正準集合理論で活躍した量と，正準集合の理論の関係を与えるという点にある．

期待値の間の関係

小正準集合の理論と正準集合の理論とは，外見が大変違っているが，期待値 $\langle A \rangle_{\mathrm{C}}$ と $\langle A \rangle_{\mathrm{MC}}$ は，N がきわめて大きいとき，ゆらぎを無視するかぎり，完全に同じ答を与える．それを，古典論の場合に示しておこう（量子論の場合も全く同じだから自らやってみて下さい）．

$$\langle A \rangle_{\mathrm{C}} = \frac{1}{Z_{\mathrm{C}}(N, \beta, V)} \int \mathrm{d}^N \Gamma\, \mathrm{e}^{-\beta H_N} A\,({}^N\Gamma)$$

$$= \frac{1}{Z_{\mathrm{C}}(N, \beta, V)} \int_0^\infty \mathrm{d}E \int \mathrm{d}^N \Gamma\, \delta(E - H_N) \mathrm{e}^{-\beta E} A\,({}^N\Gamma) \tag{2.14}$$

$$= \frac{1}{Z_{\mathrm{C}}(N, \beta, V)} \int_0^\infty \mathrm{d}E\, \Omega(N, E, V) \mathrm{e}^{-\beta E} \langle A \rangle_{\mathrm{MC}} \tag{2.15}$$

これは，正確な式である．ここで，$\langle A \rangle_{\mathrm{MC}}$ の定義 (II.3.3) (II.3.1′) を用いた．(2.15) の右辺の積分の中で，いままでにたびたびみてきたように，Ω は，普通，E とともに急激に増加する関数であり，β が正であるかぎり，$\mathrm{e}^{-\beta E}$ は急激

に減少する関数だから，被積分関数には，どこかに高い山が存在するであろう．すると，$\langle A \rangle_{MC}$ が，E に関して，ゆるやかな関数である場合，（III.2.27）が使える．したがって，結局，

$$\langle A \rangle_C = \langle A \rangle_{MC} + \frac{1}{2} \sigma_{E^*}^2 \frac{\partial^2}{\partial E^{*2}} \langle A \rangle_{MC} + \cdots\cdots \tag{2.16}$$

がえられる．右辺第1項の $\langle A \rangle_{MC}$ には，その E のところに，

$$\frac{\partial}{\partial E^*} \log \Omega(N, E^*, V) = \beta \tag{2.17}$$

できまる E^* を入れておかなければならない．またゆらぎ σ_{E^*} は，

$$\frac{1}{\sigma_{E^*}^2} \equiv -\frac{\partial^2}{\partial E^2} \log \Omega(N, E, V) \Big|_{E=E^*} \tag{2.18}$$

で与えられる．もしこのゆらぎの効果が省略できるならば，

$$\langle A \rangle_C = \langle A \rangle_{MC} \tag{2.19}$$

が成り立つ．

【注　意】

（1）　ゆらぎの効果が省略できるか否かは，何を計算するかにもよるし，温度にもよることで，この段階で，一般的な声明を行なうことはできない．たとえば，ゆらぎ自身を計算するときには，ゆらぎを省略するわけにはいかないにきまっている．

いま，エネルギーに対して式（2.16）をあてはめてみると，

$$\langle E \rangle_{MC} = E \tag{2.20}$$

だから，

$$\langle E \rangle_C = E^* + \frac{1}{2} \sigma_{E^*2} \frac{\partial^2}{\partial E^{*2}} E^* = E^* \tag{2.21}$$

したがって，$e^{-\beta E} \Omega(E)$ の最高値を与える E^* と，平均値 $\langle E \rangle_C$ は等しい．そこで，エネルギーの2乗を，（2.16）によって計算してみると，

$$\langle E^2 \rangle_C = E^{*2} + \frac{1}{2} \sigma_{E^*}^2 \frac{\partial^2}{\partial E^{*2}} E^{*2} = E^{*2} + \sigma_{E^*}^2 \tag{2.22}$$

であるから，エネルギーのゆらぎの2乗は，

$$\langle E^2 \rangle_C - \langle E \rangle_C^2 = \sigma_{E^*}^2 \tag{2.23}$$

となる．すなわち，（2.18）で定義される σ_{E^*} は，エネルギーのゆらぎという意

味をもっている.

（2）　もう一つ注意しておくべきことは，$\langle A \rangle_{\mathrm{MC}}$ が E のなめらかな関数でないと，(2.16) の展開式が使えないということである. それでは，$\langle A \rangle_{\mathrm{MC}}$ と $\langle A \rangle_{\mathrm{c}}$ が式 (2.16) でむすばれていないような例をあげてみよといわれたらちょっと困る. というのは，$\langle A \rangle_{\mathrm{MC}}$ と $\langle A \rangle_{\mathrm{c}}$ を両方とも正確に求められる例が見いだせないからである. たとえば，Bose-Einstein の統計にしたがう粒子系の物理量を計算してみようと思ったら，小正準集合理論や正準集合理論は複雑で使えないから，どうしても大正準集合の理論によって計算を進めなければならない. そこで大正準集合の理論を用いて比熱を計算してみると（p.186 を見よ），それは，ある温度で折れ曲ったような曲線になることがわかる. したがって，その温度（これを臨界温度という）のところでは，比熱は，温度のなめらかな関数ではない. しかし，小正準集合や正準集合の理論では，この量の計算ができてないから，比較するわけにいかない.

状態和の間の関係

次に，正準集合の状態和 $Z_{\mathrm{c}}(N, \beta, V)$ と，小正準集合の状態密度との関係を調べてみよう. それには，式 (2.13) に，(III.3.13) を適用すればよい. すなわち，

$$Z_{\mathrm{c}}(N, \beta, V) = \int \mathrm{d}^N \Gamma \, \mathrm{e}^{-\beta H_N}$$

$$= \int_0^\infty \mathrm{d}E \int \mathrm{d}^N \Gamma \, \delta(E - H_N) \mathrm{e}^{-\beta E}$$

$$= \int_0^\infty \mathrm{d}E \, \Omega(N, E, V) \mathrm{e}^{-\beta E}$$

$$\fallingdotseq \sqrt{2\pi} \, \sigma_{E*} \Omega(N, E^*, V) \mathrm{e}^{-\beta E*} \tag{2.24}$$

である. E^* および σ_{E*} は，それぞれ (2.17), (2.18) で与えられる. この式の両辺の対数をとって整理すると，

$$\log Z_{\mathrm{c}}(N, \beta, V) = \log \Omega(N, E^*, V) - \frac{1}{k_{\mathrm{B}}T} E^* + \log \sqrt{2\pi} \, \sigma_{E*} \tag{2.25a}$$

$$= \log W(N, E^*, V, \sqrt{2\pi} \, \sigma_{E*}) - \frac{1}{k_{\mathrm{B}}T} E^* \tag{2.25b}$$

がえられる. (2.25a) の最後のゆらぎの項が省略できるか否かは，温度による

ことで普通は省略できるが，温度によってはこの項が異常に大きくなることもありうるから，このままにしておこう．

Helmholtz の自由エネルギー

ところで，正準集合における微視的な基本的な量 $Z_C(N, \beta, V)$ と，熱力学的関数との関係を求めるには，エントロピーの定義（II.3.26）によるのが最も直接的である．（II.3.33）に，正準集合における確率分布関数（2.9）を代入すると，

$$S(N, \beta, V) = -k_B \frac{1}{Z_C(N, \beta, V)} \int \mathrm{d}^N \Gamma \, \mathrm{e}^{-\beta H_N}$$
$$\times \{-\beta H_N - \log Z_C(N, \beta, V)\}$$
$$= \frac{k_B \beta}{Z_C(N, \beta, V)} \int \mathrm{d}^N \Gamma \, H_N \mathrm{e}^{-\beta H_N} + k_B \log Z_C(N, \beta, V)$$
$$= k_B \beta \langle E \rangle_C + k_B \log Z_C(N, \beta, V) \tag{2.26}$$

がえられる．すなわち，

$$\langle E \rangle_C - TS(N, \beta, V) = -k_B T \log Z_C(N, \beta, V) \tag{2.27}$$

となる．ここで $\langle E \rangle_C$ とは，正準集合におけるエネルギーの平均値で，系の内部エネルギーである．（2.27）の左辺は，熱力学における，Helmholtz の自由エネルギーである．したがって，正準集合の理論において，巨視的な量と，微視的な量をむすびつける基本的関係は，

$$F(N, \beta, V) = -k_B T \log Z_C(N, \beta, V) \tag{2.28}$$

である*）．F は，いうまでもなく Helmholtz の自由エネルギーである．<u>正準集合の理論は，したがって，Helmholtz の自由エネルギーを直接計算するのに便利である</u>（小正準集合の理論では，かなりまわり道をして F を計算しなければならなかった事情を思い出すとよい）．

熱力学的関数

いったん，F が微視的な量 Z_C で計算できれば，それから，他の熱力学的関数を計算することももちろん可能である．たとえば，（2.28）の F からエントロピー，圧力，化学ポテンシャルはただちにえられて，

---

*）これが，小正準集合の理論における，Boltzmann の式（1.3）に対応する，正準集合理論における基本式である．

$$S(N, \beta, V) = -\frac{\partial F(N, \beta, V)}{\partial T} \tag{2.29}$$

$$p(N, \beta, V) = -\frac{\partial F(N, \beta, V)}{\partial V} \tag{2.30}$$

$$\mu(N, \beta, V) = \frac{\partial F(N, \beta, V)}{\partial N} \tag{2.31}$$

である．これらの式の右辺は，(2.28) により微視的な量 Z_c で書かれているので，これらを用いると S, p, μ が微視的量から計算されることになる．そして式 (2.29)～(2.31) により，熱力学的関係 (Ⅱ.1.3)，

$$\mathrm{d}F = -S\mathrm{d}T - p\mathrm{d}V + \mu\mathrm{d}N \tag{2.32}$$

が再現される．

状態和の合成則

正準集合の理論の強みの一つは，状態和の合成則の簡単さにある．いま，2 個の相互作用のない系を考える．この場合，状態密度は (Ⅱ.3.13) により，たたみこみ（convolution）型の合成則，

$$\Omega_{1+2}(E) = \int_0^E \mathrm{d}E_1\, \Omega_1(E_1)\Omega_2(E - E_1) \tag{2.33}$$

をみたしている．ここで N や V の依存性は本質的でないので省略した．(2.33) に $\mathrm{e}^{-\beta E}$ をかけて E について積分し，右辺において積分の順序を交換すると（図 4.1 参照），

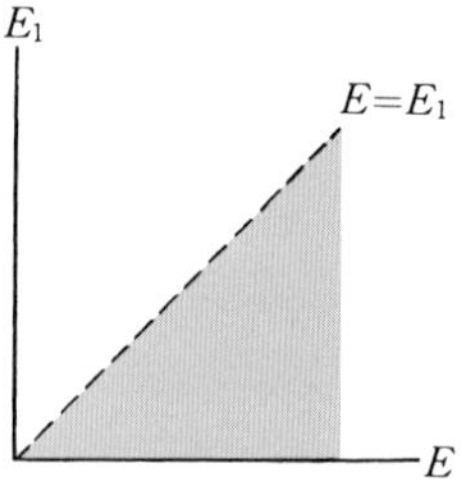

図 4.1

$$\int_0^\infty \mathrm{d}E\, \mathrm{e}^{-\beta E}\Omega_{1+2}(E) = \int_0^\infty \mathrm{d}E \int_0^E \mathrm{d}E_1\, \mathrm{e}^{-\beta E}\Omega_1(E_1)\Omega_2(E - E_1)$$

$$= \int_0^\infty \mathrm{d}E_1 \int_{E_1}^\infty \mathrm{d}E\, \mathrm{e}^{-\beta E}\Omega_1(E_1)\Omega_2(E - E_1) \tag{2.34}$$

がえられる．そこで，

$$E = E_1 + E_2$$

を用いて，E の積分を E_2 の積分に直すと，

$$\int_0^\infty \mathrm{d}E\, \mathrm{e}^{-\beta E}\Omega_{1+2}(E) = \int_0^\infty \mathrm{d}E_1 \int_0^\infty \mathrm{d}E_2\, \mathrm{e}^{-\beta E_1}\Omega_1(E_1)\mathrm{e}^{-\beta E_2}\Omega_2(E_2) \tag{2.35}$$

となる．これは，状態和の間の簡単な関係，

$$Z_{C1+2}(N, \beta, V) = Z_{C1}(N_1, \beta, V) Z_{C2}(N_2, \beta, V) \tag{2.36}$$

を意味する．したがって，ある物理系が相互作用のない，いくつかの部分系にわけられる場合には，各部分系の状態和を別々に計算し，それらを単にかけあわせると，全系の状態和がえられる．特に，N 個の自由粒子の系では，(2.36) を何度も用いることによって，

$$Z_C(N, \beta, V) = \{Z_C(1, \beta, V)\}^N \tag{2.37}$$

となるから，結局，1粒子の状態和を計算すればよいことになる．この点が，正準集合の理論を，小正準集合の理論に比べて特に使いやすくしているゆえんである*).

エネルギーのゆらぎ

最後に，内部エネルギーのゆらぎを別の観点から考えてみよう．

正準集合論では，エネルギーの平均値は，定義により，

$$\langle E \rangle_C = \frac{1}{Z_C(N, \beta, V)} \int_0^\infty dE\, E\, \Omega(N, E, V) e^{-\beta E} \tag{2.38a}$$

$$= -\frac{1}{Z_C(N, \beta, V)} \frac{\partial Z_C(N, \beta, V)}{\partial \beta} \tag{2.38b}$$

と書かれる．(2.38a) から (2.38b) への変形には，(2.13c) を用いた．そこで (2.38a) をさらに β で微分すると，

$$\frac{\partial \langle E \rangle_C}{\partial \beta} = \frac{\partial}{\partial \beta}\left(\frac{1}{Z_C}\right) \cdot Z_C \langle E \rangle_C - \langle E^2 \rangle_C = -\frac{1}{Z_C} \frac{\partial Z_C}{\partial \beta} \langle E \rangle_C - \langle E^2 \rangle_C$$

$$= \langle E \rangle_C^2 - \langle E^2 \rangle_C \tag{2.39}$$

がえられる．つぎに，定積熱容量，

$$C_V \equiv \frac{\partial E(N, \beta, V)}{\partial T} = \frac{\partial \beta}{\partial T} \frac{\partial \langle E \rangle_C}{\partial \beta} = -\frac{1}{k_B T^2} \frac{\partial \langle E \rangle_C}{\partial \beta} \tag{2.40}$$

を用いて (2.39) の左辺を書き直すと，エネルギーのゆらぎの2乗が，

$$\langle E^2 \rangle_C - \langle E \rangle_C^2 = k_B T^2 C_V \tag{2.41}$$

---

*) この分配関係の合成則 (2.36) をえるためにも，積分が収束するかぎり，$\beta > 0$ という条件はいらないことに注意．また古典的悲局在的粒子の場合には，この合成則は，Gibbs の補正をうまくやらないと成り立たない．p.131 の注意参照．

123

と書けることがわかる．(2.23) と比べると，

$$\sigma_{E*}^2 = k_B T^2 C_V \tag{2.42}$$

この比熱とゆらぎの関係を，(2.24) に代入すると，

$$Z_c(N, \beta, V) = \sqrt{2\pi k_B C_V} \, T \Omega(N, E^*, V) e^{-\beta E^*} \tag{2.43a}$$

$$= W(N, E^*, V, \sqrt{2\pi}\,\sigma_{E*}) e^{-\beta E^*} \tag{2.43b}$$

という式がえられる*⁾．

【注　意】

（1）　式 (2.17) は，微視的な量 $\Omega(N, E, V)$ がわかっているとき，温度をそれから決定する式である．一方，正準集合の理論によって，微視的な量 $Z_c(N, \beta, V)$ がわかったとき，エネルギーを決定する式が (2.38b) である．いずれにしろ，(2.17) と (2.38b) とは，E^* と β をむすびつける式で両方とも同じものである．したがって，(2.17) や (2.38b) が成り立つかぎり，小正準集合を用いても，正準集合を用いて計算をしてもかまわないということになる．

（2）　エントロピーの一般的な表示

$$``S" = -k_B \int d^N \Gamma \, f(^N\Gamma) \log f(^N\Gamma) \tag{2.44}$$

を，エネルギーの平均値が一定であるという条件，

$$\int d^N \Gamma \, H_N f(^N\Gamma) = \langle E \rangle_c \tag{2.45}$$

および，

$$\int d^N \Gamma \, f(^N\Gamma) = 1 \tag{2.46}$$

のもとに最大にする分布関数が正準集合の理論における分布関数になる．自ら試みよ．

また，(2.44) に，正準集合理論の確立分布関数 (2.9), (2.10) を代入したものは，小正準集合のときのエントロピーのエネルギーを E^* でおきかえたものと完全に等しくなることも自ら確かめておくとよい．［演習問題 2 参照］

（3）　熱容量 C_V は通常物質の量 N に比例し，内部エネルギー $\langle E \rangle_c$ は，通

---

*）　$W(N, E, V, \delta E)$ は，エネルギー E^* と $E^* + \delta E$ の間の全状態数である．

常温度 T と物質の量 N の積に比例するから，(2.42) によると，

$$\frac{\sigma_{E^*}}{\langle E \rangle_\mathrm{C}} \propto \frac{T\sqrt{C_V}}{\langle E \rangle_\mathrm{C}} \propto \frac{1}{\sqrt{N}} \tag{2.47}$$

となる．$N \sim 10^{23}$ では，これは大変小さい．

【演習問題 1】

$$\frac{\partial \beta}{\partial E^*} = -\frac{1}{\langle E^2 \rangle_\mathrm{C} - \langle E \rangle_\mathrm{C}^2}$$

を導け．ただし，E^* は，(2.17) できまるエネルギーである．

【ヒント】 式 (2.17) の両辺を E^* で微分し，エネルギーのゆらぎの 2 乗の式 (2.23) を用いる．

【演習問題 2】

式 (2.44) で定義されるエントロピーの式の右辺に，正準集合の確率分布関数 (2.9) あるいは (2.10) を代入したものと，小正準集合の確率分布関数 (Ⅱ. 3.1) (p.42) を代入したものとは，$E = E^*$ のとき，一致することを証明せよ．ただし，両エントロピーは，$T \to 0$ で 0 であるとする．

【ヒント】 式 (2.26) の両辺を E^* で微分して，(2.38b) を使うと，正準集合のエントロピー $S_\mathrm{C}(\beta)$ は，

$$\frac{\partial S_\mathrm{C}}{\partial E^*} = \frac{\partial S_\mathrm{C}}{\partial \beta} \frac{\partial \beta}{\partial E^*} = k_\mathrm{B} \beta$$

となる．また小正準集合のエントロピー $S_\mathrm{MC}(E^*)$ も，温度の定義式から，同様に，

$$\frac{\partial S_\mathrm{MC}}{\partial E^*} = k_\mathrm{B} \beta$$

となる．エントロピーが $T \to 0$ で 0 となるのは，熱力学の第 3 法則である．

【演習問題 3】

1 粒子の hamiltonian が，

$$H_1 = \sum_{i,j=1}^{3} a_{ij} p_i p_j$$

で与えられている粒子 N 個からなる系に古典統計をあてはめ，エネルギーの等分配則が成り立っているか調べよ．ただし a_{ij} の首座行列式はすべて正とする．

【**ヒント**】　a_{ij} は対称だから，直交変換で対角化でき，かつ，直交変換の行列式は，± 1 であることを使うとよい.

【**演習問題4**】

いままでに，エネルギーと温度をむすびつける関係が二つ出てきた. すなわち小正準集合理論における，

$$\frac{\partial}{\partial E} \log \Omega(E) = \beta$$

と，正準集合における，

$$\frac{\partial}{\partial \beta} \log Z_{\mathrm{c}}(\beta) = -\langle E \rangle_{\mathrm{c}}$$

である. $\langle E \rangle_{\mathrm{c}} = E$ として，この二つの式の関係，特に両者の間に矛盾がないことを確かめよ.

【**ヒント**】　幅を無視すると $Z_{\mathrm{c}}(\beta) \fallingdotseq \Omega(E^*)\mathrm{e}^{-\beta E^*}$ と書けることに注意.

【**演習問題5**】

Helmholtz の自由エネルギー，

$$\text{“}F\text{”} = \int \mathrm{d}^N\Gamma\, f(^N\Gamma)\left\{ H_N + \frac{1}{\beta}\log f(^N\Gamma) \right\}$$

は，$f(^N\Gamma)$ が正準集合の確率分布関数であるとき最小であることを証明せよ.

【**ヒント**】　確率分布関数 $f(^N\Gamma)$ に対しては，条件，

$$\int \mathrm{d}^N\Gamma\, f(^N\Gamma) = 1 \tag{a}$$

があるから，

$$\int \mathrm{d}^N\Gamma\, \delta f(^N\Gamma) = 0 \tag{b}$$

という条件を満たす変分を考えると，

$$
\begin{aligned}
\delta\text{“}F\text{”} &= \int \mathrm{d}^N\Gamma\, \delta f(^N\Gamma)\left\{ H_N + \frac{1}{\beta}\log f(^N\Gamma) + \frac{1}{\beta} \right\} \\
&= \int \mathrm{d}^N\Gamma\, \delta f(^N\Gamma)\left\{ H_N + \frac{1}{\beta}\log f(^N\Gamma) \right\}
\end{aligned}
\tag{c}
$$

$$\delta^2\text{“}F\text{”} = \int \mathrm{d}^N\Gamma\left[\delta^2 f(^N\Gamma)\left\{ H_N + \frac{1}{\beta}\log f(^N\Gamma) \right\} \right.$$

$$+ (\delta f(^N\Gamma))^2 \frac{1}{\beta} \frac{1}{f(^N\Gamma)} \Bigg] \qquad\qquad (\mathrm{d})$$

である. δf は (b) を満たすかぎり全く任意である. この範囲で, $\delta F = 0$ となるのは (c) により,

$$f(^N\Gamma) = f_{\mathrm{c}}(^N\Gamma) = \frac{1}{Z_{\mathrm{c}}} \mathrm{e}^{-\beta H_N} \qquad\qquad (\mathrm{e})$$

のときである. このとき, (d) によって,

$$\delta^2\text{``}F\text{''} = \int \mathrm{d}^N\Gamma \Bigg[\delta^2 f(^N\Gamma) \Big\{ H_N + \frac{1}{\beta} \log f_{\mathrm{c}}(^N\Gamma) \Big\} + (\delta f(^N\Gamma))^2 \frac{1}{\beta} \frac{1}{f_{\mathrm{c}}(^N\Gamma)} \Bigg]$$

$$= \int \mathrm{d}^N\Gamma (\delta f(^N\Gamma))^2 \frac{1}{\beta} \frac{1}{f_{\mathrm{c}}(^N\Gamma)} \geq 0$$

である.

【注　　意】

演習問題 5 の Helmholtz の自由エネルギーが, 正準集合の $f_{\mathrm{c}}(^N\Gamma)$ のときに最小値をとることを, 変分法を用いて証明したのには深いわけがある. 単に形式的な変分法の練習をしたのではなく, この変分形式が, Helmholtz の自由エネルギーを近似的に求める場合に応用できるからである. $f(^N\Gamma)$ として正しい $f_{\mathrm{c}}(^N\Gamma) = \mathrm{e}^{-\beta H_N}/Z_{\mathrm{c}}$ をとったとき, F の計算は一般的にはむずかしいから, あてずっぽの関数 $f_{\mathrm{try}}(^N\Gamma)$ を用いて F を計算しておき, それから $f_{\mathrm{try}}(^N\Gamma)$ に含まれているパラメーターについて F を微分して 0 とおくことによって F が最小なるときの, パラメータの値をきめようというのである. このような変分法の使い方に関しては, [文献 12) 高橋 (1978) p. 45] を参照されたい. 統計力学への簡単な応用については, p. 134 の演習問題 1, および p. 232 を見よ.

【余　　談】

（1）　式 (2.16) で, 小正準集合理論による平均値と, 正準集合によるそれとが, ゆらぎを無視するかぎり同じであることを見た. 小正準集合の理論では, エネルギー E（N と V のほうには一応ふれないでおく）がまず与えられ,

$$\frac{\partial \log \Omega(E)}{\partial E} = \frac{1}{k_{\mathrm{B}}T} \qquad\qquad (2.48)$$

によって, 系の温度を計算することができる. 一方, 正準集合の理論では,

温度のほうが先に与えられ,

$$\frac{\partial \log \Omega(E^*)}{\partial E^*} = \frac{1}{k_{\mathrm{B}}T} \tag{2.49}$$

によって，エネルギー E^* を決める.

小正準集合と正準集合の確率分布関数を比較するには，式（II.3.2）で導入した分布関数,

$$f_{\mathrm{MC}}(E) = \frac{\Omega(E)}{W(E, \delta E)} \tag{2.50}$$

と，(2.9) から定義される確率分布関数,

$$f_{\mathrm{C}}(E) \equiv \int \mathrm{d}^N \Gamma \, \delta(E - H_N) f_{\mathrm{C}}(^N\Gamma) = \frac{\Omega(E)\mathrm{e}^{-\beta E}}{Z_{\mathrm{C}}(\beta)} \tag{2.51}$$

を図示してみるとよい.

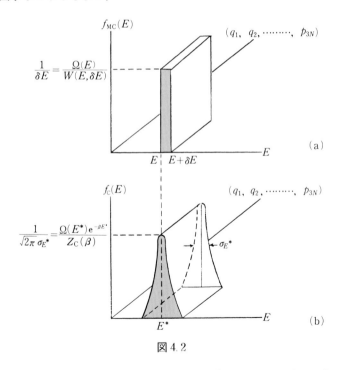

図 4.2

図の説明はほとんど必要ないと思うが概念を示すためだけに書いたものであることに注意されたい．小正準集合では，図4.2 (a) のように，E の

ところに，幅 δE をもち，高さ $1/\delta E$ の確率分布を考えているのに対し，正準集合では，(2.49) で決まる E^* のところに高さ $1/\sqrt{2\pi}\,\sigma_{E^*}$ をもった，幅 σ_{E^*} の確率分布を考えていることにあたる．灰色の部分の面積は，両者ともに 1 である．幅 σ_{E^*} が小さいかぎり，$\delta E = \sqrt{2\pi}\,\sigma_{E^*}$ とおくと，小正準集合と正準集合の確率分布関数が，ほとんど同じものであることは，上の図から明らかであろう．また，$E = E^*$ をもついろいろな微視状態に対しては等重率の仮定が成り立っている．それらに関して加えあわせた結果が，図の灰色の部分の面積である．幅 σ_{E^*} が異常に大きくなったりすると，小正準集合の理論との相異が出てくる事情がはっきりすると思う．

正準集合の計算例をあげる前に，状態数 W や，分配関数 Z_C と，熱力学的量の関係を表にしておく．

	小 正 準 集 合	正 準 集 合
巨視的独立変数	N, E, V	N, β, V
分配関数	$W(N, E, V, \delta E) = \Omega(N, E, V)\,\delta E$	$Z_\mathrm{C} = \sum_{l_N} \mathrm{e}^{-\beta E_{l_N}}$
確率分布関数	$f_\mathrm{MC} = \dfrac{\delta(E - E_l)\,\delta E}{W}$	$f_\mathrm{C} = \dfrac{1}{Z_\mathrm{C}} \mathrm{e}^{-\beta E_{l_N}}$
エントロピー	$S = k_\mathrm{B} \log W$	$S = k_\mathrm{B}\left(1 + T\dfrac{\partial}{\partial t}\right) \log Z_\mathrm{C}$
Helmholtz 自由エネルギー	$F = E - k_\mathrm{B} T \log W$	$F = -k_\mathrm{B} T \log Z_\mathrm{C}$
Gibbs 自由エネルギー	$G = E - k_\mathrm{B} T\left(1 - V\dfrac{\partial}{\partial V}\right) \log W$	$G = -k_\mathrm{B} T\left(1 - V\dfrac{\partial}{\partial V}\right) \log Z_\mathrm{C}$
内部エネルギー	$E\,(\text{given})$	$E = -\dfrac{\partial}{\partial \beta} \log Z_\mathrm{C}$
温 度	$T = \left[k_\mathrm{B} \dfrac{\partial}{\partial E} \log W\right]^{-1}$	$T\,(\text{given})$
圧 力	$p = k_\mathrm{B} T \dfrac{\partial}{\partial V} \log W$	$p = k_\mathrm{B} T \dfrac{\partial}{\partial V} \log Z_\mathrm{C}$
化学ポテンシャル	$\mu = -k_\mathrm{B} T \dfrac{\partial}{\partial N} \log W$	$\mu = -k_\mathrm{B} T \dfrac{\partial}{\partial N} \log Z_\mathrm{C}$
エネルギーのゆらぎ	$\Delta E = 0$	$(\Delta E)^2 = \dfrac{\partial^2}{\partial \beta^2} \log Z_\mathrm{C}$

§3. 正準集合理論の例

前に第Ⅲ章では，理想気体や調和振動子などをとって，小正準集合の理論に

よってエントロピーなどを計算した．ここでは，全く同じ例を正準集合の理論で計算してみよう．同じ物理系が小正準集合の理論でも，正準集合の理論でも扱えるということを認識することが重要である．また，正準集合の理論では分配関数の合成則が簡単であるという理由により，小正準集合のときよりも，計算が著しく簡単になる．ここで扱う例では，必要な数学公式は Gauss 関数の積分（A.1）と指数関数の積分（A.8）くらいである．

（1）　古典的理想気体

この場合には，分配関数の合成則（2.37）があるから，1 粒子についての分配関数を計算するだけで話がすむ．すなわち，

$$Z_c(1, \beta, V) = \frac{1}{h^3} \int d^3x \, d^3p \, e^{-\beta p^2/2m}$$

$$= \frac{V}{h^3} \int d^3p \, e^{-\beta p^2/2m} = \frac{V}{h^3} \left[\frac{2\pi m}{\beta} \right]^{3/2} \tag{3.1}$$

ただし，各粒子のエネルギーは，

$$\varepsilon = p^2/2m \tag{3.2}$$

とした．いま，**熱的 Compton 波長**と呼ばれる量 λ_T を，

$$\lambda_T^2 \equiv h^2 \beta / 2\pi m \tag{3.3}$$

で定義すると，式（3.1）は，

$$Z_c(1, \beta, V) = \frac{V}{\lambda_T^3} \tag{3.4}$$

となる．系全体の分配関数を作るには，ここでもやはり，Gibbs の補正をして，

$$Z_c(N, \beta, V) = \frac{1}{N!} [Z_c(1, \beta, V)]^N = \frac{V^N}{N!} \frac{1}{\lambda_T^{3N}} \tag{3.5}$$

とすればよい．すると，Helmholtz の自由エネルギーは，（2.28）により，

$$F(N, \beta, V) = \frac{1}{\beta} N \left[3 \log \lambda_T - \log \frac{V}{N} - 1 \right] \tag{3.6}$$

したがって，圧力は，式（2.30）によって，

$$p(N, \beta, V) = -\frac{\partial F(N, \beta, V)}{\partial V} = \frac{1}{\beta} \frac{N}{V} \tag{3.7}$$

すなわち，理想気体の状態方程式がただちにえられる．

Maxwell-Boltzmann の分布則をえるには，運動量空間における粒子の密度

$$d^3 p \sum_{i=1}^{N} \delta(\boldsymbol{p}_i - \boldsymbol{p}) \tag{3.8}$$

に対して，(2.12a) を適用すればよい．すると，

$$\frac{1}{Z_C} \frac{V^N}{N!\, h^{3N}} d^3 p \int d^3 p_1 \cdots d^3 p_N \sum_{j=1}^{N} \delta(\boldsymbol{p}_i - \boldsymbol{p}) \prod_{j=1}^{N} e^{-\beta p_i^2/2m}$$

$$= N \left[\frac{\beta}{2\pi m} \right]^{3/2} e^{-\beta p^2/2m} d^3 p \tag{3.9}$$

となり，小正準集合のときのような極限操作なしに，ただちに Maxwell 分布がえられる．

エントロピーは，(2.26) を用いて計算できる：

$$S(N, \beta, V) = k_B N \left[-3 \log \lambda_T + \log \frac{V}{N} + \frac{5}{2} \right] \tag{3.10}$$

このエントロピーと，(Ⅲ.1.16) との関係は，自ら調べてほしい．エネルギー E と温度 T の間の関係，

$$\frac{2}{3} \frac{E}{N} = k_B T \tag{3.11}$$

に注意すれば，両者は同じものであることがわかるであろう．ただし (3.11) の関係は，(2.49) を使って出しても，(2.48) を使って出してもよい．

【注　意】

Gibbs の補正 $N!$ の使い方を理解するためには，温度と圧力の同じ，同種類の理想気体を混合させる問題を考えてみるとよい．おのおのの気体は，各体積 V_1, V_2，各粒子数 N_1, N_2 をもっているとする．はじめに両方の気体を壁 AB で隔離しておく．このとき，各気体の**古典的状態和**は，(3.5) により，

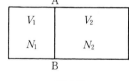

図 4.3

$$Z_{C1}(N_1, \beta, V_1) = \frac{V_1^{N_1}}{N_1!} \frac{1}{\lambda_T^{3N_1}} \tag{3.12}$$

$$Z_{C2}(N_2, \beta, V_2) = \frac{V_2^{N_2}}{N_2!} \frac{1}{\lambda_T^{3N_2}} \tag{3.13}$$

である．

そこで，(3.12), (3.13) から，(2.28) によって Helmholtz の自由エネルギー

を計算すると，

$$F_1(N_1, \beta, V_1) = -\frac{1}{\beta} \log Z_{C1}(N_1, \beta, V_1) \tag{3.14}$$

$$F_2(N_2, \beta, V_2) = -\frac{1}{\beta} \log Z_{C2}(N_2, \beta, V_2) \tag{3.15}$$

したがって，エントロピーは，(2.29) により，

$$S_1(N_1, \beta, V_1) = k_B N_1 \log\left[\frac{V_1}{N_1} \frac{1}{\lambda_T^3} e^{5/2} \right] \tag{3.16}$$

$$S_2(N_2, \beta, V_2) = k_B N_2 \log\left[\frac{V_2}{N_2} \frac{1}{\lambda_T^3} e^{5/2} \right] \tag{3.17}$$

したがって，壁をとりのぞく前の全系のエントロピーは，

$$S_{\text{initial}} = S_1(N_1, \beta, V_1) + S_2(N_2, \beta, V_2) \tag{3.18}$$

である．

そこで，壁 AB を取り除いたとする．このとき，両気体の圧力も温度も同じだから巨視的には何も起こらないはずである．終状態は両気体がともに体積 V を占めているから，(2.36) を用いて合成系の Helmholtz の自由エネルギーを計算し，それから (2.29) を用いてエントロピーを作ってみると，

$$S_{\text{final}}(N_1+N_2, \beta, V) = S_1(N_1, \beta, V) + S_2(N_2, \beta, V) \tag{3.19}$$

したがって，

$$\Delta S = S_{\text{final}} - S_{\text{initial}} = k_B N_1 \log(V-V_1) + k_B N_2 \log(V-V_2) \tag{3.20}$$

ということになる．巨視的には何も起こらないのに，エントロピーが増加してしまった！

これは何が悪いのかというと，非局在的粒子を古典論によって扱う場合，粒子の占めうる体積に応じて Gibbs の補正をおこなわなければならないからである．上の計算で悪かったところは，(3.19) の計算にある．あるいは，言いかえると，分配関数の合成則 (2.36) を，非局在的な同種の粒子が系 1 と系 2 を作っているとき，古典論を使うかぎり，

$$Z_{C1+2}(N, \beta, V) = \frac{N_1! N_2!}{N!} Z_{C1}(N_1, \beta, V) Z_{C2}(N_2, \beta, V) \tag{3.21}$$

としておかなければならないのである．この表式 (3.21) を用いて，S_{final} をつくって，(3.18) の S_{initial} との差をとってみると，$\Delta S = 0$ となる．これは自ら試

してほしい．ただし，系1と系2とが全然別種の粒子からなっているときや，量子統計の場合には，分配関数の合成則は，(2.36) や (2.37) のままでよい．

フォノン型の粒子

エネルギーと運動量が，フォノン型，

$$\varepsilon = c_s p \quad (p \equiv |\boldsymbol{p}|) \tag{3.22}$$

の場合にも，計算はほとんど同様である．このフォノン型の粒子の統計力学は，古典的に取り扱うかぎりほとんど実用にはならないが，あとでおこなう量子論的取り扱いと比べてみると面白いから是非一度，自分で手を動かしてみられるとよい．ここでは，結果だけ並べておく．1粒子の分配関数は，

$$Z_c(1, \beta, V) = \frac{V}{h^3} \int_{-\infty}^{\infty} \mathrm{d}^3 p\, \mathrm{e}^{-c_s p \beta} \tag{3.23a}$$

$$= V \frac{8\pi}{h^3} \frac{1}{[c_s \beta]^3} \tag{3.23b}$$

全体では，Gibbs の補正をして，

$$Z_c(N, \beta, V) = \frac{1}{N!} [Z_c(1, \beta, V)]^N \tag{3.24}$$

(2.38b) によって，全エネルギーを計算すると，

$$\langle E \rangle_c = 3N k_B T \tag{3.25}$$

である．したがって，等積熱容量は，

$$C_V = \frac{\partial \langle E \rangle_c}{\partial T} = 3k_B N \tag{3.26}$$

であり，温度によらず一定の値をとる．

これを用いると，エネルギーのゆらぎが計算できる．(2.41) によりそれは，

$$\frac{\langle E^2 \rangle_c - \langle E \rangle_c^2}{\langle E \rangle_c^2} = \frac{1}{3N} \tag{3.27}$$

となる．すなわち，エネルギーのゆらぎとエネルギーの比は粒子数の平方根に反比例して小さくなる．

【注　意】

全エネルギーのゆらぎの2乗は，上に示したように，(3.27) で与えられるが，(3.23a) を用いて，1粒子の，エネルギー ε と $\varepsilon + \mathrm{d}\varepsilon$ の間のエネルギーのゆらぎを計算してみよう．これは，あとで，空洞輻射の問題を扱う場合，Planck の

公式と比べてみるとなかなか教訓的だからである.

　エネルギーと運動量の関係が,（3.22）で与えられるとき, 角に関する積分を遂行すると,

$$\mathrm{d}^3 p = 4\pi p^2 \mathrm{d}p = \frac{4\pi}{c_s^3}\varepsilon^2\,\mathrm{d}\varepsilon \tag{3.28}$$

となるから, これを（3.23a）に代入し, ε と $\varepsilon+\mathrm{d}\varepsilon$ の間のエネルギー密度の分配関数,

$$Z_{\mathrm{C}}(\beta,\varepsilon)\mathrm{d}\varepsilon = \frac{4\pi}{(c_s h)^3}\varepsilon^2 \mathrm{e}^{-\beta\varepsilon}\,\mathrm{d}\varepsilon \tag{3.29}$$

を定義しよう. そして, エネルギー密度を,

$$u(\beta,\varepsilon)\,\mathrm{d}\varepsilon = -\frac{\partial}{\partial\beta}Z_{\mathrm{C}}(\beta,\varepsilon)\,\mathrm{d}\varepsilon = \frac{4\pi}{(c_s h)^3}\varepsilon^3 \mathrm{e}^{-\beta\varepsilon}\,\mathrm{d}\varepsilon \tag{3.30}$$

とする[*]. 一方, エネルギー密度のゆらぎの2乗は,（2.39）により,

$$[\Delta u(\beta,\varepsilon)]^2\,\mathrm{d}\varepsilon = -\frac{\partial}{\partial\beta}u(\beta,\varepsilon)\,\mathrm{d}\varepsilon$$

$$= \frac{4\pi}{(c_s h)^3}\varepsilon^4 \mathrm{e}^{-\beta\varepsilon}\,\mathrm{d}\varepsilon = \varepsilon u(\beta,\varepsilon)\,\mathrm{d}\varepsilon \tag{3.31}$$

となる. つまりエネルギー密度のゆらぎの2乗は, ε とエネルギー密度との積で与えられる.

　このことは, 実は, エネルギーと運動量の関係が（3.22）であることに特徴的なことではなく, たとえそれが（3.2）のようなものでも, やはり（3.31）は成り立つ. これは自由粒子に特有なことである.

【演習問題 1】

　エネルギーと運動量が $\varepsilon = \boldsymbol{p}^2/2m$ で与えられる粒子が N 個からなる理想気体を考える. p.126 の演習問題 5 の, Helmholtz の自由エネルギーの変分原理を用い, 試し関数 $f(^N\varGamma) = \mathrm{e}^{-\beta A \sum_i |\boldsymbol{p}_i|}/Z_{\mathrm{C}}$ をとって, パラメーター A を決定せよ. その場合の Z_{C} を, 正しい分配関数（3.5）と比較せよ.

　【ヒント】 まずこの場合の Z_{C} は,（3.24）と同様,

---

[*]　これは $c_s=c$（光速度）, $\varepsilon=h\nu$ としたとき, 空洞輻射を光子の集まりとみて導かれた, Wien の公式である.

$$Z_{\mathrm{C}} = \frac{V^N}{N!}\frac{1}{h^{3N}}\left[4\pi\int_0^\infty \mathrm{d}p\; p^2\mathrm{e}^{-\beta Ap}\right]^N = \frac{V^N}{N!}\left[\frac{8\pi}{h^3}\frac{1}{(A\beta)^3}\right]^N$$

となる。p.126 の演習問題 5 の F の右辺に，試し関数を入れて計算すると，

$$F = -\frac{1}{\beta}\log Z_{\mathrm{C}} + \frac{(A\beta)^3}{8\pi}N\int \mathrm{d}^3 p\; \mathrm{e}^{-\beta Ap}\left(\frac{p^2}{2m}-Ap\right)$$

$$= -\frac{1}{\beta}\log Z_{\mathrm{C}} + \frac{1}{2}N\left\{\frac{1}{2m}\frac{4!}{(\beta A)^2}-\frac{3!}{\beta}\right\}$$

したがって，A を決める式は，

$$\frac{\partial F}{\partial A} = \frac{3N}{\beta A} - \frac{12N}{(\beta A)^2}\frac{1}{Am} = \frac{3N}{\beta A^3}\left(A^2 - \frac{4}{\beta}\frac{1}{m}\right) = 0$$

$$\therefore\quad A^2 = 4k_{\mathrm{B}}T/m$$

$$\therefore\quad Z_{\mathrm{C}} = \frac{V^N}{N!}\left[\frac{\pi^{2/3}}{h^2}\frac{m}{\beta}\right]^{3N/2} = \frac{V^N}{N!}\frac{1}{\lambda_T^{3N}}\left[\frac{1}{2\sqrt{2\pi}}\right]^N$$

これは，正しい Z_{C} 一式 (3.1)一と比べると，最後の因子 $(2\sqrt{2\pi})^{-N}$ だけが異なっている。したがって，(2.29)〜(2.31) を用いると，化学ポテンシャル以外は，正確な計算と一致する。ここでは，正確な解がわかっている場合を例として，変分法の練習をしたが，この方法は正解がわかっていない場合にももちろん使える。(p.232 の例を見よ。)

ためし関数として，

$$f(^N\Gamma) = \mathrm{e}^{-\beta' H_N}/Z_{\mathrm{C}}$$

ととり，β' をパラメーターとして変分原理を応用してみると $\beta=\beta'$ のとき，F が最小になることも自らためしてほしい。

【演習問題 2】

エネルギー ε と運動量の大きさ p とが，

$$\varepsilon = cp^a$$

である粒子につき，エネルギー等分配則がどう変わるかを調べよ。

【ヒント】 この場合，

$$4\pi p^2\mathrm{d}p = 4\pi(\varepsilon/c)^{(3-a)/a}\mathrm{d}\varepsilon/c$$

したがって，

$$Z_{\mathrm{C}}(1,\beta) = \frac{V}{h^3}\int \mathrm{d}^3 p\; \mathrm{e}^{-\beta cp^a}$$

$$= \frac{4\pi V}{h^3}\left(\frac{1}{\beta c}\right)^{3/a}\int_0^\infty \mathrm{d}t\, t^{(3-a)/a}\mathrm{e}^{-t} = \frac{4\pi V}{h^3}\left(\frac{1}{\beta c}\right)^{3/a}\Gamma\left(\frac{3}{a}\right)$$

$$\therefore \quad \langle\varepsilon\rangle_\mathrm{C} = -\frac{\partial}{\partial\beta}\log Z_\mathrm{C}(1,\beta) = \frac{3}{a}\frac{1}{\beta} = \frac{3}{a}k_\mathrm{B}T$$

（2）　波動方程式を満たす場の分配関数（古典論）

小正準集合の理論では，同じ振動数の調和振動子が N 個ある系を扱った．実はそれより少々複雑な系を扱うことは大変困難であったのでそこではあえてふれなかったが，正準集合の理論を用いると，その様な複雑な系，たとえば波動方程式を満たす場を統計力学的に論じることができる．

付録 C で説明したように，波動方程式を満たす場の Hamiltonian は，調和振動子の集団として，

$$H = \frac{1}{2}\sum_k \{p_k^\dagger p_k + \omega_k^2 q_k^\dagger q_k\} \tag{3.32}$$

と書かれる[*1]．ただし，

$$\omega_k = c_k \quad (k \equiv |\boldsymbol{k}|) \tag{3.33}$$

であり，$\dagger$ は複素共役をあらわす．

この系の，温度 $T=(k_\mathrm{B}\beta)^{-1}$ における分配関数は，

$$Z_\mathrm{C}(\beta) = \prod_k Z_\mathrm{C}(\beta,\boldsymbol{k}) \tag{3.34}$$

と書かれる．ただし，

$$Z_\mathrm{C}(\beta,\boldsymbol{k}) = \frac{2\pi}{h}\frac{1}{\omega_k}\int_0^\infty \mathrm{d}\varepsilon_k\, \mathrm{e}_k^{-\beta\varepsilon}$$

$$= \frac{2\pi}{h}\frac{1}{\beta\omega_k} \tag{3.35}$$

である[*2]．すると，

[*1]　式（C.10）参照．p や q は，$p_k=p_k^\dagger$, $q_k=q_k^\dagger$ を満たしていることに注意．

[*2]　位相空間の体積にわたっての積分は，q_k と p_k が複素量であるため，そのままでは何をやっているかわかりにくいが，（Ⅲ.1.19）に対応する変数変換をやり，エネルギーと位相に直してからやるほうが考えやすい．

$$\log Z_{\mathrm{C}}(\beta) = \sum_k \log \frac{1}{\beta\hbar\omega_k} \tag{3.36}$$

となる．右辺の和を，

$$\sum_k = \frac{V}{(2\pi)^3} \int \mathrm{d}^3 k \tag{3.37}$$

を使って積分に直し，さらに，角積分を遂行すると，

$$\sum_k = \frac{V}{2\pi^2} \int_0^\infty k^2 \,\mathrm{d}k \tag{3.38a}$$

$$= \frac{V}{2\pi^2} \frac{1}{c^3} \int_0^\infty \omega^2 \,\mathrm{d}\omega \tag{3.38b}$$

となるから[*1]，（3.36）は結局，

$$\log Z_{\mathrm{C}}(\beta) = \frac{V}{2\pi^2} \frac{1}{c^3} \int_0^\infty \mathrm{d}\omega\, \omega^2 \log \frac{1}{\beta\hbar\omega} \tag{3.39}$$

となる．したがって，エネルギーの平均は，

$$\langle E \rangle_{\mathrm{C}} = \frac{V}{2\pi^2} \frac{1}{c^3} \int_0^\infty \mathrm{d}\omega\, \omega^2/\beta \tag{3.40}$$

となり，角振動数 ω と $\omega+d\omega$ の間にあるエネルギーの密度は，

$$u(\beta, \omega)\mathrm{d}\omega = \frac{1}{2\pi^2} \frac{1}{c^3\beta} \omega^2 \,\mathrm{d}\omega \tag{3.41}$$

である[*2]．これからさらに，このエネルギー密度のゆらぎの2乗を計算すると，

$$[\Delta u(\beta, \omega)]^2 \mathrm{d}\omega = -\frac{\partial u(\beta, \omega)}{\partial \beta} \,\mathrm{d}\omega = \frac{\omega^2}{2\pi^2 c^3 \beta^2} \,\mathrm{d}\omega$$

$$= \frac{2\pi^2 c^3}{\omega^2} u^2(\beta, \omega) \,\mathrm{d}\omega \tag{3.42}$$

となる．粒子のときには，エネルギーのゆらぎの2乗が，（3.31）のように，$u(\beta, \varepsilon)$ に比例したのに対し，（3.42）は $u^2(\beta, \omega)$ に比例している．これは，波動性の特徴であって，波動場を量子化した理論においては，（3.31）と（3.42）の和，すなわち，ゆらぎの2乗は，粒子性と波動性の両方の特徴をそなえてい

[*1] 式（3.38a）から（3.38b）にいくには，（3.33）を用いる．

[*2] これは，空洞輻射の場合の，Rayleigh-Jeans の公式にあたる．

るのがみられる．（p.140 参照）

　なお，(3.39) や (3.40) の積分をまじめに遂行すると，もちろんそれらは発散してしまう．特に (3.40) のほうは，温度有限の波動場は，無限のエネルギーをもっているということで，古典統計力学を形式的に波動場（これは無限の自由度をもった力学系に等しい）に応用したことによるのであって，場の各自由度，つまり場の中の各調和振動子に，エネルギー等分配の法則により，等しいエネルギー $k_B T$ が配分されることによる*)．調和振動子を量子論的に扱うと，第Ⅲ章の (1.33) でもみたように，エネルギー等分配の法則は破れ，積分の発散は救われる．この点に気をつけながら，量子論的調和振動子の正準集合による取り扱いに移ろう．

（3）　量子論的調和振動子

　量子論的調和振動子のエネルギー固有値は，

$$E_l = \hbar\omega\left(l+\frac{1}{2}\right) \tag{3.43}$$

$$l = 0, 1, 2, \cdots\cdots$$

だから，ただちに，

$$Z_{\mathrm{C}}(1, \beta) = \sum_{l=0}^{\infty} \mathrm{e}^{-\hbar\omega(l+1/2)\beta} = \mathrm{e}^{-\hbar\omega\beta/2} \sum_{l=0}^{\infty} (\mathrm{e}^{-\hbar\omega\beta})^l$$

$$= \mathrm{e}^{-\hbar\omega\beta/2} \frac{1}{1-\mathrm{e}^{-\hbar\omega\beta}} \tag{3.44}$$

となる．まず計算が，小正準集合のときとは比べものにならないくらい簡単である点に感激すべきであろう．(3.44) の右辺の $\exp(-\hbar\omega\beta/2)$ は，零点振動による項である．

　振動子が f 個あると，全系の分配関数 $Z_{\mathrm{C}}(f, \beta)$ は，(3.44) の f 乗で，したがって，

$$\log Z_{\mathrm{C}}(f, \beta) = -\frac{f}{2}\hbar\omega\beta - f \log(1-\mathrm{e}^{-\hbar\omega\beta}) \tag{3.45}$$

である．全エネルギーの平均は，

---

*)　事実，式 (3.40) の右辺は，(3.38b) をみればわかるように，(調和振動子の数)×$k_B T$ という形をしている．

$$\langle E \rangle_{\mathrm{C}} = -\frac{\partial}{\partial \beta} \log Z_{\mathrm{C}}(f, \beta) = f\left[\frac{1}{2}\hbar\dot{\omega} + \hbar\omega/(e^{\hbar\omega\beta}-1)\right] \tag{3.46}$$

したがって，定積熱容量は，

$$C_V = \frac{\partial \langle E \rangle_{\mathrm{C}}}{\partial T} = fk_{\mathrm{B}}(\hbar\omega\beta)^2 \frac{e^{\hbar\omega\beta}}{(e^{\hbar\omega\beta}-1)^2} \tag{3.47}$$

となる．いま，振動子の特性温度と呼ばれる量，

$$\Theta_{\mathrm{vib}} \equiv \hbar\omega/k_{\mathrm{B}} \tag{3.48}$$

を導入すると，（3.47）は，

$$C_V = fk_{\mathrm{B}}\left(\frac{\Theta_{\mathrm{vib}}}{T}\right)^2 \frac{e^{\Theta_{\mathrm{vib}}/T}}{(e^{\Theta_{\mathrm{vib}}/T}-1)^2} \tag{3.49a}$$

$$= \begin{cases} fk_{\mathrm{B}}\left(\dfrac{\Theta_{\mathrm{vib}}}{T}\right)^2 e^{-\Theta_{\mathrm{vib}}/T} & T \ll \Theta_{\mathrm{vib}} \\[2mm] fk_{\mathrm{B}}\left\{1 - \dfrac{1}{12}\left(\dfrac{\Theta_{\mathrm{vib}}}{T}\right)^2 + \cdots\right\} & T \gg \Theta_{\mathrm{vib}} \end{cases} \tag{3.49b}$$

となる．Θ_{vib} に比べてうんと高温では，古典統計の結果と一致するが，低温では0に近づくことがわかる．

本体のところを図示すると，図4.4のようになる．

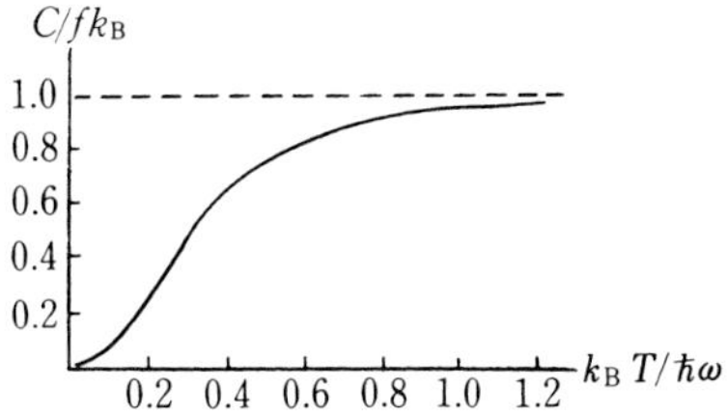

図4.4

量子化された場

波動場を調和振動子の集まりとして量子化すると，付録Cの（C.19）により，系のエネルギー固有値は，

$$E\{n_k\} = \sum_k \hbar\omega_k\left(n_k + \frac{1}{2}\right) \tag{3.50}$$
$$n_k = 0, 1, 2, \cdots$$

で与えられる．したがって，全系の分配関数は，

$$Z_{\mathrm{C}}(\beta) = \prod_k\left[e^{-\hbar\omega_k\beta/2}\frac{1}{1-e^{-\hbar\omega_k\beta}}\right] \tag{3.51}$$

$$\therefore \quad \log Z_{\mathrm{C}}(\beta) = -\sum_k\left[\frac{1}{2}\hbar\omega_k\beta + \log(1-e^{-\hbar\omega_k\beta})\right] \tag{3.52a}$$

そこで（3.38）を用いて右辺の和を積分に直すと，

$$\log Z_{\rm c}(\beta) = -\frac{V}{2\pi^2}\frac{1}{c^3}\int_0^\infty {\rm d}\omega\,\omega^2\left[\frac{1}{2}\hbar\omega\beta+\log\left(1-{\rm e}^{-\hbar\omega\beta}\right)\right] \tag{3.52b}$$

がえられる．右辺第1項の，零点エネルギーからの寄与は，やはり積分が発散する．その項には一応目をつむっておくと，エネルギーの平均は，

$$\langle E\rangle_{\rm c} = -\frac{\partial}{\partial\beta}\log Z_{\rm c}(\beta)$$

$$= \frac{V}{2\pi^2}\frac{\hbar}{c^3}\int_0^\infty {\rm d}\omega\frac{\omega^3}{{\rm e}^{\hbar\omega\beta}-1} \tag{3.53a}$$

$$= V\frac{\pi^2}{30}\frac{1}{(c\hbar)^3}(k_{\rm B}T)^4 \tag{3.53b}$$

となり，発散しない．（3.53a）の積分を遂行するには，（A.12）を用いる．体積 V の中で温度 T の熱平衡状態にある波動場は，T^4 に比例するエネルギーをもつというわけである[*]．

エネルギーの密度

（3.53a）から，角振動数 ω と $\omega+{\rm d}\omega$ の間にある振子のエネルギー密度は，

$$u(\beta,\omega){\rm d}\omega = \frac{1}{2\pi^2}\frac{\hbar}{c^3}\frac{\omega^3}{{\rm e}^{\hbar\omega\beta}-1}{\rm d}\omega \tag{3.54}$$

したがって，エネルギーのゆらぎの2乗は，

$$[\varDelta u(\beta,\omega)]^2{\rm d}\omega = -\frac{\partial u(\beta,\omega)}{\partial\beta}{\rm d}\omega = \frac{1}{2\pi^2}\frac{\hbar^2}{c^3}\frac{\omega^4{\rm e}^{\hbar\omega\beta}}{({\rm e}^{\hbar\omega\beta}-1)^2}{\rm d}\omega$$

$$= \frac{1}{2\pi^2}\frac{\hbar^2}{c^3}\omega^4\left[\frac{1}{{\rm e}^{\hbar\omega\beta}-1}+\frac{1}{({\rm e}^{\hbar\omega\beta}-1)^2}\right]{\rm d}\omega$$

$$= \left[\hbar\omega u(\beta,\omega)+\frac{2\pi^2c^3}{\omega^2}u^2(\beta,\omega)\right]{\rm d}\omega \tag{3.55}$$

となる．右辺第1項は，（3.31）でみたように，粒子的なゆらぎであり，第2項はまさに，（3.42）と同じで，波動的なゆらぎである．すなわち，量子化された波動場は，古典的粒子の性質と，古典的波動の性質を兼ねそなえているということができる．

---

[*]　波の速度 c を音速とすると，音のエネルギーと温度の関係が（3.53b）で与えられるわけである．やかましい部屋の中は，それだけ温度が高い！

この項の計算は，空洞輻射の問題，および，固体の比熱の計算などにそのまま使うことができるということを注意しておこう．ただし，これらの計算は，別の機会におこなう．（p. 151，p. 220 参照）

（4） 回転子の系

回転子は，古典的には，Hamiltonian

$$H_{\mathrm{rot}} = \frac{1}{2I}\left(p_\theta^2 + \frac{1}{\sin^2\theta}p_\phi^2\right) \tag{3.56}$$

量子論的には，エネルギー固有値，

$$E_l = \frac{\hbar^2}{2I}l(l+1)$$
$$l = 0, 1, 2, \cdots \tag{3.57}$$

をもち，各 l については，角運動量の z 成分に関する $2l+1$ 重の縮退がある．

古典論

古典論の分配関数は，1 個の回転子について，

$$Z_{\mathrm{C}}(1, \beta) = \frac{1}{h^2}\int_0^\pi \mathrm{d}\theta \int_0^{2\pi}\mathrm{d}\phi \int_{-\infty}^\infty \mathrm{d}p_\theta \int_{-\infty}^\infty \mathrm{d}p_\phi\, \mathrm{e}^{-\beta H_{\mathrm{rot}}}$$

$$= \frac{8\pi^2 I}{h^2\beta} = \frac{2I}{\hbar^2\beta} \tag{3.58}$$

である．回転子が N 個あるとすると系全体の分配関数 $Z_{\mathrm{C}}(N, \beta)$ は（3.58）を N 乗すればよいから，Helmholtz の自由エネルギーは，

$$F(N, \beta) = -\frac{1}{\beta}\log Z_{\mathrm{C}}(N, \beta) = -\frac{N}{\beta}\log\left(T/\Theta_{\mathrm{rot}}\right) \tag{3.59}$$

となる．ただし，Θ_{rot} は**回転子の特性温度**と呼ばれ，

$$\Theta_{\mathrm{rot}} \equiv \frac{\hbar^2}{2Ik_{\mathrm{B}}} \tag{3.60}$$

で定義される量である．系の内部エネルギーには，エネルギーの等分配則がきいて，

$$\langle E\rangle_{\mathrm{C}} = -\frac{\partial}{\partial\beta}\log Z_{\mathrm{C}}(N, \beta) = k_{\mathrm{B}}NT \tag{3.61}$$

となる．エントロピーは式（2.29）により，

$$S(N,\beta) = -\frac{\partial F(N,\beta)}{\partial T} = k_{\mathrm{B}} N [1 + \log (T/\Theta_{\mathrm{rot}})] \tag{3.62}$$

である．小正準集合のときにえたエントロピー（III.1.43）との関係を示すのは容易であろう．（3.61）を用いて，（3.62）から温度 T を消去してやればよい．

量子論

回転子を量子論的に扱うのは，正準集合の理論においても困難である．1個の回転子の分配関数は，$2l+1$ 重の縮退を考慮して，

$$Z_{\mathrm{C}}(1,\beta) = \sum_{l=0}^{\infty} (2l+1) \mathrm{e}^{-\beta l(l+1)\hbar^2/2I} = \sum_{l=0}^{\infty} (2l+1) \mathrm{e}^{-\{(2l+1)^2-1\}\Theta_{\mathrm{rot}}/4T}$$

$$= \mathrm{e}^{\Theta_{\mathrm{rot}}/4T} \sum_{l=0}^{\infty} (2l+1) \mathrm{e}^{-(2l+1)^2\Theta_{\mathrm{rot}}/4T} \tag{3.63}$$

となる．この級数は，事情に応じて数値計算をするか，Euler-McLaurin の公式という高級な数学を用いて処理するより仕方がない．非常に荒っぽい近似でよいならば，たとえば，低温，

$$T \ll \Theta_{\mathrm{rot}} \tag{3.64}$$

では，（3.63）をそのまま展開して，

$$Z_{\mathrm{C}}(1,\beta) = 1 + 3\mathrm{e}^{-2\Theta_{\mathrm{rot}}/T} + 5\mathrm{e}^{-6\Theta_{\mathrm{rot}}/T} + \cdots \tag{3.65}$$

となる．また，高温，

$$T \gg \Theta_{\mathrm{rot}} \tag{3.66}$$

の場合には，（3.63）の級数の中で，l の大きいところがきいてくるから，l を連続と考えても，誤差は少ないと期待される．すると，

$$Z_{\mathrm{C}}(1) = \frac{1}{2} \int_0^{\infty} \mathrm{d}\xi\, \xi \mathrm{e}^{-(\xi^2-1)\Theta_{\mathrm{rot}}/4T} = \frac{T}{\Theta_{\mathrm{rot}}} \mathrm{e}^{\Theta_{\mathrm{rot}}/4T} \fallingdotseq \frac{T}{\Theta_{\mathrm{rot}}} \tag{3.67}$$

となる．したがって，全体の分配関数は，

$$Z_{\mathrm{C}}(N) = \left(\frac{T}{\Theta_{\mathrm{rot}}}\right)^N \tag{3.68}$$

と近似できるであろう．Helmholtz の自由エネルギーは，

$$F(N,\beta) = -\frac{1}{\beta} \log Z_{\mathrm{C}} = -\frac{N}{\beta} \log (T/\Theta_{\mathrm{rot}}) \tag{3.69}$$

となり，古典論の結果（3.59）と一致する．

まとめ

まとめると，低温では (3.65) の右辺第2項までとり，高温では (3.68) を採用すると，たとえば内部エネルギーは，

$$\langle E \rangle_{\text{c}} = -\frac{\partial}{\partial \beta} \log Z_{\text{c}}$$

$$= \begin{cases} \dfrac{6k_{\text{B}} N \Theta_{\text{rot}}}{\text{e}^{2\Theta_{\text{rot}}/T}+3} & T \ll \Theta_{\text{rot}} \\ k_{\text{B}} N T & T \gg \Theta_{\text{rot}} \end{cases} \tag{3.70}$$

である．なお，上の式で，温度がきわめて低く $T \ll \Theta_{\text{rot}}/\log N$ ならば，$\langle E \rangle_{\text{c}}$ を 0 とみなしてよい．

（5） 二準位要素の系

この場合は，エネルギーは，

$$E_l = \varepsilon_0 l \tag{3.71a}$$

$$l = 0, 1 \tag{3.71b}$$

であるから，1要素の分配関数は，

$$Z_{\text{c}}(1, \beta) = \sum_{l=0,1} \text{e}^{-\beta \varepsilon_0 l} = 1 + \text{e}^{-\varepsilon_0 \beta} \tag{3.72}$$

である．二準位要素 f 個を含む系全体は，

$$Z_{\text{c}}(f, \beta) = [Z_{\text{c}}(1, \beta)]^f \tag{3.73}$$

したがって，

$$\log Z_{\text{c}}(f, \beta) = f \log (1 + \text{e}^{-\varepsilon_0 \beta}) \tag{3.74}$$

をえる．エネルギーの平均値は，

$$\langle E \rangle_{\text{c}} = -\frac{\partial}{\partial \beta} \log Z_{\text{c}}(f, \beta) = f \varepsilon_0 \frac{1}{1 + \text{e}^{\varepsilon_0 \beta}} \tag{3.75}$$

となり，（Ⅲ.1.54）と一致する．

【注　意】

ここで面白いのは，二準位系の場合，β を負にしても，(3.75) によると，エネルギー $\langle E \rangle_{\text{c}}$ は常に正であるということである[*]．これは，小正準集合のと

---

[*]　一方，たとえば，理想気体の式 (3.11) や，量子的調和振動子の系のエネルギー (3.46) では，エネルギーが正であるかぎり，β を負にすることはできないことがわかる．

きにみた，負の温度の可能性を反映していることは明らかである．正準集合の理論では，分配関数，(2.13c) の右辺の積分が収束するかぎり β は負でもかまわないのである．状態密度 Ω が E とともに増加する場合は，β が正でないと積分が収束しないが，$\Omega(E)$ が，大きな E に対して急激に 0 となる場合には，β は負でもかまわないことがある．そのような場合には，負の温度を考えることができる．

参考までに，$1/(1+\mathrm{e}^x)$ のグラフをかいておくと，図4.5のようになる．また $1/(1+\mathrm{e}^{1/x})$ は図4.6のようになる．

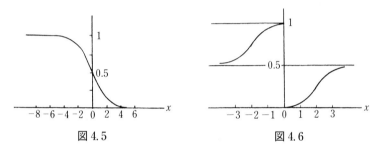

図 4.5　　　　　　　　　　図 4.6

エネルギー 0 と $\varepsilon_i\ (i=1,2,\cdots,f)$ をもった二準位要素 f 個からなる系のエネルギーは，

$$E_{l_1 l_2 \cdots} = \sum_{i=1}^{f} \varepsilon_i l_i \qquad\qquad l_i = 0, 1 \tag{3.76}$$

である．したがって，分配関数は，

$$Z_\mathrm{C}(\beta) = \prod_{i=1}^{f} [1+\mathrm{e}^{-\varepsilon_i \beta}] \tag{3.77}$$

かつ，

$$\log Z_\mathrm{C}(\beta) = \sum_{i=1}^{f} \log\left(1+\mathrm{e}^{-\varepsilon_i \beta}\right) \tag{3.78}$$

であり，エネルギーの平均は，

$$\langle E \rangle_\mathrm{C} = -\frac{\partial}{\partial \beta} \log Z_\mathrm{C}(\beta) = \sum_{i=1}^{f} \frac{\varepsilon_i}{1+\mathrm{e}^{\varepsilon_i \beta}} \tag{3.79}$$

である．この場合にも負の温度が原理的にはゆるされる．

【余　　談】

前の小正準集合のときに計算したいろいろな例では，二準位要素の系のとき以外は，状態密度 $\Omega(E)$ は，E とともに，急激に増加する関数であった．このことのために，$\Omega(E)\mathrm{e}^{-\beta E}$ は E^* にするどい極大をもっており，温

度の逆数 β と E^* とは，

$$\frac{\partial}{\partial E^*} \log \Omega(E^*) = \beta \tag{3.80}$$

でむすばれる．正準集合ではこれと丁度逆のことが起こる．$Z_\mathrm{C}(\beta)$ は，この節のいろいろな例でみたように，一般には，β とともに急激に減少する関数である．したがって，今度は $Z_\mathrm{C}(\beta)\mathrm{e}^{\beta E}$ が β の関数として β^* に極大をもつ．この極大は，

$$\frac{\partial}{\partial \beta^*} \log Z_\mathrm{C}(\beta^*) = -E \tag{3.81}$$

によって決まる．そして，この極大の幅は，

$$\frac{\partial^2}{\partial \beta^2} \log Z_\mathrm{C}(\beta)\bigg|_{\beta=\beta^*} = -\frac{1}{\sigma_\beta^2} \tag{3.82}$$

で決まる．ただし，このことをちゃんと示すには，Laplace の逆変換に対する知識が必要だから，ここではこれ以上論じないことにする．

【注　意】

　この節のいろいろな例の示すところによると，古典論で成り立っていた，エネルギーの等分配則が，量子論では破れているということがわかる．しかも，その破れ方は，振動子のときも，回転子のときも同じように，低温では，比熱が小さくなり，絶対0度では，比熱は0になることがわかる．古典論によると比熱は，温度によらず一定値をとるのであって，これは，熱力学の第3法則とただちに矛盾するが，この矛盾は，量子統計では起こらないわけである．熱力学の第3法則とは，温度 T が0に近づくと，エントロピー S も0に近づくというもので，これを受け入れると，

$$0 = \lim_{T\to0} S = \lim_{T\to0} \frac{ST}{T} = \lim_{T\to0} \frac{\dfrac{\partial}{\partial T}(ST)}{\dfrac{\partial}{\partial T}(T)}$$

$$= \lim_{T\to0}\left(\frac{\partial S}{\partial T}\cdot T + S\right) = \lim_{T\to0}\frac{\partial S}{\partial T}\cdot T \tag{3.83}$$

が成り立つ．ところで，定積熱容量は，

$$C_V = \left(\frac{\partial S}{\partial T}\right)_{N,V} T \tag{3.84}$$

だから，これを（3.83）に代入すると，

$$\lim_{T \to 0} C_V = 0 \tag{3.85}$$

でなければならないのである．

　量子統計力学において，式 (3.85) が満たされるということは実は，量子論においては，エネルギーというものが，粒子的なかたまりであるということに関係している．このことは，次の章で考えることにする．

§4. ２原子分子の正準集合

種々の運動の分離

　正準集合の理論では，状態和の合成則が，式 (2.36) のように簡単だから，自由度の分離さえできれば，かなり現実的なモデルを扱うことができる．そこで，まず，２原子分子の問題を扱ってみよう．質量 M の２個の原子が，あるポテンシャル $V(|\boldsymbol{R}_A - \boldsymbol{R}_B|)$ で引っぱりあっているモデルをとろう．この場合の Hamiltonian は，

$$H = \frac{1}{2M}\boldsymbol{P}_A^2 + \frac{1}{2M}\boldsymbol{P}_B^2 + V(|\boldsymbol{R}_A - \boldsymbol{R}_B|) \tag{4.1}$$

で与えられる．記号は説明を要しないと思う．いま，この２原子系を，重心座標，

$$\boldsymbol{R} \equiv (\boldsymbol{R}_A + \boldsymbol{R}_B)/2 \tag{4.2}$$

と相対座標，

$$\boldsymbol{r} \equiv \boldsymbol{R}_A - \boldsymbol{R}_B \tag{4.3}$$

の運動に分離すると，

$$H = \frac{1}{2M_G}\boldsymbol{P}^2 + \frac{1}{2m}\boldsymbol{p}^2 + V(|\boldsymbol{r}|) \tag{4.4}$$

となる．ただし，

$$M_G \equiv 2M \tag{4.5a}$$

$$m \equiv M/2 \tag{4.5b}$$

であり，$\boldsymbol{P}$ は重心の運動量，$\boldsymbol{p}$ は相対運動の運動量である．これらの２原子の

間のポテンシャルが，ある点 $|\boldsymbol{r}|=r_0$ で極小をもつと
すると，その点のごく近くでは，$V(|\boldsymbol{r}|)$ は調和振動
子のポテンシャルで近似することができる．それを，

$$V(|\boldsymbol{r}|) \fallingdotseq V(r_0)+\frac{1}{2}k^2(r-r_0)^2 \qquad (4.6)$$

でおきかえることにしよう．

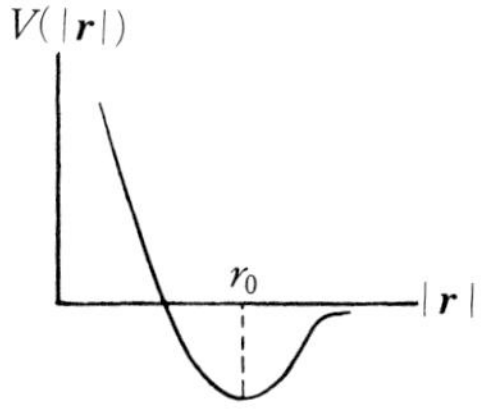

図 4.7

すると，Hamiltonian（4.4）は，

$$H = \frac{1}{2M_{\mathrm{G}}}\boldsymbol{P}^2+\frac{1}{2m}\left\{p_r^2+\frac{1}{r^2}\left(p_\theta^2+\frac{1}{\sin^2\theta}p_\phi^2\right)\right\}$$

$$+V(r_0)+\frac{1}{2}k^2(r-r_0)^2 \qquad (4.7)$$

となる．ただし，相対座標のほうは，重心を原点にとった球面極座標で書いた．
ここで，さらに，右辺第2項の分母の r を r_0 でおきかえてしまうと，Hamil-
tonian は，重心運動と，重心のまわりの回転運動と，平衡点のまわりの小振動
に完全に分離されてしまい，

$$H = H_{\mathrm{G}}+H_{\mathrm{rot}}+H_{\mathrm{vib}}+V(r_0) \qquad (4.8)$$

となる．ただし，

$$H_{\mathrm{G}} = \frac{1}{2M_{\mathrm{G}}}\boldsymbol{P}^2 \qquad (4.9)$$

$$H_{\mathrm{rot}} = \frac{1}{2I}\left(p_\theta^2+\frac{1}{\sin^2\theta}p_\phi^2\right) \qquad (4.10)$$

$$H_{\mathrm{vib}} = \frac{1}{2m}p_r^2+\frac{1}{2}k^2(r-r_0)^2 \qquad (4.11)$$

である．

正準集合の理論では，前に説明したようにこれらの自由度を別々に計算して
よいから，ことは簡単である．

重心運動の自由度

まず分子が全体として動く自由度（4.9）の分配関数は，（3.1）により，

$$Z_{\mathrm{C}}(1,\beta,V) = \frac{V}{h^3}\left[\frac{2\pi M_{\mathrm{G}}}{\beta}\right]^{3/2} \qquad (4.12)$$

だから，Gibbs の補正を考慮して，

$$Z_{\mathrm{C}}(N, \beta, V) = \frac{1}{N!}[Z_{\mathrm{C}}(1, \beta, V)]^N = \frac{1}{N!}\left[\frac{V}{h^3}\right]^N \left[\frac{2\pi M_{\mathrm{G}}}{\beta}\right]^{3N/2} \tag{4.13}$$

が，全体の分配関数となる．

回転の自由度

次に回転の自由度の分配関数は，(3.65) および (3.68) により，

$$Z_{\mathrm{rot}}(1, \beta) = \begin{cases} 1 + 3\mathrm{e}^{-2\Theta_{\mathrm{rot}}/T} + \cdots & T \ll \Theta_{\mathrm{rot}} \\ T/\Theta_{\mathrm{rot}} & T \gg \Theta_{\mathrm{rot}} \end{cases} \tag{4.14}$$

である．ただし，

$$\Theta_{\mathrm{rot}} = \frac{h^2}{8\pi^2 I k_{\mathrm{B}}} = \frac{\hbar^2}{2I k_{\mathrm{B}}} \tag{4.15}$$

である*). したがって，N 個の系では，

$$Z_{\mathrm{rot}}(N, \beta) = \begin{cases} [1 + 3\mathrm{e}^{-\Theta_{\mathrm{rot}}/T} + \cdots]^N & T \ll \Theta_{\mathrm{rot}} \\ [T/\Theta_{\mathrm{rot}}]^N & T \gg \Theta_{\mathrm{rot}} \end{cases} \tag{4.16}$$

である．

振動の自由度

式 (4.11) による振動の自由度は，(3.44) により（ただし零点振動は除く），

$$Z_{\mathrm{vib}}(1, \beta) = \frac{1}{1 - \mathrm{e}^{-\hbar\omega\beta}} \tag{4.17a}$$

$$= \begin{cases} 1 + \mathrm{e}^{-\Theta_{\mathrm{vib}}/T} + \cdots & T \ll \Theta_{\mathrm{vib}} \\ T/\Theta_{\mathrm{vib}} & T \gg \Theta_{\mathrm{vib}} \end{cases} \tag{4.17b}$$

である．ただし，

$$\omega \equiv \frac{k}{\sqrt{m}} \tag{4.18a}$$

$$\Theta_{\mathrm{vib}} \equiv \hbar\omega/k_{\mathrm{B}} \tag{4.18b}$$

である．(p.138 を見よ.) よって，

$$Z_{\mathrm{vib}}(N, \beta) = \left[\frac{1}{1 - \mathrm{e}^{-\hbar\omega\beta}}\right]^N \tag{4.19a}$$

---

*)　簡単のため，2個の原子は異なるとした．もし，2個の原子が同一なら，式 (4.15) を2倍したものを用いる．

$$= \begin{cases} [1+e^{-\Theta_{vib}/T}+\cdots]^N & T \ll \Theta_{vib} \\ [T/\Theta_{vib}]^N & T \gg \Theta_{vib} \end{cases} \tag{4.19b}$$

となる.

全体の分配関数

系全体の分配関数は，(4.13) と (4.16) と (4.19) とをかけあわせたものである．次の表にみられるように，$\Theta_{rot} \ll \Theta_{vib}$ だから，大体の傾向は図4.8のように階段型になる．温度の高いところでは，エネルギー等分配則により，すべての自由度がきくから点線の右端のように，比熱（割る k_B

気 体	$\Theta_{rot}°$K	$\Theta_{vib}°$K
H₂	85.4	6,100
O₂	2.1	2,230
Cl₂	0.35	810
Na₂	0.22	230
HCl	15.	4,140
CO	2.8	3,070

は 7/2 である．温度が下がると，まず重心の自由度が死んで，回転と振動の高温における値 4/2 となる．温度が Θ_{vib} より下がると，回転の自由度だけ残り，値 2/2 となり，さらに温度が下がると，比熱は 0 に近づく．（ただし，重心の自由度が死ぬことは，それを量子論的にちゃんと取り扱ってはじめてわかることで（4.13）の分配関数は，高温でのみ正しいものである．）このように，比熱の階段的な構造から，分子の内部構造がわかるということは，大変興味深いことである．

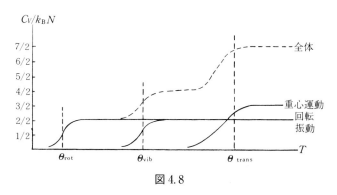

図 4.8

電子の自由度

ここで，ちょっと気になることは，この節の計算では分子に属する電子の自由度が完全に無視されているということである．この点も，実は量子統計を正しく考慮してはじめて説明できることで，結果をいうと，電子の自由度は無視しておいてよい．p.195 の議論参照.

§5.　数表示と量子統計

数表示

小正準集合理論における最大項の方法を用いる例として前に（p.81）で
Bose-Einstein, Fermi-Dirac の統計にしたがう粒子を扱った．それらの統計に
したがう粒子の特徴は，各粒子が完全に非個別的であるということである．す
なわち，微視的状態を指定するのに，どの粒子がどのレベルにあるかというこ
とは問題にできない．われわれにわかるのは，どのレベルには，何個の粒子が
あるかということだけである．

Bose-Einstein の統計の場合は，i 番目のレベルにある粒子数 n_i は，0 から ∞
までの任意の整数をとりうるのに対し，Fermi-Dirac の統計では n_i は，0 か 1
しかゆるされない．Bose-Einstein の統計，Fermi-Dirac の統計を一緒にして，
量子統計というが，要するに，量子統計の場合には，粒子に個別性がないから，
各レベルにある粒子の数を指定すれば状態は完全に決まってしまう．したがっ
て，粒子 1 がエネルギー ε_1 をもち，粒子 2 がエネルギー ε_2 をもち……という
具合に系の状態を指定するよりも，エネルギー $\varepsilon^{(1)}$ をもった粒子が n_1 個あり，
エネルギー $\varepsilon^{(2)}$ をもった粒子が n_2 個あり……という具合に状態を記述するほ
うが自然である．この後者のような状態の指定の仕方を**数表示**と呼ぶ．

粒子数の決まった系

たとえば，N 個の粒子系を，前者のやり方で書くと，全系のエネルギー E は，

$$E = \varepsilon_1 + \varepsilon_2 + \cdots + \varepsilon_N \tag{5.1}$$

となるが，後者の数表示で書くと，

$$E = \varepsilon^{(1)} n_1 + \varepsilon^{(2)} n_2 + \cdots \tag{5.2}$$

$$N = n_1 + n_2 + \cdots \tag{5.3}$$

となる．$n_i\ (i=1,2,\cdots)$ のとりうる値は，

$$n_i = 0, 1, 2, \cdots, N \quad \text{（Bose-Einstein 統計）} \tag{5.4}$$

$$n_i = 0, 1 \quad \text{（Fermi-Dirac 統計）} \tag{5.5}$$

となる．場の量子論では，いつでも，数表示が用いられる．量子統計では，系
のエネルギーを $n_1, n_2, \cdots$ で指定して全エネルギーを，

$$E_{n_1, n_2, \cdots} \equiv E\{n_s\} = \sum_s \varepsilon^{(s)} n_s \tag{5.6}$$

と書くと，正準集合の分配関数は，粒子数が決まっているとき，

$$Z_C(N, \beta) = \sum_{n_1} \sum_{n_2} \cdots e^{-\beta E\{n_s\}} \delta_{N, \sum_s n_s} \tag{5.7}$$

で与えられる．したがって，Bose-Einstein の場合は，

$$Z_{CBE}(N, \beta) = \sum_{n_1=0}^{\infty} \sum_{n_2=0}^{\infty} \cdots e^{-\beta \varepsilon^{(1)} n_1} e^{-\beta \varepsilon^{(2)} n_2} \cdots \delta_{N, n_1+n_2+\cdots} \tag{5.8}$$

Fermi-Dirac の場合は，

$$Z_{CFD}(N, \beta) = \sum_{n_1=0,1} \sum_{n_2=0,1} \cdots e^{-\beta \varepsilon^{(1)} n_1} e^{-\beta \varepsilon^{(2)} n_2} \cdots \delta_{N, n_1+n_2+\cdots} \tag{5.9}$$

を計算しなければならない．これらの量の計算は，小正準集合のときと同様，(5.3) の条件付きの和であるからやはりなかなかむずかしい．ここで無理をするよりも，次の章で導入する大正準集合の理論までこのまま置いておくほうが賢明である．［量子統計の場合の大正準集合理論による計算は，実は，p.81 と p.85 にすでにやってある．］

粒子数の決まっていない系

しかし，粒子の数 N が一定でない場合には話は全然変わる．たとえば，箱の中の輻射を光子像で記述する場合には，光子の数は不定なので，（箱が勝手に光子を放出したり吸収したりするから）条件式 (5.3) を無視してよい．すると，分配関数は，

$$Z_C(\beta) = \sum_{n_1=0} \sum_{n_2=0} \cdots e^{-\beta \varepsilon^{(1)} n_1} e^{-\beta \varepsilon^{(2)} n_2} \cdots$$

$$= \prod_s \frac{1}{1 - e^{-\beta \varepsilon^{(s)}}} \tag{5.10}$$

となる．運動量 $\boldsymbol{p}$ をもった光子のエネルギーは，

$$\varepsilon = c|\boldsymbol{p}| \tag{5.11}$$

で与えられるから*)，(5.10) より，

$$\log Z_C(\beta) = -\sum_s \log(1 - e^{-\beta \varepsilon^{(s)}})$$

――――――――――――

*) ［文献 13）高橋（1979）p.70, p.157］を見よ．

$$= -\frac{V}{h^3}\int \mathrm{d}^3p\, \log\left(1-\mathrm{e}^{-\beta c|\boldsymbol{p}|}\right) \tag{5.12}$$

となる．光子は，横波で，2個の偏りがあるから，(5.12) をさらに 2 倍すると，光子の正しい分配関数は，

$$\log Z_\mathrm{C}(\beta) = -2\frac{V}{h^3}\int \mathrm{d}^3p\, \log\left(1-\mathrm{e}^{-\beta c|\boldsymbol{p}|}\right) \tag{5.13}$$

で与えられる．

光子の系

いま，この光子系のエネルギーの平均値を (2.38b) で計算してみると，

$$\langle E\rangle_\mathrm{C} = -\frac{\partial}{\partial\beta}\log Z_\mathrm{C}(\beta)$$

$$= 2\frac{V}{h^3}\int \mathrm{d}^3p\, \frac{c|\boldsymbol{p}|}{\mathrm{e}^{\beta c|\boldsymbol{p}|}-1} \tag{5.14}$$

となる．この式の右辺を計算するには，(5.11) の関係を用いて，ε の積分に直すほうがよい．そこで $\boldsymbol{p}$ の角積分を遂行して，

$$\mathrm{d}^3p = 4\pi p^2\mathrm{d}p = \frac{4\pi}{c^3}\varepsilon^2\mathrm{d}\varepsilon \tag{5.15}$$

を使うと，

$$\langle E\rangle_\mathrm{C} = \frac{8\pi}{c^3}\frac{V}{h^3}\int_0^\infty \mathrm{d}\varepsilon\, \frac{\varepsilon^3}{\mathrm{e}^{\beta\varepsilon}-1} \tag{5.16a}$$

$$= \frac{8\pi}{c^3}\frac{V}{h^3}\frac{1}{\beta^4}\int_0^\infty \mathrm{d}x\, \frac{x^3}{\mathrm{e}^x-1}$$

$$= V\frac{\pi^2}{15}\frac{k_\mathrm{B}{}^4}{(c\hbar^3)}T^4 \tag{5.16b}$$

がえられる[*]．これは，温度 T における輻射のエネルギー密度が，T^4 に比例するということを示している．

---

[*]　積分を遂行するには，式 (A 12) を用いる．

黒体から放出されるエネルギー

いま，右図のように，温度 T の空洞に小さな穴 S があいている場合を考えよう．この穴を通じて，どれだけの輻射エネルギーがもれ出るかを計算してみる．そのためには，まず，(5.16a) から，エネルギー ε をもった輻射の密度，

$$u(\varepsilon, \beta) \equiv \frac{8\pi}{c^3} \frac{1}{h^3} \frac{\varepsilon^3}{e^{\beta\varepsilon}-1} \qquad (5.17)$$

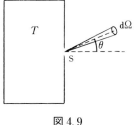

図 4.9

を定義する[*1]．すると，穴 S から，角 θ の方向の立体角 $d\Omega$ に出て行く輻射の流れは，単位面積，単位時間に，

$$dJ(\varepsilon, \beta, \theta) = cu(\varepsilon, \beta) \cos\theta \, d\Omega/4\pi$$

である．したがって穴からもれ出る全輻射は，単位時間，単位面積について，

$$J = \int dJ(\varepsilon, \beta, \theta) = \int_0^\infty d\varepsilon \, cu(\varepsilon, \beta) \int \cos\theta \, d\Omega/4\pi$$

$$= \frac{c}{4} \frac{\langle E \rangle_{\mathrm{c}}}{V} = \frac{\pi^2}{60} \frac{k_{\mathrm{B}}^4}{c^2 \hbar^3} T^4 \equiv \sigma T^4 \qquad (5.18)$$

となる[*2]．つまり，黒体の単位面積から，単位時間に放出される輻射のエネルギーは，T^4 に比例する．これが，**Stefan-Boltzmann の法則**で，比例常数，

$$\sigma \equiv \frac{\pi^2}{60} \frac{k_{\mathrm{B}}^4}{c^2 \hbar^3} = 5.67 \times 10^{-5} \, \mathrm{erg \, cm^{-2} sec^{-1} deg^{-4}} \qquad (5.19)$$

を Stefan-Boltzmann の常数という．

Planck の式

なお，Einstein-de Broglie の関係，

$$\varepsilon = h\nu \qquad (5.20)$$

を用いて，(5.17) を振動数 ν の分布に直すと，

$$u(\nu, \beta)d\nu = \frac{8\pi}{c^3} \frac{h\nu^3}{e^{h\nu\beta}-1} d\nu \qquad (5.21)$$

[*1]　$\langle E \rangle_{\mathrm{c}} = V \int_0^\infty d\varepsilon \, u(\varepsilon, \beta)$ に注意．

[*2]　$\int \cos\theta \, d\Omega = \int_0^{2\pi} d\phi \int_0^{\pi/2} \cos\theta \sin\theta \, d\theta = 4\pi/4$

となる[*1]. これが有名な **Planck の公式**である[*2].

【余　　談】

Planck の公式 (5.21) から，エネルギーのゆらぎを計算すると，

$$[\Delta u(\nu, \beta)]^2 = -\frac{\partial u(\nu, \beta)}{\partial \beta} = h\nu u(\nu, \beta) + \frac{1}{\dfrac{8\pi}{c}\nu^2} u^2(\nu, \beta) \qquad (5.22)$$

がえられることは前と同様だが，歴史的には実は話が逆なのである.

調和振動子1個についてのエントロピーを $\mathscr{S}$ とすると，

$$\frac{\partial \mathscr{S}}{\partial u} = \frac{1}{T} \qquad (5.23)$$

かつ，

$$\frac{\partial^2 \mathscr{S}}{\partial u^2} = -\frac{k_{\mathrm{B}}}{\sigma^2} \qquad (5.24)$$

が一般に成り立つ. ただし，σ^2 はエネルギーのゆらぎの2乗である. そこで，

$$\sigma^2 = \varepsilon u \qquad (5.25)$$

ととり，これを (5.24) に代入して積分すると，

$$\frac{\partial \mathscr{S}}{\partial u} = -\frac{k_{\mathrm{B}}}{\varepsilon} \log u \qquad (5.26)$$

がえられる. したがってこの式と (5.23) から，

$$u \sim \mathrm{e}^{-\beta\varepsilon} \qquad (5.27)$$

という Wien の式がえられる（式 (3.30) 参照）. 一方，(5.25) の代わりに，

$$\sigma^2 \frac{2\pi^2 c^3}{\omega^2} u^2 \qquad (5.28)$$

[*1] 式 (5.21) は (5.17) に (5.20) を代入しただけではなく，$\mathrm{d}\varepsilon$ と $\mathrm{d}\nu$ の違いも考慮してあることに注意. 要は，

$$\frac{\langle E \rangle_{\mathrm{C}}}{V} = \int_0^\infty \mathrm{d}\varepsilon\, u(\varepsilon, \beta) = \int_0^\infty \mathrm{d}\nu\, u(\nu, \beta)$$

が成り立つように定義してあるわけである.

[*2] 熱力学を，輻射の問題に応用したのは，W. Wien が，いわゆる空洞輻射の変位則を導いたときにはじまる. それをみて，Lord Kelvin が "thermodynamics is going mad!" といったとか. 輻射の問題の統計力学的分析は，［文献 18）朝永 (1952)］に詳しい. ぜひ一読されることをすすめる.

ととって同様の計算をやると,

$$\frac{\partial \mathscr{S}}{\partial u} = \frac{\omega^2 k_{\mathrm{B}}}{2\pi^2 c^3} \frac{1}{u} \tag{5.29}$$

したがって (5.23) より,

$$u = \frac{\omega^2}{2\pi^2 c^3} \frac{1}{\beta} \tag{5.30}$$

という Rayleigh-Jeans の式がえられる.

Planck は, (5.25) と (5.28) をつなぐものとして,

$$\sigma^2 \frac{1}{a} u^2 + bu = \frac{1}{a}(u^2 + abu) \tag{5.31}$$

をとった. すると (5.24) により,

$$\frac{\partial^2 \mathscr{S}}{\partial u^2} = -ak_{\mathrm{B}} \frac{1}{u^2 + abu} \tag{5.32}$$

$$\therefore \quad \frac{\partial \mathscr{S}}{\partial u} = \frac{k_{\mathrm{B}}}{b} \log \frac{u + ab}{u} \tag{5.33}$$

すると,

$$u + ab = u\mathrm{e}^{b\beta}$$

$$\therefore \quad u = ab \frac{1}{\mathrm{e}^{b\beta} - 1} \tag{5.34}$$

というエネルギー密度がえられることになる.

さらにこの式 (5.34) を展開すると,

$$u = ab\mathrm{e}^{-b\beta}\{1 + \mathrm{e}^{-b\beta} + \mathrm{e}^{-2b\beta} + \mathrm{e}^{-3b\beta} + \cdots\}$$

$$= ab\mathrm{e}^{-b\beta} \sum_{l=0}^{\infty} \mathrm{e}^{-lb\beta} \tag{5.35}$$

これは, 正準集合理論の考え方による連続的ではなく, とびとびのエネルギー,

$$E_l = bl \qquad\qquad l = 0, 1, 2, \cdots \tag{5.36}$$

をもった調和振動子の存在を意味する.

なお,

$$a = \frac{8\pi}{c^3} \nu^2 \tag{5.37}$$

$$b = h\nu \tag{5.38}$$

ととると，Planck の式（5.21）が再現される．

【演習問題 1】

式（5.13）より，光子気体の Helmholtz の自由エネルギーを計算し，光子気体の圧力 p が，

$$p = \frac{1}{3}\frac{\langle E \rangle_c}{V}$$

となることを示せ．

【ヒ ン ト】　まず，F を計算すると，

$$F = -\frac{1}{3}\langle E \rangle_c$$

がえられる．次に（2.30）を用いる．上の結果を第Ⅰ章 5 節の結果，式（5.8）とくらべてみよ．

【演習問題 2】

太陽からふりそそぐエネルギーは，地球上で，単位時間，単位面積につき，$0.136 \times 10^7 \mathrm{erg\,cm^{-2}\,sec^{-1}}$ である．太陽を黒体と仮定すると，太陽の温度はどれくらいか．ただし，地球と太陽の距離は，$1.5 \times 10^{13}\,\mathrm{cm}$，太陽の半径は $7 \times 10^{10}\,\mathrm{cm}$ とする．

【ヒ ン ト】　Stefan-Boltzmann の法則を用いる．答は約 $6{,}000\,°\mathrm{K}$ となる．

場と調和振動子

もう既に気がつかれたと思うが，この項の計算，式（5.10）〜（5.16）は前項の，場を調和振動子で書いて量子論的に扱った計算，（3.32）〜（3.42）と全く同じである．これは，量子化された場が，実は，量子統計にしたがう粒子不定個を含む系と同一であるという事情を反映したものであって，偶然のことではないのである．

上にあげた例では，Bose-Einstein の統計にしたがう粒子の系が，波動方程式を満たす量子化された場と同等であるということを示しているわけである．前に，（3.55）をえたのと同様の計算をすると，やはり，（5.21）から輻射エネルギーのゆらぎを計算することができる．すると，この場合も，Planck の（5.21）が，粒子的なゆらぎと，波動的なゆらぎから成っているということを示すことができる．この計算は，（3.55）とほとんど同じだから是非自ら手を使ってやっ

てみられることを，おすすめする．

Fermi-Dirac の統計

さて，量子統計にしたがう粒子のうち，Fermi-Dirac の統計にしたがう粒子のほうはどうなるだろうか？ やはり，数表示を採用すると，系のエネルギー固有値は，

$$E\{n_s\} = \sum_s \varepsilon^{(s)} n_s \tag{5.39}$$

となる．ただし，この場合は，n_s は，0 と 1 しかとれない．したがって，系の分配関数は，

$$Z_{\mathrm{C}}(\beta) = \sum_{n_1=0,1} \sum_{n_2=0,1} \cdots \mathrm{e}^{-\beta\varepsilon^{(1)}n_1} \mathrm{e}^{-\beta\varepsilon^{(2)}n_2} \cdots$$

$$= \prod_s (1+\mathrm{e}^{-\beta\varepsilon^{(s)}}) \tag{5.40}$$

となる．運動量 $\boldsymbol{p}$，質量 m をもった粒子のエネルギーが，

$$\varepsilon_p = \boldsymbol{p}^2/2m \tag{5.41}$$

で与えられるとすると，(5.40) から，

$$\log Z_{\mathrm{C}}(\beta) = \sum_s \log(1+\mathrm{e}^{-\beta\varepsilon^{(s)}}) = \frac{V}{h^3} \int \mathrm{d}^3 p \, \log(1+\mathrm{e}^{-\beta\varepsilon_p}) \tag{5.42}$$

となる*)．

(5.42) から，Fermi-Dirac 粒子系のエネルギーの平均値は，

$$\langle E \rangle_{\mathrm{C}} = -\frac{\partial}{\partial\beta} \log Z_{\mathrm{C}}(\beta) = \frac{V}{h^3} \int \mathrm{d}^3 p \, \frac{\varepsilon_p}{\mathrm{e}^{\beta\varepsilon_p}+1} \tag{5.43}$$

で与えられることがわかる．この場合は (5.41) により，

$$\mathrm{d}^3 p = 4\pi p^2 \, \mathrm{d}p = 4\sqrt{2}\,\pi m^{3/2} \varepsilon^{1/2} \, \mathrm{d}\varepsilon \tag{5.44}$$

となるから，(5.43) は，

$$\langle E \rangle_{\mathrm{C}} = \frac{V}{\sqrt{2}} \frac{1}{\pi^2} \left[\frac{m}{\hbar^2} \right]^{3/2} \int_0^\infty \mathrm{d}\varepsilon \, \frac{\varepsilon^{3/2}}{\mathrm{e}^{\varepsilon\beta}+1} \tag{5.45}$$

となる．この積分は簡単には遂行できない．Fermi-Dirac 粒子の問題は，金属

---

*) 粒子がスピン 1/2 をもつと，スピン上向きと下向きの両状態を考慮して，(5.42) の右辺を 2 倍しておく．

の中の電子に関連して p. 188 で，再びとりあげる．

【演習問題 3】

(5.45) を用い，Fermi-Dirac の統計にしたがう粒子系の熱容量を計算せよ．温度が 0 に近づくとどうなるかを調べよ．

【ヒ ン ト】 この系は，低温での熱容量が，

$$C \sim T^{3/2}$$

のようにふるまう．ただし，ここで考えている系をそのまま，金属中の電子にあてはめることはできない．なぜかというと，ここでは，電子の数が指定されてないからである．金属中の電子を扱うためには，電子の数 N を指定して話をしなければならない．そうすると，熱容量は温度に比例するようになる（p. 196 参照）．

【演習問題 4】

粒子数の平均値を計算し，温度の低いところでそれがどのように振舞うかを吟味せよ．

【ヒ ン ト】

$$\langle N \rangle_{\mathrm{c}} = \frac{V}{\sqrt{2}} \frac{1}{\pi^2} \left[\frac{m}{\hbar^2} \right]^{3/2} \int_0^\infty \mathrm{d}\varepsilon \frac{\varepsilon^{1/2}}{\mathrm{e}^{\varepsilon\beta}+1} \sim T^{3/2}$$

となる．Fermi-Dirac 粒子を勝手に吸収したり放出したりするような壁でできている箱の中に Fermi-Dirac 粒子をいれて，温度を一定にしたときには，この計算があてはまる．

【演習問題 5】

付録の (C.24a) に，反交換関係 (C.25) の結果の (C.26) を用い，分配関数を作ってみると，(5.42) と一致することを示せ．

【注　　意】

最後に重要な注意をしておくと，量子統計の計算をするときには，たとえ粒子が非局在的，体積 V が入ってきても，Gibbs の補正はいらない．これは，量子統計では，はじめから粒子の非個別性が矛盾なく考慮されているからである．非局在的粒子の系に古典統計をあてはめたときは，大変大きな数 $N!$ だけ状態の数を数えすぎていたわけである．

波動方程式をみたす場に対して古典統計力学を適用しても，同様の事情がある．古典統計力学では，やはり微視的状態の数を数えすぎている．この場合は

不幸にも，系の自由度が無限大であるため，粒子系のときのように $N!$ で割る
といったような簡単な処方が見つからず，19世紀のおわり頃，いろいろなえら
い物理学者をなやましました[*]．このあたりの事情は，やはり［文献18）朝永
(1952)］に詳しい．

§6. 相互作用のある粒子の系

いままであげてきたいろいろな例では，分子の間の相互作用を完全に無視し
てきた．小正準集合の理論では，実際問題として，分子間の相互作用を扱うこ
とは不可能に近いからである．正準集合の理論を用いると，少なくとも，分子
間の相互作用を組織的に議論するむずかしさが，少々緩和される．この場合に
も，自由粒子のときのように正確に解くことは一般には不可能である．

定性的考察

まず，ことを定性的にながめてみよう．分子間に短距離の斥力があるとする
と，分子は互いに至近距離には近づけなくなるから，結果として，分子の活動
できる体積は小さくなるであろう．したがって，分子の動きうる有効体積は，
V から，

$$V_{\mathrm{eff}} = V - Nb \tag{6.1}$$

に減ることが予想される．ここで b は分子の大きさの程度（つまり斥力の働く
範囲）の数である．

分子間引力

次に，分子間に引力があるとしてみよう．この場合容器の壁の近くにある分
子は，内部からの粒子に引っぱられているから，当然，引力は，気体の圧力を
弱くする方向に働くことが予想される．壁の近くの分子が内部に引っぱられる
力は，気体の密度に比例し，また，壁に当る分子の数も，気体の密度に比例す
るから，第Ⅰ章でおこなった気体の圧力の計算を思い出すと，きわめて荒っぽく，

$$p = \frac{N}{V_{\mathrm{eff}}} k_{\mathrm{B}} T - \left(\frac{N}{V}\right)^2 a \tag{6.2}$$

と書けるであろう．右辺第2項が，分子間引力の効果であり，第1項の分母が

---

[*]　えらくない物理学者は，もっとなやんだにはちがいない．

分子間斥力の効果である．(6.1) を用いて，(6.2) を書き直すと，よく知られた van der Waals の状態方程式，

$$\left(p+\frac{N^2}{V^2}a\right)(V-Nb) = k_\mathrm{B}NT \tag{6.3}$$

がえられる．これは，a と b を適当にとると，実際の気体の性質をよくあらわすことが知られている．実際の気体では，このように，いつでも，理想気体の状態方程式からずれるから，そのずれをあらわす量として，$p/k_\mathrm{B}T$ を N/V で展開し，

$$\frac{p}{k_\mathrm{B}T} = \frac{N}{V}+\left(\frac{N}{V}\right)^2 B(T)+\left(\frac{N}{V}\right)^3 C(T)+\cdots \tag{6.3}$$

とおく．その係数 $B(T)$, $C(T) \cdots$ をそれぞれ，第2，第3…の **virial 係数** と呼ぶ．理想気体からのずれが小さければ，第3以上の virial 係数を省略してかまわない．上の van der Waals の式では，

$$B(T) = b-\frac{a}{k_\mathrm{B}T} \tag{6.5a}$$

$$C(T) = b^2 \tag{6.5b}$$

となっている．

分子間に働く力

　これらの virial 係数は，分子間に働くポテンシャルから，原理的に計算できなければならない．この点を以下で考えてみよう．分子間の力のポテンシャルとしてよく考えられるものを少々あげておくと[*]，

（ⅰ）　剛体球ポテンシャル

$$\phi(r) = \begin{cases} \infty & r < a \\ 0 & r > a \end{cases} \tag{6.7}$$

（ⅱ）　Sutherland ポテンシャル

$$\phi(r) = \begin{cases} \infty & r < a \\ -\dfrac{\mu}{r^6} & r > a \end{cases} \tag{6.8}$$

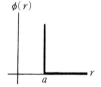

図 4.10

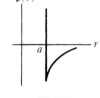

図 4.11

---

[*]　体積 V とまちがえないように，以下ポテンシャルを $\phi(r)$ と書く．r は分子間の距離である．

（ⅲ） Lennard-Jones ポテンシャル

$$\phi(r) = 4\varepsilon\left\{\left(\frac{a}{r}\right)^{12} - \left(\frac{a}{r}\right)^{6}\right\} \tag{6.9}$$

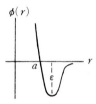

などである.

i 番目の分子と, j 番目の分子の距離を r_{ij} とし, その間に働く力のポテンシャルを $\phi(r_{ij})$ とすると, 分子 N 個をふくむ系の Hamiltonian は,

図4.12

$$H_N = H_N^{(0)} + U \tag{6.10}$$

である. ただし,

$$H_N^{(0)} = \sum_{i=1}^{N} \frac{1}{2m}\boldsymbol{p}_i^2 \tag{6.11}$$

$$U = U_N(\boldsymbol{x}_1, \cdots, \boldsymbol{x}_N) = \sum_{i>j} \phi(r_{ij}) \tag{6.12}$$

であって, 粒子の運動量は, $H_N^{(0)}$ の中だけに含まれている. したがって, 正準集合の分配関数は,

$$Z_{\mathrm{C}}(n, \beta, V) = \frac{1}{N!}\frac{1}{\lambda_T^{3N}} \int \mathrm{d}^3 x_1 \cdots \mathrm{d}^3 x_N \, \mathrm{e}^{-\beta U_N(x_1, \cdots, x_N)} \tag{6.13}$$

ただし, λ_T は前と同様, 熱的 Compton 波長で,

$$\lambda_T^2 = h^2\beta/2\pi m \tag{6.14}$$

である. (6.12) の関係により, (6.13) は, さらに,

$$Z_{\mathrm{C}}(N, \beta, V) = \frac{1}{N!}\frac{1}{\lambda_T^{3N}} Q_N \tag{6.15}$$

$$Q_N \equiv \int \mathrm{d}^3 x_1 \cdots \mathrm{d}^3 x_N \prod_{i>j} \mathrm{e}^{-\beta\phi(r_{ij})} \tag{6.16}$$

と書くことができる. いま,

$$f(r) = \mathrm{e}^{-\beta\phi(r)} - 1 \tag{6.17}$$

を定義しよう. ポテンシャル $\phi(r)$ が,

$$\phi(r) = \begin{cases} \infty & r = 0 \\ 0 & r = \infty \end{cases} \tag{6.18}$$

のとき, $f(r)$ は,

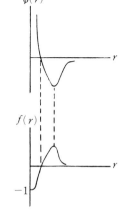

図4.13

$$f(r) = \begin{cases} -1 & r = 0 \\ 0 & r = \infty \end{cases} \tag{6.19}$$

のようにふるまう（図4.13を見よ）．すると，

$$\prod_{i>j} e^{-\beta\phi(r_{ij})} = \prod_{i>j} \{f(r_{ij})+1\}$$

$$= \{1+f(r_{21})\}\{1+f(r_{31})\}\cdots\{1+f(r_{N\,N-1})\}$$

$$= 1 + \sum_{i>j} f(r_{ij}) + \sum f(r_{ij})f(r_{ik}) + \cdots \tag{6.20}$$

と展開できる．(6.20) を (6.16) に代入すると分配関数 Z_C が，関数 f に関する展開としてえられる．展開の第1項は，理想気体の状態方程式を与える項で，第2項以下が，理想気体からのずれを与える．

理想気体からのずれ

たとえば，展開の第2項にあらわれる積分は，

$$\int\cdots\int f(r_{12})\,d^3x_1 d^3x_2\cdots d^3x_N = V^{N-2}\int d^3x_2\int d^3x_1(r_{12})$$

$$= V^{N-2}\int d^3x_2\cdot 4\pi\int_0^\infty dr\,r^2 f(r)$$

$$= V^{N-1}4\pi\int_0^\infty dr\,r^2 f(r) \tag{6.21}$$

となるから，結局，Q_N は，

$$Q_N = V^N + \frac{N(N-1)}{2}V^{N-1}4\pi\int_0^\infty dr\,r^2 f(r)\cdots$$

$$= V^N\left[1 + \frac{1}{2}\frac{N}{V}(N-1)4\pi\int_0^\infty dr\,r^2 f(r)\cdots\right] \tag{6.22}$$

となる．ここで，…であらわされる項は，f を2個以上含んでいる項である．それらのうちで，$\int_0^\infty dr\,r^2 f(r)$ のベキを含んでいる項を適当に集めると，

$$Q_N = V^N\left[\exp\left\{\frac{1}{2}\frac{N}{V}(N-1)4\pi\int_0^\infty dr\,r^2 f(r)\right\} + \cdots\right]$$

$$= V^N\left[\exp\left\{\frac{1}{2}\frac{N}{V}N4\pi\int_0^\infty dr\,r^2 f(r)\right\} + \cdots\right] \tag{6.23}$$

と書けるであろう．(6.23) の最後の … の項を一応無視すると，

$$Z_C(n, \beta, V) \fallingdotseq \frac{1}{\lambda_T^{3N}} \frac{V^N}{N!} \exp\left\{ \frac{N}{V} \cdot N 2\pi \int_0^\infty \mathrm{d}r\, r^2 f(r) \right\} \tag{6.24}$$

したがって，Helmholtz の自由エネルギーは，式 (2.28) により

$$F(N, \beta, V) = F_{\text{ideal}}(N, \beta, V) - \frac{N}{V} \frac{N}{\beta} 2\pi \int_0^\infty \mathrm{d}r\, r^2 f(r) \tag{6.25}$$

となる．そこで，式 (2.30) によって圧力を計算すると，

$$p = p_{\text{ideal}} - \left(\frac{N}{V}\right)^2 \frac{2\pi}{\beta} \int_0^\infty \mathrm{d}r\, r^2 f(r)$$

$$= k_B T \frac{N}{V} \left[1 - \frac{N}{V} 2\pi \int_0^\infty \mathrm{d}r\, r^2 f(r) \right] \tag{6.26}$$

がえられる．したがって，第 2 virial 係数は，

$$B(T) = -2\pi \int_0^\infty \mathrm{d}r\, r^2 f(r) \tag{6.27}$$

となる．たとえば，p.160 の剛体球ポテンシャルでは，式 (6.7) を (6.27) に代入すると，

$$B(T) = \frac{2\pi}{3} a^3 \tag{6.28}$$

である．

【演習問題】

ここで，統計力学的にえられた (6.26) と，第Ⅰ章の virial 定理の式（Ⅰ.6.10）(p.35) と比較してみよ．

【ヒント】

$$4\pi \int_0^\infty \mathrm{d}r\, r^2 f(r) = 4\pi \left[\frac{1}{3} r^3 f(r) \Big|_0^\infty - \frac{1}{3} \int_0^\infty \mathrm{d}r\, r^3 \frac{\mathrm{d}f(r)}{\mathrm{d}r} \right]$$

$$= -\frac{4\pi}{3} \int_0^\infty \mathrm{d}r\, r^2 r \frac{\mathrm{d}f(r)}{\mathrm{d}r}$$

$$\fallingdotseq \beta \frac{4\pi}{3} \int_0^\infty \mathrm{d}r\, r^2 r \frac{\mathrm{d}\phi(r)}{\mathrm{d}r}$$

したがって，

$$p = k_B T \frac{N}{V} \left[1 - \beta \frac{N}{V} \frac{4\pi}{6} \int_0^\infty \mathrm{d}r\, r^2 r \frac{\mathrm{d}\phi(r)}{\mathrm{d}r} \right]$$

$$= k_{\mathrm{B}}T\frac{N}{V} - \frac{1}{6}\left(\frac{N}{V}\right)^2 \cdot 4\pi \int_0^\infty \mathrm{d}r\, r^2 r\frac{\mathrm{d}\phi(r)}{\mathrm{d}r}$$

そこで，エネルギーの平均値と温度の関係，

$$\frac{2}{3}\frac{\overline{E}}{N} = k_{\mathrm{B}}T$$

を用いると，

$$\left(\frac{N}{V}\right)^2 \cdot 4\pi \int_0^\infty \mathrm{d}r\, r^2 r\frac{\mathrm{d}\phi(r)}{\mathrm{d}r} = \frac{1}{V}\frac{1}{\tau}\int_0^\tau \mathrm{d}t \sum_{i,j} r_{ij}\frac{\mathrm{d}\phi(r_{ij})}{\mathrm{d}r_{ij}}$$

この結果は，式（I.6.10）を再現する．

一般論

ここで示した計算では，大体の事情をつかむために大変荒っぽいことをやったわけだが，(6.20) の展開をもっと組織的におこなう方法がある．Ursell 展開とか，Mayer 展開と呼ばれているのがそれで，大概の統計力学の本に書いてある．興味があれば，たとえば［文献7）桂（1969）p.160］を参照されたい．この本では，これ以上，展開法にふれないで，最後に一般論に少しだけふれておこう．

正準集合の理論では，分配関数 Z_c の対数が熱力学的関数とむすびつくわけだから，(6.15) の Q_N から，

$$Q_N \equiv V^N \mathrm{e}^{NW} \tag{6.29a}$$

または，

$$NW \equiv \log(Q_N/V^N) \tag{6.29b}$$

によって，示強的な量 W を定義するほうが便利である[*]．(6.29a) を (6.15) に代入して，対数をとると，

$$\log Z_{\mathrm{c}}(N,\beta,V) = N\left[\log\frac{V}{N} + 1 - 3\log\lambda_T + W\right] \tag{6.30}$$

となる．圧力は，(2.30) によって，

$$p = k_{\mathrm{B}}T\frac{\partial \log Z_{\mathrm{c}}}{\partial V} = k_{\mathrm{B}}T\frac{N}{V}\left(1 + V\frac{\partial W}{\partial V}\right) \tag{6.31}$$

---

[*]　(6.29a) で定義される W というのは，熱力学的重率の W とは，全然関係がない．混同しないように．

である．したがって，W を，いろいろな物理的事情に応じて近似していくことが重要な仕事となる．

　量子統計の場合の相互作用の議論は，少しあとでおこなう．［第Ⅶ章参照］

I

II

III

IV

V

VI

VII

VIII

第Ⅴ章　大正準集合の理論

もっと理論を使いやすくするために.
特に量子統計は，これでないと扱えない.

§1.　はじめに

前章では，正準集合の理論が，小正準集合の理論にくらべてかなり使いやすくなっていることを学んだ．その使いやすくなった理由を反省してみよう．小正準集合の理論では，巨視的な系を指定するのに，粒子数 N，全エネルギー E，体積 V の 3 個の変数を用いる．これらの変数 N, E, V は，力学と関係づけるのに便利な変数である．ところが，小正準集合の理論において基本的な役割を演ずる状態密度 $\Omega(N, E, V)$ を求める場合，巨視的な量 N は，系を構成する要素（分子）の和であるという制限，

$$N = \sum_s n_s \tag{1.1}$$

を満たしていなければならない．また，全エネルギー E も，要素の和，

$$E = \sum_s \varepsilon_s n_s \tag{1.2}$$

を満たしていなければならない．

これら 2 個の条件 (1.1) と (1.2) のために，状態密度 $\Omega(N, E, V)$ の計算がやっかいであったということは，第Ⅱ章や第Ⅲ章の例で見たとおりである．

そこで，正準集合の理論を導入したわけだが，そこでは，条件 (1.2) のほうは無視して計算を進めることができる．そのことが，小正準集合の理論にくらべ，計算を大変簡単化した原因である．正準集合の理論で，条件 (1.2) を無視して計算を遂行してもよいようになった原因は，まず，巨視系を指定するのに，小正準集合のときの (N, E, V) をとらずに，(N, β, V) をとり，エネルギーを指定する代わりに，温度を指定して，エネルギーのほうをぼかしてしまったこ

とにある．ただし，温度を指定すると，エネルギーのほうはシャープにはきまらないが，p.128 の図に見られるように，

$$\frac{\partial}{\partial E^*} \log \Omega(N, E^*, V) = \frac{1}{k_B T} = \beta \tag{1.3}$$

できまるエネルギー E^* のあたりに幅 σ_{E^*} をもった分布がえられる．これが，条件（1.2）を無視してよくなった理由である．

前章の例で見たところによると，これでは，まだ条件（1.1）のほうを無視することはできないから，たとえば粒子数のきまった系を取り扱うのに困難が残ったわけである．そこで，小正準集合から正準集合へ移って，条件（1.2）のほうを無視してよくなったと同じ手を使って，条件（1.1）のほうも無視できるようにすることはできないであろうか？

エネルギー E の代わりに温度を指定したように，粒子数 N を指定しないで，その代わりに化学ポテンシャル μ（または，これと同じことだが $\alpha = -\mu/k_B T$）を用いて巨視系を指定しよう．するとおそらく，エネルギーのときにそうであったように，粒子数のほうはシャープに決まらないが，

$$\frac{\partial}{\partial N^*} \log \Omega(N^*, E^*, V) = -\frac{\mu}{k_B T} = \alpha \tag{1.4}$$

できまる N^* のあたりに，幅 σ_{N^*} をもった分布がえられるであろう．

つまり，巨視系を (N, E, V) で指定する小正準集合の理論では，（1.1）と（1.2）を両方とも考慮しなければならないが，巨視系を (N, β, V) で指定する正準集合の理論では，（1.1）のほうだけを考えればよい．さらに巨視系を (α, β, V) で指定するある集合の理論を定式化できると，条件（1.1），（1.2）の両方とも無視してよいであろう．

そのような理論を定式化することは可能であって，それが，大正準集合の理論といわれるものである．その定式化の仕方には，いろいろな方法がある．正準集合の理論を定式化するのに，(N, β, V) で指定される巨視系を，熱溜と一緒にした大きな系の一部と考え，この部分系と熱溜との間では，エネルギーだけが交換できるとして，全系に対して小正準集合の理論をあてはめるのと同じやり方をするのが一つ．次にはエントロピーを確率分布関数で表しておき，それが最大値をとるように確率分布関数を決定するというやり方にしたがうこともできる．ここでは，形式的に簡単な後者の方法を用いることにする．

いま，確率分布関数を $f({}^N\Gamma)$ としよう．そして，エントロピー "S" を，

$$\frac{\text{``}S\text{''}}{k_\mathrm{B}} = -\sum_{N=0}^{\infty} \int \mathrm{d}^N\Gamma\, f({}^N\Gamma) \log f({}^N\Gamma) \tag{1.5}$$

で定義する．これが最大値をとる分布を求める．

§2. 大正準集合の導入

前節で導入したエントロピー (1.5) を考えよう．$f({}^N\Gamma)$ が確率分布関数であるという条件，

$$\sum_{N=0}^{\infty} \int \mathrm{d}^N\Gamma\, f({}^N\Gamma) = 1 \tag{2.1}$$

エネルギーの平均値が一定であるという条件，

$$\sum_{N=0}^{\infty} \int \mathrm{d}^N\Gamma\, H_N f({}^N\Gamma) = \langle E \rangle_\mathrm{G} \tag{2.2}$$

および，粒子数の平均値が一定であるという条件，

$$\sum_{N=0}^{\infty} \int \mathrm{d}^N\Gamma\, N f({}^N\Gamma) = \langle N \rangle_\mathrm{G} \tag{2.3}$$

のもとにそのエントロピーが最大値をとるためには，条件，

$$-\log f({}^N\Gamma) - 1 - \alpha N - \beta H_N - \lambda = 0 \tag{2.4}$$

が満たされなければならない．ここで，α, β, λ は，それぞれ条件 (2.3), (2.2), (2.1) に対する Lagrange の未定係数である．(2.4) を満たす確率分布関数を，特に $f_\mathrm{G}({}^N\Gamma)$ と書くと，

$$f_\mathrm{G}({}^N\Gamma) = \mathrm{e}^{-\alpha N - \beta H_N}/Z_\mathrm{G} \tag{2.5}$$

である．ただし，Z_G は，(2.1) の条件が満たされるようにきめる．すると，

$$Z_\mathrm{G} = \sum_{N=0}^{\infty} \int \mathrm{d}^N\Gamma\, \mathrm{e}^{-\alpha N} \mathrm{e}^{-\beta H_N} \tag{2.6}$$

となる．(2.5) によって与えられる確率分布をもつ集合を，**大正準集合**（grand canonical ensemble），また，(2.6) を，**大正準集合における分配関数**，あるいは単に，**大分配関数**と呼ぶ*)．

---

*) 大分配関数は，$\varXi$ と書いてある本が多い．$\varXi$ という字は書きにくいから，この本では Z_G と書く．

【注　意】

　大正準集合では，粒子数 N を固定したときの $6N$ 次元の位相空間全体が関与してくるだけでなく，いろいろな N をもった位相空間が，N の値に応じて，$e^{-\alpha N}$ の割合で分布した集合からなるくじびきをひくことになる.

　古典論の場合にも，量子論の場合にも，α と β は，粒子数とエネルギーが一定という条件によって決定される. 前者の場合には，(2.2) により，

$$\frac{1}{Z_{\mathrm{G}}}\sum_{N=0}^{\infty}\int \mathrm{d}^N\Gamma\, e^{-\alpha N-\beta H_N}H_N = -\frac{\partial}{\partial\beta}\log Z_{\mathrm{G}} = \langle E\rangle_{\mathrm{G}} \tag{2.7}$$

また (2.3) により，

$$\frac{1}{Z_{\mathrm{G}}}\sum_{N=0}^{\infty}\int \mathrm{d}^N\Gamma\, e^{-\alpha N-\beta H_N}N = -\frac{\partial}{\partial\alpha}\log Z_{\mathrm{G}} = \langle N\rangle_{\mathrm{G}} \tag{2.8}$$

である.

　また，最大エントロピーは，

$$S = k_{\mathrm{B}}\frac{1}{Z_{\mathrm{G}}}\sum_{N=0}^{\infty}\int \mathrm{d}^N\Gamma\, e^{-\alpha N-\beta H_N}[\beta H_N+\alpha N+\log Z_{\mathrm{G}}]$$
$$= k_{\mathrm{B}}[\beta\langle E\rangle_{\mathrm{G}}+\alpha\langle N\rangle_{\mathrm{G}}+\log Z_{\mathrm{G}}] \tag{2.9}$$

となる.

　p.88 で注意した，Lagrange の未定係数に関する一般的性質により，(2.9) をエネルギー $\langle E\rangle_{\mathrm{G}}$ で微分するときには，α や β は，あたかも常数であるかのように取り扱ってよいから，

$$\frac{\partial S}{\partial\langle E\rangle_{\mathrm{G}}} = k_{\mathrm{B}}\beta \tag{2.10}$$

これは，式 (Ⅱ.3.5) により，温度の逆数でなければならない. したがって，

$$\beta = 1/k_{\mathrm{B}}T \tag{2.11}$$

である. 全く同様に，粒子数 $\langle N\rangle_{\mathrm{G}}$ で微分し，(Ⅱ.3.7) とくらべると，α と化学ポテンシャル μ とは

$$\alpha = -\mu/k_{\mathrm{B}}T \tag{2.12}$$

でむすばれていることがわかる.

　(2.11) と (2.12) を (2.9) に代入して整理すると，

$$\langle E\rangle_{\mathrm{G}}-ST-\mu\langle N\rangle_{\mathrm{G}} = -k_{\mathrm{B}}T\log Z_{\mathrm{G}} \tag{2.13}$$

という式がえられる. そこで，熱力学的関係，

$$pV = -E+ST+\mu N \tag{2.14}$$

を思い出すと，(2.13) は，

$$pV = k_{\mathrm{B}} T \log Z_{\mathrm{G}}(\alpha, \beta, V) \tag{2.15}$$

を意味することがわかる．この式が，<u>大正準集合の理論において巨視的な量と微視的な量をむすびつける基本的な関係</u>で，小正準集合の理論における Boltzmann の関係に相当するものである．

　大正準集合において物理量 $A(^{N}\Gamma)$ の平均値を求めるには，

$$\langle A \rangle_{\mathrm{G}} \equiv \frac{1}{Z_{\mathrm{G}}} \sum_{N=0}^{\infty} \int \mathrm{d}^{N}\Gamma\, A\,(^{N}\Gamma)\, \mathrm{e}^{-\alpha N - \beta H_N} \tag{2.16}$$

を計算すればよい．たとえば，圧力は，

$$p = -\left\langle \frac{\partial H_N}{\partial V} \right\rangle_{\mathrm{G}} = -\frac{1}{Z_{\mathrm{G}}} \sum_{N=0}^{\infty} \int \mathrm{d}^{N}\Gamma\, \frac{\partial H_N}{\partial V}\, \mathrm{e}^{-\alpha N - \beta H_N}$$

$$= \frac{\partial}{\partial V}\left(\frac{1}{\beta} \log Z_{\mathrm{G}} \right) \tag{2.17}$$

である．

　また，エネルギー，粒子数の平均値は，(2.7), (2.8) で与えられる．

　ここで，演習問題を二つ出しておくと：

【演習問題 1】

　式 (2.9) から出発し，(2.11), (2.12) を考慮して，

$$S = \frac{\partial}{\partial T}\left(\frac{1}{\beta} \log Z_{\mathrm{G}} \right) \tag{2.18}$$

を導け．さらに (2.7), (2.8), (2.17) を用いて，

$$\mathrm{d}(pV) = S\,\mathrm{d}T + p\,\mathrm{d}V + \langle N \rangle_{\mathrm{G}}\,\mathrm{d}\mu \tag{2.19}$$

が成り立つことを証明せよ．

【演習問題 2】

　古典理想気体を大正準集合理論で取り扱い，小正準集合，正準集合の理論による結果と比較せよ．

　【ヒント】 Gibbs の補正に気をつけること．エントロピーは，

$$S = k_{\mathrm{B}} \langle N \rangle_{\mathrm{G}} \left[\frac{5}{2} \log T - \log p + \frac{5}{2} + \log \frac{(2\pi m)^{3/2} k_{\mathrm{B}}^{5/2}}{h^3} \right]$$

となるはず．

【注　意】

(2.6) によると，大分配関数 Z_G は，

$$Z_G = \sum_{N=0}^{\infty} \int d^N \Gamma \int_0^{\infty} dE \, e^{-\alpha N} e^{-\beta E} \delta(E - H_N)$$

$$= \sum_{N=0}^{\infty} \int_0^{\infty} dE \, \Omega(N, E, V) e^{-\alpha N} e^{-\beta E} \tag{2.20a}$$

$$= \sum_{N=0}^{\infty} e^{-\alpha N} Z_C(N, \beta, V) \tag{2.20b}$$

と書くことができる．量子論の場合も同様である．状態密度 $\Omega(N, E, V)$ が，E（と N）について急激に増加（減少）する関数であり，(2.20) の被積分関数がある値 E^*（と N^*）でするどい極値をもつならば，(2.20) の積分を，最大値×幅でおきかえることができる．粒子数を連続変数として扱うと，(2.20a) は，

$$Z_G = 2\pi \sigma_{N^*} \sigma_{E^*} \Omega(N^*, E^*, V) e^{-\alpha N^*} e^{-\beta E^*} \tag{2.21}$$

と書かれる．ただし，N^*, E^* は，連立方程式，

$$\frac{\partial \log \Omega(N, E, V)}{\partial N} = \alpha \tag{2.22a}$$

$$\frac{\partial \log \Omega(N, E, V)}{\partial E} = \beta \tag{2.22b}$$

の解としてきまる．また，幅のほうは，

$$\frac{1}{\sigma_{N^*}^2} \equiv -\frac{\partial^2}{\partial N^2} \log \Omega(N, E, V) \Big|_{\substack{E=E^* \\ N=N^*}} \tag{2.23a}$$

$$\frac{1}{\sigma_{E^*}^2} \equiv -\frac{\partial^2}{\partial E^2} \log \Omega(N, E, V) \Big|_{\substack{E=E^* \\ N=N^*}} \tag{2.23b}$$

できまる．そこで，式 (2.21) の対数をとると，

$$\log Z_G = \log \Omega(N^*, E^*, V) - \alpha N^* - \beta E^* + \log(2\pi \sigma_{N^*} \sigma_{E^*}) \tag{2.24}$$

がえられる．この式が，大分配関数と，小正準集合の理論において，$E = E^*$，$N = N^*$ としたときの量との関係を示すものである．(2.24) の右辺の最後の項が，粒子数のゆらぎと，エネルギーのゆらぎによる項である．

【演習問題3】

(2.20) を用いて，大分配関数 $Z_G(\alpha, \beta, V)$ と正準集合の分配関数 $Z_C(N, \beta, V)$ の関係を求めよ．ただし，$e^{-\alpha N} Z_C(N, \beta, V)$ は，ある値 $N = N^*$ で，圧倒的に

大きくなるとする.

【答】

$$Z_G(\alpha, \beta, V) = \sqrt{2\pi}\, \sigma_{N*} e^{-\alpha N*} Z_C(N^*, \beta, V)$$

ただし，p.175 の［注意］参照.

粒子数のゆらぎ

エネルギーのゆらぎについては，正準集合の理論で取り扱ったから，ここでは粒子数のゆらぎのほうを考えよう. まず (2.8) をもう一度書いておくと，

$$\langle N \rangle_G = \frac{1}{Z_G} \sum_{N=0}^{\infty} \int d^N \Gamma\, N e^{-\alpha N - \beta H_N} \tag{2.25a}$$

$$= -\frac{\partial}{\partial \alpha} \log Z_G \tag{2.25b}$$

(2.25a) のほうを α で微分すると，

$$\frac{\partial \langle N \rangle_G}{\partial \alpha} = \frac{\partial}{\partial \alpha}\left(\frac{1}{Z_G}\right) \cdot Z_G \langle N \rangle_G - \langle N^2 \rangle_G \tag{2.26}$$

そこで，右辺第1項を変形して (2.25b) のほうを用いると，

$$\frac{\partial \langle N \rangle_G}{\partial \alpha} = \langle N \rangle_G^2 - \langle N^2 \rangle_G \tag{2.27}$$

がえられる.

一方，式 (2.16) の定義により，

$$\langle N^2 \rangle_G = \frac{1}{Z_G} \sum_{N=0}^{\infty} \int_0^{\infty} dE\, \Omega(N, E, V) N^2 e^{-\alpha N - \beta E} \tag{2.28}$$

と書き，(III.3.28) を応用すると，

$$\langle N^2 \rangle_G = N^{*2} + \frac{1}{2} \sigma_{N*}^2 \left[\frac{\partial^2}{\partial N^2} N^2\right]_{N=N^*} = N^{*2} + \sigma_{N*}^2 \tag{2.29}$$

だから，(2.27) と一緒にすると，

$$\langle N^2 \rangle_G - \langle N \rangle_G^2 = \sigma_{N*}^2 = -\frac{\partial \langle N \rangle_G}{\partial \alpha} \tag{2.30}$$

となる. ただし，ここで σ_{N*} は，(2.23a) で定義される量である. また (2.25a) に (III.3.28) を応用してえられる関係，

$$\langle N \rangle_G = N^* \tag{2.31}$$

を用いた. (2.30) が，エネルギーのゆらぎに対する (IV.2.33), (IV.2.39) に対

応する式である.

式 (2.30) をもう少し物理的な量で書き直すこともできる. それには, (2.19) に戻るとよい. この式によると, 等温変化 (すなわち $dT = 0$) に対し,

$$d\mu = dp\,(V/\langle N\rangle_G) \tag{2.32}$$

が成り立つ. これは,

$$\left(\frac{\partial\mu}{\partial(\langle N\rangle_G/V)}\right)_T = \frac{V}{\langle N\rangle_G}\left(\frac{\partial p}{\partial(\langle N\rangle_G/V)}\right)_T \tag{2.33}$$

を意味する*). そこで, 左辺の微分は V を固定して $\langle N\rangle_G$ でおこない, 右辺では, $\langle N\rangle_G$ を固定して V で微分すると, この式は,

$$\left(\frac{\partial\mu}{\partial\langle N\rangle_G}\right)_{V,T} = -\left[\frac{V}{\langle N\rangle_G}\right]^2\left(\frac{\partial p}{\partial V}\right)_{N,T} \tag{2.34}$$

となる. この式の逆数をとって, 定温圧縮率の定義,

$$\kappa_T \equiv -\frac{1}{V}\left(\frac{\partial V}{\partial p}\right)_{N,T} \tag{2.35}$$

を用いると,

$$\frac{\partial\langle N\rangle_G}{\partial\alpha} = -k_B T\left(\frac{\partial\langle N\rangle_G}{\partial\mu}\right)_{V,T} = \frac{k_B T}{V^2}\langle N\rangle_G^2\left(\frac{\partial V}{\partial p}\right)_{N,T}$$

$$= -\frac{k_B T}{V}\langle N\rangle_G^2\kappa_T \tag{2.36}$$

となる. したがって, (2.30) により,

$$\langle N^2\rangle_G - \langle N\rangle_G^2 = \sigma_{N*}^2 = \frac{k_B T}{V}\langle N\rangle_G^2\kappa_T \tag{2.37a}$$

あるいは,

$$\frac{\langle N^2\rangle_G - \langle N\rangle_G^2}{\langle N\rangle_G^2} = \left[\frac{\sigma_{N*}}{\langle N\rangle_G}\right]^2 = \frac{k_B T}{V}\kappa_T \tag{2.37b}$$

が成り立つことになる. エネルギーのゆらぎの2乗が定積比熱に比例しているのに対し, 粒子数のゆらぎの2乗は, 定温圧縮率に比例している.

---

*) $(\;\;)_a$ の意味は, 熱力学の時と同様, a を固定していることを意味する.

【演習問題 4】

正準集合および大正準集合に対してそれぞれ,

$$\langle p^2 \rangle_{\mathrm{C}} - \langle p \rangle_{\mathrm{C}}^2 = k_{\mathrm{B}} T \left\{ \frac{\partial \langle p \rangle_{\mathrm{C}}}{\partial V} + \left\langle \frac{\partial^2 E}{\partial V^2} \right\rangle_{\mathrm{C}} \right\}$$

$$\langle p^2 \rangle_{\mathrm{G}} - \langle p \rangle_{\mathrm{G}}^2 = k_{\mathrm{B}} T \left\langle \frac{\partial^2 E}{\partial V^2} \right\rangle_{\mathrm{G}}$$

が成り立つことを証明せよ.

【ヒント】　$\langle p \rangle_{\mathrm{G}}$ は α, β, V の関数でかつ示強的である.

【演習問題 5】

大正準集合におけるエントロピーの表示 (2.9) に (III.3.28) を用い, ゆらぎを無視するとき,

$$S = k_{\mathrm{B}} \log \Omega(N^*, E^*, V)$$

となることを示せ. ただし N^*, E^* は (2.22) の解である.

【ヒント】　式 (2.24) を見よ.

【演習問題 6】

大正準集合の状態和 $Z_{\mathrm{G}}(\alpha, \beta, V)$ につき, 全系が 2 個のほとんど独立な系にわけられる場合の合成則,

$$Z_{\mathrm{G}1+2}(\alpha, \beta, V) = Z_{\mathrm{G}1}(\alpha, \beta, V)\, Z_{\mathrm{G}2}(\alpha, \beta, V)$$

を導け.

【ヒント】　式 (IV.2.36) を導いたと同様のやり方をすればよい. ただし, 今回は,

$$\Omega_{1+2}(N, E) = \sum_{N_1=0}^{N} \int_0^E \mathrm{d}E_1\, \Omega_1(N_1, E_1)\, \Omega_2(N-N_1, E-E_1)$$

から出発する.

【演習問題 7】

古典的理想気体につき, (2.35) を用いて κ_T を計算し,

$$\frac{\langle N^2 \rangle_{\mathrm{G}} - \langle N \rangle_{\mathrm{G}}^2}{\langle N \rangle_{\mathrm{G}}^2} = \frac{k_{\mathrm{B}} T}{V} \kappa_T$$

が, どの程度のものであるか調べよ.

【ヒント】　$pV = k_{\mathrm{B}} NT$ を用いると,

$$\kappa_T = \left[-V\left(\frac{\partial p}{\partial V}\right)_{N,T} \right]^{-1} = 1/p$$

となる．したがって，上の量は $1/N$ の程度となる．

【演習問題 8】

Helmholtz の自由エネルギーを Z_G であらわせ．また，Gibbs の自由エネルギーを Z_G であらわせ．

【答】

$$F = -k_B T \left(\log Z_G - \mu \frac{\partial}{\partial \mu} \log Z_G \right)$$

$$G = k_B T \mu \frac{\partial}{\partial \mu} \log Z_G$$

【演習問題 9】

p. 90 の演習問題 5 で導いた気体のエントロピーは，

$$\text{``}S\text{''} = -k_B \sum_p \left[n_p \log n_p + \frac{1}{b}(1 - b n_p) \log(1 - b n_p) \right]$$

を最大にするものであることを証明せよ．ただし，

$$b = \begin{cases} 0 & \text{Maxwell-Boltzmann 統計} \\ -1 & \text{Bose-Einstein 統計} \\ 1 & \text{Fermi-Dirac 統計} \end{cases}$$

【ヒ ン ト】　条件 $N = \sum_p n_p$ と $E = \sum_p \varepsilon_p n_p$ を忘れないように．また，

$$\lim_{b \to 0} \frac{1}{b} \log(1 - b n_p) = \lim_{b \to 0} \frac{-n_p}{1 - b n_p} = -n_p$$

に注意．

【注　　意】

　正準集合理論と大正準集合理論との関係を考える場合，演習問題 3 の結果は，$e^{-\alpha N} Z_C(N, \beta, V)$ が N について極大をもたない場合は成立しない．このことを直接みるためには，調和振動子の集まりをとってみるとよい．調和振動子を古典的に扱うと，正準集合理論では，

$$Z_C(N, \beta) = \left(\frac{1}{\hbar \omega \beta} \right)^N \tag{2.38}$$

である．したがって，平均エネルギー $\langle E \rangle_C$ と，α は，それぞれ，

$$\langle E \rangle_{\text{C}} = -\frac{\partial}{\partial \beta} \log Z_{\text{C}} = k_{\text{B}} N T \tag{2.39}$$

$$\alpha = \frac{\partial}{\partial N} \log Z_{\text{C}} = -\log \hbar \omega \beta \tag{2.40}$$

ところで，大分配関数は，

$$Z_{\text{G}}(\alpha, \beta) = \sum_{N=0}^{\infty} \mathrm{e}^{-\alpha N} Z_{\text{C}}(N, \beta)$$

$$= \sum_{N=0}^{\infty} (\mathrm{e}^{-\alpha}/\hbar \omega \beta)^{N} \tag{2.41a}$$

$$= \frac{\hbar \omega \beta}{\hbar \omega \beta - \mathrm{e}^{-\alpha}} \tag{2.41b}$$

である．ただし，（2.41a）の和が収束するためには，

$$\mathrm{e}^{\alpha} \hbar \omega \beta > 1 \tag{2.42}$$

でなければならない．この式が満たされているかぎり（2.41b）の形にまとまる．

　大分配関数を用いて，振子の数の平均を求めると，

$$\langle N \rangle_{\text{G}} = -\frac{\partial}{\partial \alpha} \log Z_{\text{G}} = \frac{1}{\mathrm{e}^{\alpha} \hbar \omega \beta - 1} \tag{2.43}$$

となるから，（2.42）という条件によって，$\langle N \rangle_{\text{G}}$ がいつでも正になっていることがわかる．この（2.43）によると，

$$\mathrm{e}^{\alpha} \hbar \omega \beta = 1 + \frac{1}{\langle N \rangle_{\text{G}}} \tag{2.44}$$

となる．したがって，

$$\alpha = -\log \hbar \omega \beta + \log \frac{\langle N \rangle_{\text{G}} + 1}{\langle N \rangle_{\text{G}}} \tag{2.45}$$

である．この式と，正準集合の（2.40）をくらべてみると，（2.45）の右辺の第2項だけ差があることがわかる．この第2項は，$\langle N \rangle_{\text{G}}$ が無限大と考えられるような大きな数であるならば，0とおいてかまわない．言いかえるならば，正準集合理論において，化学ポテンシャル（$\div k_{\text{B}} T$）を，（2.40）によって求めたが，それは，N が無限大と考えられるほど大きいときにかぎられる．

　ついでに，（2.43）をもう一度 α で微分して，振動子の数のゆらぎを計算して

みると，

$$(\Delta N)^2 = -\frac{\partial \langle N \rangle_{\mathrm{G}}}{\partial \alpha} = \frac{\hbar\omega\beta e^{\alpha}}{(e^{\alpha}\hbar\omega\beta-1)^2} = \langle N \rangle_{\mathrm{G}}(1+\langle N \rangle_{\mathrm{G}}) \tag{2.46}$$

となり，

$$\frac{(\Delta N)^2}{\langle N \rangle_{\mathrm{G}}^2} = \frac{\langle N \rangle_{\mathrm{G}}+1}{\langle N \rangle_{\mathrm{G}}} \tag{2.47}$$

がえられる．これは明らかに，$\langle N \rangle_{\mathrm{G}} \to \infty$ でも消えない．この（2.47）を（2.45）に使うと，

$$\alpha = -\log \hbar\omega\beta + 2\log(\Delta N/\langle N \rangle_{\mathrm{G}}) \tag{2.48}$$

となることに注意しよう．

（2.41a）までもどって，$\sum_{N=0}$ の項の中の最高値を求めようとすると，そんなものはないことがわかる．演習問題3の結論は，$Z_{\mathrm{G}}(\alpha, \beta)$ の定義の，N に関する和が，ある N の値 N^* で圧倒的に大きくなるときだけ正しい．上の例ではそのような N^* が存在しない．

【蛇　　足】

（1）　それにもかかわらず，正準集合によって求めたエントロピー S_{C} と，大正準集合によって求めたエントロピー S_{G} とは，$\langle N \rangle_{\mathrm{G}}$ が大変大きいときには一致する．これを確認するために次の問題をやってみよう．

【演習問題10】

角振動数 ω の古典的調和振動子の系において，次の量を計算せよ．

（ⅰ）　$Z_{\mathrm{C}}(N, \beta)$

（ⅱ）　$Z_{\mathrm{G}}(\alpha, \beta)$

（ⅲ）　$\langle N \rangle_{\mathrm{G}}$

（ⅳ）　$(\Delta N)^2 = \langle N^2 \rangle_{\mathrm{G}} - \langle N \rangle_{\mathrm{G}}^2$

（ⅴ）　S_{C}

（ⅵ）　S_{G}

【ヒ　ン　ト】

$$(\Delta N)^2 = (1+\langle N \rangle_{\mathrm{G}})\langle N_{\mathrm{G}} \rangle$$

となるにもかかわらず，

$$S_{\mathrm{C}} = k_{\mathrm{B}} N [1-\log \hbar\omega\beta]$$

$$S_{\mathrm{G}} = k_{\mathrm{B}} \langle N \rangle_{\mathrm{G}} [1-\log(\hbar\omega\beta)]$$

$$+k_{\mathrm{B}}\left[\log(1-\langle N\rangle_{\mathrm{G}})+\langle N\rangle_{\mathrm{G}}\log\frac{1+\langle N\rangle_{\mathrm{G}}}{\langle N\rangle_{\mathrm{G}}}\right]$$

となる．最後の項は $\langle N\rangle_{\mathrm{G}}\equiv x$ とするとき，

$$\lim_{x\to\infty}x\log\frac{x+1}{x}=1$$

だから，示量的な量に対して無視することができる．

（2）　蛇足のついでに，ゆらぎについて成立する一般的関係を導いておく．いま，Hamiltonian が，力学的な量 a,b などに依存するとしよう（a,b は系の体積とか，外場などを抽象的に書いたものである）．このとき，正準分配関数を，

$$Z_{\mathrm{C}}=\int\mathrm{d}^N\varGamma\,\mathrm{e}^{-\beta H_N}\tag{2.49}$$

としよう*）．以下，記号として，

$$\left\langle\frac{\partial H_N}{\partial a}\right\rangle_{\mathrm{C}}\equiv\frac{1}{Z_{\mathrm{C}}}\int\mathrm{d}^N\varGamma\,\frac{\partial H_N}{\partial a}\mathrm{e}^{-\beta H_N}\tag{2.50}$$

$$\left\langle\frac{\partial H_N}{\partial b}\frac{\partial H_N}{\partial a}\right\rangle_{\mathrm{C}}\equiv\frac{1}{Z_{\mathrm{C}}}\int\mathrm{d}^N\varGamma\,\frac{\partial H_N}{\partial b}\frac{\partial H_N}{\partial a}\mathrm{e}^{-\beta H_N}\tag{2.51}$$

$$\left\langle\frac{\partial^2 H_N}{\partial b\partial a}\right\rangle_{\mathrm{C}}\equiv\frac{1}{Z_{\mathrm{C}}}\int\mathrm{d}^N\varGamma\,\frac{\partial^2 H_N}{\partial b\partial a}\mathrm{e}^{-\beta H_N}\tag{2.52}$$

を用いる．すると明らかに，

$$\left\langle\frac{\partial^2 H_N}{\partial b\partial a}\right\rangle_{\mathrm{C}}-\beta\left\langle\frac{\partial H_N}{\partial b}\frac{\partial H_N}{\partial a}\right\rangle_{\mathrm{C}}=-\frac{1}{\beta}\frac{1}{Z_{\mathrm{C}}}\frac{\partial^2 Z_{\mathrm{C}}}{\partial b\partial a}\tag{2.53}$$

および，

$$\frac{\partial}{\partial b}\left\langle\frac{\partial H_N}{\partial a}\right\rangle_{\mathrm{C}}=\frac{\partial}{\partial a}\left\langle\frac{\partial H_N}{\partial b}\right\rangle_{\mathrm{C}}=-\frac{1}{\beta}\frac{\partial}{\partial b}\left(\frac{1}{Z_{\mathrm{C}}}\frac{\partial Z_{\mathrm{C}}}{\partial a}\right)$$

$$=\beta\left(\frac{1}{\beta}\frac{1}{Z_{\mathrm{C}}}\frac{\partial Z_{\mathrm{C}}}{\partial b}\right)\left(\frac{1}{\beta}\frac{1}{Z_{\mathrm{C}}}\frac{\partial Z_{\mathrm{C}}}{\partial a}\right)-\frac{1}{\beta}\frac{1}{Z_{\mathrm{C}}}\frac{\partial Z_{\mathrm{C}}}{\partial b\partial a}$$

---

*）　ここでは古典統計における関係式を書いておくが，量子統計でも同じである．

$$= \beta \left\langle \frac{\partial H_N}{\partial b} \right\rangle_{\mathrm{c}} \left\langle \frac{\partial H_N}{\partial a} \right\rangle_{\mathrm{c}} - \frac{1}{\beta} \frac{1}{Z_{\mathrm{c}}} \frac{\partial^2 Z_{\mathrm{c}}}{\partial b \partial a} \tag{2.54}$$

が成り立つ. (2.53) から, (2.54) をひくと,

$$\left\langle \frac{\partial^2 H_N}{\partial b \partial a} \right\rangle_{\mathrm{c}} - \frac{\partial}{\partial b} \left\langle \frac{\partial H_N}{\partial a} \right\rangle_{\mathrm{c}} = \beta \left\langle \frac{\partial H_N}{\partial b} \frac{\partial H_N}{\partial a} \right\rangle_{\mathrm{c}}$$

$$- \beta \left\langle \frac{\partial H_N}{\partial b} \right\rangle_{\mathrm{c}} \left\langle \frac{\partial H_N}{\partial a} \right\rangle_{\mathrm{c}}$$

$$= \beta \left\langle \left(\frac{\partial H_N}{\partial b} - \left\langle \frac{\partial H_N}{\partial b} \right\rangle_{\mathrm{c}} \right) \left(\frac{\partial H_N}{\partial a} - \left\langle \frac{\partial H_N}{\partial a} \right\rangle_{\mathrm{c}} \right) \right\rangle_{\mathrm{c}} \tag{2.55}$$

これを書き直すと,

$$\left\langle \left(\frac{\partial H_N}{\partial b} - \left\langle \frac{\partial H_N}{\partial b} \right\rangle_{\mathrm{c}} \right) \left(\frac{\partial H_N}{\partial a} - \left\langle \frac{\partial H_N}{\partial a} \right\rangle_{\mathrm{c}} \right) \right\rangle$$

$$= \frac{1}{\beta} \left\{ \left\langle \frac{\partial^2 H_N}{\partial b \partial a} \right\rangle_{\mathrm{c}} - \frac{\partial}{\partial b} \left\langle \frac{\partial H_N}{\partial a} \right\rangle_{\mathrm{c}} \right\} \tag{2.56}$$

がえられる. この式の左辺は, 物理量 $\partial H_N/\partial b$ と $\partial H_N/\partial a$ の, 統計的相関をあらわす量である.

　この式を使う例として, $a = b = V$ (体積) の場合を考えよう. いま,

$$p \equiv -\frac{\partial H_N}{\partial V} \tag{2.57}$$

とおいて, (2.56) を書き直すと,

$$\langle (p - \langle p \rangle_{\mathrm{c}})^2 \rangle_{\mathrm{c}} = \langle p^2 \rangle_{\mathrm{c}} - \langle p \rangle_{\mathrm{c}}^2$$

$$= \frac{1}{\beta} \left\{ \frac{\partial \langle p \rangle_{\mathrm{c}}}{\partial V} - \left\langle \frac{\partial p}{\partial V} \right\rangle_{\mathrm{c}} \right\} \tag{2.58}$$

となる. この式は, Z_{c} を具体的に書いて直接確かめることができる. 左辺は, 正準集合における, 圧力のゆらぎである.

【演習問題 11】

　式 (2.56) を導いた方法を用いて,

$$\langle (E - \langle E \rangle_{\mathrm{c}})(p - \langle p \rangle_{\mathrm{c}}) \rangle_{\mathrm{c}} = \frac{\partial \langle p \rangle_{\mathrm{c}}}{\partial \beta}$$

を導け.

【ヒント】 式 (2.53) から (2.56) までの計算をたどればよい.

§3. Bose-Einstein 統計にしたがう粒子の系

Bose-Einstein の統計にしたがう粒子（これを以下，**Bose 粒子**と呼ぶ）の系は，小正準集合理論のわくの中で，最大項の方法を用いて，p. 81 で議論した．その時，予告しておいたように，この系は，大正準集合の理論によって取り扱うと，計算がきわめて簡単である．そのことをここで示し，この系の物理的な性質を調べてみることにしよう．

いま，運動量 p をもった粒子のエネルギーが ε_p であるとしよう．このような粒子が，Bose-Einstein の統計にしたがうとすると，全系のエネルギーは，数表示で，

$$E\{n_p\} = \sum_p \varepsilon_p n_p \tag{3.1}$$

と書かれる*[*)．ここで，n_p は，運動量 p をもった粒子の数で，Bose-Einstein の統計にしたがう粒子の場合には，各 p に対し，

$$n_p = 0, 1, 2, 3, \cdots \tag{3.2}$$

である．

大正準集合の状態和は，

$$Z_G(\alpha, \beta, V) = \sum_{N=0}^{\infty} \sum_{\{n_p\}=0}^{\infty} e^{-\alpha N} e^{-\beta E\{n_p\}} \delta_{N, \sum_p n_p} = \sum_{\{n_p\}=0}^{\infty} e^{-\beta \sum_p \varepsilon_p n_p} e^{-\alpha \sum_p n_p}$$

$$= \prod_p \sum_{n_p=0}^{\infty} e^{-(\beta \varepsilon_p + \alpha) n_p} = \prod_p \frac{1}{1 - e^{-(\alpha + \beta \varepsilon_p)}} \tag{3.3}$$

である．前の p. 81 の計算よりうんと簡単である．したがって，ただちに，

$$pV = k_B T \log Z_G(\alpha, \beta, V) = -k_B T \sum_p \log(1 - e^{-(\alpha + \beta \varepsilon_p)}) \tag{3.4}$$

がえられる．ここで，

$$\alpha = -\mu/k_B T \tag{3.5a}$$

$$\beta = 1/k_B T \tag{3.5b}$$

で，化学ポテンシャル μ と温度 T とは，与えられたものである．これらの化学

---

*）　場の理論から出発してこの式を導くと，これに零点エネルギーが加わるが，それはここでは考えない．

ポテンシャルと温度が与えられたとき，系の粒子数は，

$$\langle N \rangle_{\mathrm{G}} = -\frac{\partial}{\partial \alpha} \log Z_{\mathrm{G}}(\alpha, \beta, V) = \sum_{\boldsymbol{p}} \frac{1}{\mathrm{e}^{\alpha + \beta \varepsilon_{\boldsymbol{p}}} - 1} \tag{3.6}$$

であり，エネルギーは，

$$\langle E \rangle_{\mathrm{G}} = -\frac{\partial}{\partial \beta} \log Z_{\mathrm{G}}(\alpha, \beta, V) = \sum_{\boldsymbol{p}} \frac{\varepsilon_{\boldsymbol{p}}}{\mathrm{e}^{\alpha + \beta \varepsilon_{\boldsymbol{p}}} - 1} \tag{3.7}$$

である．

式 (3.6) は，各モードについての粒子数が，

$$\langle n_{\boldsymbol{p}} \rangle_{\mathrm{G}} = \frac{1}{\mathrm{e}^{\alpha + \beta \varepsilon_{\boldsymbol{p}}} - 1} \tag{3.8}$$

となることを示しているが，粒子数は，いつでも正でなければならないから，α は (3.8) を正にするようなものでなければならない．特に，$\varepsilon_{\boldsymbol{p}}$ が $\boldsymbol{p}=0$ で 0 となる場合には，すなわち，

$$\varepsilon_0 = 0 \tag{3.9}$$

ならば，

$$\mathrm{e}^{\alpha} > 1 \tag{3.10}$$

でなければならない．$\boldsymbol{p}=0$ のモードを分離して書くと，(3.6) は，

$$\langle N \rangle_{\mathrm{G}} = \frac{1}{\mathrm{e}^{\alpha} - 1} + \sum_{\boldsymbol{p} \neq 0} \frac{1}{\mathrm{e}^{\alpha + \beta \varepsilon_{\boldsymbol{p}}} - 1} \tag{3.11}$$

となる．右辺第 1 項が，$\boldsymbol{p}=0$ をもった粒子の数で，第 2 項は，$\boldsymbol{p} \neq 0$ をもった粒子の数である．

$\mathrm{e}^{\alpha} \gg 1$, $\varepsilon_{\boldsymbol{p}} = \boldsymbol{p}^2/2m$ の場合

いま，$\mathrm{e}^{\alpha} \gg 1$ の場合を考えると，e^{α} にくらべて 1 は省略できるから，

$$\langle N \rangle_{\mathrm{G}} = \sum_{\boldsymbol{p} \neq 0} \mathrm{e}^{-\alpha - \beta \varepsilon_{\boldsymbol{p}}} \tag{3.12}$$

と近似できる．これは，修正 Maxwell-Boltzmann 統計にしたがう粒子の場合と同じで（式 (III.2.11) を見よ．），$\varepsilon_{\boldsymbol{p}} = \boldsymbol{p}^2/2m$ の場合には，

$$\langle N \rangle_{\mathrm{G}} = \frac{V}{h^3} \int \mathrm{d}^3 p \, \mathrm{e}^{-\alpha - \beta p^2/2m} = \mathrm{e}^{-\alpha} \frac{V}{h^3} \left(\frac{2\pi m}{\beta} \right)^{3/2} \tag{3.13}$$

同様にエネルギーのほうは，

$$\langle E \rangle_G = \frac{V}{h^3} \int d^3p \, \frac{1}{2m} \boldsymbol{p}^2 e^{-\alpha - \beta p^2/2m}$$

$$= e^{-\alpha} \frac{V}{h^3} \frac{3}{2} \left(\frac{2\pi m}{\beta} \right)^{3/2} \frac{1}{\beta} = \frac{3}{2} \langle N \rangle_G \frac{1}{\beta} \tag{3.14}$$

となる．したがって，(3.13) により，

$$e^\alpha = \frac{1}{h^3} \frac{V}{\langle N \rangle_G} \left(\frac{2\pi m}{\beta} \right)^{3/2} \tag{3.15}$$

気体の状態方程式，

$$pV = \frac{2}{3} \langle E \rangle_G = k_B \langle N \rangle_G T \tag{3.16}$$

を確かめるのは容易であろう．(3.15) に (3.16) を用いると，

$$e^\alpha = \frac{1}{h^3} (2\pi m)^{3/2} (k_B T)^{3/2} \frac{1}{p} (k_B T) = \left(\frac{2\pi m}{h^2} \right)^{3/2} (k_B)^{5/2} \frac{T^{5/2}}{p} \tag{3.17}$$

がえられる．これは常温，一気圧の空気などでは 10^6 程度で，$e^\alpha \gg 1$ という条件を満たしているが，温度がうんと低くなると，(3.17) の右辺は小さくなり古典統計はあてはまらなくなる．

e^α が 1 に近い場合

(3.11) に戻り，e^α が 1 に近い場合を考えよう．この場合には，明らかに右辺の第 1 項が大変大きくなる．つまり $\boldsymbol{p}=0$ の状態に多くの粒子が落ちこむ．特に温度が 0 に近づくと，β は ∞ に近づくから第 2 項の分母が大きくなり，ほとんど全部の粒子が $\boldsymbol{p}=0$ の状態へ入ってしまう．この状態を，**Bose 凝縮** (condensation) という．

しかしながら，普通の物質では，温度が低くなると，Bose condensation が起こる前に，固体になってしまうから，Bose condensation は観測されない．ただ一つだけの例外は，ヘリウムであって，温度 2.19 °K 以下では，超流動という現象が起こり，これが Bose condensation を起こした相であると考えられている．

そこで Bose condensation を調べてみよう．

(3.11) の右辺第 2 項をながめてみる．和を積分になおすために，

$$\sum_{\boldsymbol{p} \neq 0} = \frac{V}{h^3} 4\pi p^2 \, dp = \rho(\varepsilon) d\varepsilon \tag{3.18}$$

によって，状態密度 $\rho(\varepsilon)$ を導入しよう．すると，

$$\rho(\varepsilon) = \begin{cases} \dfrac{2\pi V}{h^3}(2m)^{3/2}\varepsilon^{1/2} & \varepsilon_p = \boldsymbol{p}^2/2m \text{ のとき} \quad (3.19\mathrm{a}) \\[3mm] \dfrac{4\pi V}{(hc_s)^3}\varepsilon^2 & \varepsilon_p = c_s|\boldsymbol{p}| \text{ のとき} \quad (3.19\mathrm{b}) \end{cases}$$

である．エネルギーと運動量の関係をもう少し一般的にし，

$$\rho(\varepsilon) = Vg_s\varepsilon^s \qquad s \geq 1/2 \tag{3.20}$$

として分析を進めることができる*)．この場合，(3.11) の右辺の 2 項を，

$$N_0 \equiv \frac{1}{\mathrm{e}^\alpha - 1} \tag{3.21}$$

$$N(\boldsymbol{p} \neq 0) \equiv Vg_s\int_0^\infty \mathrm{d}\varepsilon\frac{\varepsilon^s}{\mathrm{e}^{\alpha+\beta\varepsilon}-1} \tag{3.22}$$

とおくことができる．$\langle N\rangle_\mathrm{G}$ 個の粒子のうち，ある温度でどれだけが $\boldsymbol{p}=0$ の状態におち，どれだけが $\boldsymbol{p}\neq0$ の状態にあるかをみるには (3.11) を解いて α の温度依存性を見いださなければならない．それを見いだすのはむずかしいから，通常は次のように評価する．

まず少々数学的な準備をしなければならない．そこで，

$$\xi \equiv \mathrm{e}^{-\alpha} < 1 \tag{3.23}$$

とおく．(3.22) の右辺から，温度を分離するために Appell 関数，

$$\phi(s,\xi) \equiv \frac{1}{\Gamma(s)}\int_0^\infty \mathrm{d}x\,\frac{x^{s-1}}{\xi^{-1}\mathrm{e}^x-1} = \frac{1}{\Gamma(s)}\sum_{n=1}^\infty\int_0^\infty \mathrm{d}x\,x^{s-1}\mathrm{e}^{-nx}\xi^n$$

$$= \sum_{n=1}^\infty\frac{\xi^n}{n^s}\frac{1}{\Gamma(s)}\int_0^\infty \mathrm{d}x\,x^{s-1}\mathrm{e}^{-x} = \sum_{n=1}^\infty\frac{\xi^n}{n^s} \qquad (|\xi|<1) \quad (3.24)$$

を導入する．付録 A に見られるように $\phi(s,\xi)$ は，ξ に関して 0 から単調に増加する．この関数を用いると，(3.22) の右辺の積分は，

$$\int_0^\infty \mathrm{d}\varepsilon\,\frac{\varepsilon^s}{\mathrm{e}^{\alpha+\beta\varepsilon}-1} = (k_\mathrm{B}T)^{s+1}\int_0^\infty \mathrm{d}x\,\frac{x^s}{\xi^{-1}\mathrm{e}^x-1}$$

$$= \phi(s+1,\xi)\Gamma(s+1)(k_\mathrm{B}T)^{s+1} \tag{3.25}$$

と書けるから，粒子の総数 $\langle N\rangle_\mathrm{G}$ は，(3.21), (3.22) より，

---

*) これは $\varepsilon\propto p^{3/(s+1)}$ の場合である．

$$\langle N \rangle_{\mathrm{G}} = \frac{1}{\xi^{-1}-1} + V g_s (k_{\mathrm{B}} T)^{s+1} \Gamma(s+1) \phi(s+1, \xi) \tag{3.26}$$

である．粒子数 $\langle N \rangle_{\mathrm{G}}$ を固定すると，この式を通じて ξ の温度 T への依存性が原理的にはわかるはずである．(3.26) の右辺第 2 項をながめてみよう．Appell 関数 $\phi(s+1, \xi)$ は，$s \geq 1/2$ であるかぎり，ξ が 0 から 1 まで変わるにしたがい，0 と $\phi(3/2, 1) = 2.612$ までしか変わりえない．したがって，温度 T が低いと，第 2 項は大きくなれないから，(3.26) が成り立つためには，右辺第 1 項が，かせがなければならない[*]．したがって，その場合には，ξ は 1 にきわめて近くなければならない．

　いま，与えられた $\langle N \rangle_{\mathrm{G}}$ に対して，

$$\langle N \rangle_{\mathrm{G}} \equiv V g_s (k_{\mathrm{B}} T_0)^{s+1} \Gamma(s+1) \phi(s+1, 1) \tag{3.27}$$

によって温度 T_0 を定義すると，(3.26) は，

$$\langle N \rangle_{\mathrm{G}} = \frac{\xi}{1-\xi} + \langle N \rangle_{\mathrm{G}} \left(\frac{T}{T_0} \right)^{s+1} \frac{\phi(s+1, \xi)}{\phi(s+1, 1)} \tag{3.28}$$

と書ける．これは，正確な関係式で，与えられた $\langle N \rangle_{\mathrm{G}}$ に対して，ξ がどのように T/T_0 に依存するかを示すものである．これを見いだすために，(3.28) を，

$$\frac{1}{\langle N \rangle_{\mathrm{G}}} \frac{\xi}{1-\xi} = 1 - \left(\frac{T}{T_0} \right)^{s+1} \frac{\phi(s+1, \xi)}{\phi(s+1, 1)} \tag{3.29}$$

を書き直し，左辺，

$$f_N(\xi) = \frac{1}{\langle N \rangle_{\mathrm{G}}} \frac{\xi}{1-\xi} \tag{3.30}$$

と右辺，

$$g(\xi) = 1 - \left(\frac{T}{T_0} \right)^{s+1} \frac{\phi(s+1, \xi)}{\phi(s+1, 1)} \tag{3.31}$$

とを別々にプロットして，その交点を求めてみよう．まず関数 (3.30) をみると，たとえば $\langle N \rangle_{\mathrm{G}} = 4$ のとき図 5.1 のようになる．$\langle N \rangle_{\mathrm{G}}$ が大きくなるにしたがい $f_N(\xi)$ はだんだんと ξ-軸および $\xi = 1$ の線に近づき，$\langle N \rangle_{\mathrm{G}}$ が 10^{23} という大きな数であると，曲線は事実上，ξ-軸と，$\xi = 1$ の線に一致してしまう（図

---

[*]　(3.26) の左辺は 10^{23} という大きな数である．

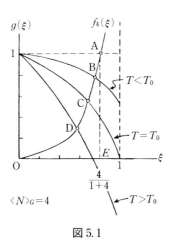

図 5.1

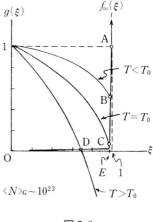

図 5.2

5.2).

一方，右辺の関数 $g(\xi)$ のほうは，$\langle N\rangle_{\mathrm{G}}$ によって変わらず，図 5.1, 5.2 の 3本の曲線のようになる．$\langle N\rangle_{\mathrm{G}}$ がだんだんと大きくなると，$T<T_0$ における曲線 $g(\xi)$ と，$f_N(\xi)$ の交点 B は，事実上，$\xi=1$ の直線上に移行する．$T>T_0$ では，$g(\xi)$ と $f_N(\xi)$ との交点 D は，ξ-軸上に移行する．したがって次のようになる．

（ 1 ） $T<T_0$ の場合

この場合には，$g(\xi)$ は，$\xi=1$ のごく近くで $f_N(\xi)$ と交わるから，B 点の読みを，$\xi=1$ における，

$$g(1) = 1-\left(\frac{T}{T_0}\right)^{s+1} \tag{3.32}$$

で代用すると，

$$\frac{N_0}{\langle N\rangle_{\mathrm{G}}} \equiv f_N = g(1) = 1-\left(\frac{T}{T_0}\right)^{s+1} \tag{3.33}$$

すなわち，$\boldsymbol{p}=0$ の状態にある粒子の数は，

$$N_0 = \langle N\rangle_{\mathrm{G}}\left\{1-\left(\frac{T}{T_0}\right)^{s+1}\right\} \tag{3.34}$$

と近似できる．

（ 2 ） $T>T_0$ の場合

この場合は，$g(\xi)$ が，$f_N(\xi)$ と交わる点 D は，ξ-軸上だから，

$$\frac{N_0}{\langle N \rangle_{\mathrm{G}}} = 0 \tag{3.35}$$

すなわち，$p=0$ の状態には，粒子は $\langle N \rangle_{\mathrm{G}}$ にくらべて問題にならないくらい少ししか入っていないということになる．

このように，Bose-Einstein の統計にしたがって粒子は，(3.27) で定義した温度 T_0 を境にして，大変異なった分布をしている．この温度 T_0 を，**Bose-Einstein 凝縮の臨界温度**という．この温度の上下で，熱力学的量は大変異なった振舞いをする．

たとえば，比熱は右の図 5.3 のように $T = T_0$ で折れ曲る．このあたりの分析は，[文献 4) 市村 (1971)] に詳しい．ついでに ξ および $N_0/\langle N \rangle_{\mathrm{G}}$ を図にすると，それぞれ，図 5.4，図 5.5 のようになる．

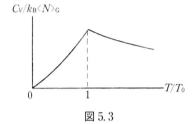

図 5.3

【演習問題 1】

Bose-Einstein の統計にしたがう粒子の系において，運動量 p をもった粒子数のゆらぎを計算せよ．

【ヒ ン ト】 式 (3.3) および (2.8) から，

$$\langle n_p \rangle_{\mathrm{G}} = -\frac{\partial}{\partial \alpha} \log(1 - \mathrm{e}^{-\alpha + \beta \varepsilon_p})$$

$$= \frac{1}{\mathrm{e}^{\alpha + \beta \varepsilon_p} - 1}$$

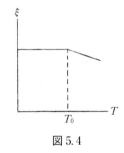

図 5.4

また，(2.30) から，

$$\langle n_p^2 \rangle_{\mathrm{G}} - \langle n_p \rangle_{\mathrm{G}}^2 = -\frac{\partial}{\partial \alpha} \langle n_p \rangle_{\mathrm{G}}$$

$$= \langle n_p \rangle_{\mathrm{G}}(1 + \langle n_p \rangle_{\mathrm{G}})$$

したがって，

$$\frac{\langle n_p^2 \rangle_{\mathrm{G}} - \langle n_p \rangle_{\mathrm{G}}^2}{\langle n_p \rangle_{\mathrm{G}}^2} = 1 + \frac{1}{\langle n_p \rangle_{\mathrm{G}}}$$

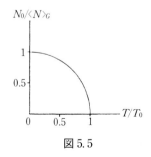

図 5.5

となる．（$\langle n_p \rangle_{\mathrm{G}}$ が大きくても，0 にならな

いことに注意.）これは Bose-Einstein の統計にしたがう粒子が, ばらばらにならず, いつでもかたまって伝播する傾向をもつことを示している. このことを, Bose 粒子の間には, 統計的引力が働いていると表現することもある.

【演習問題2】

2次元の理想 Bose 気体は, Bose 凝縮を起こすことができるか調べよ. ただし,

$$\varepsilon = \boldsymbol{p}^2/2m$$

とする.

【ヒント】 この場合, $\rho(\varepsilon)$ は ε に依存しなくなる. したがって, (3.26) において, $s=0$ とした式がえられる $\phi(1, z)$ は, 0 から ∞ までをとることができるから, 凝縮は起こらない（ただし体積を一定にした場合）. 余力があれば, 圧力を一定にした場合を考えてみよ.

【演習問題3】

3次元の理想 Bose 気体 $(\varepsilon = \boldsymbol{p}^2/2m)$ において, 比熱が T_0 で折れ曲ることを示せ.

【ヒント】 式 (3.26) より,

$$\frac{\mathrm{d}\xi}{\mathrm{d}T} = -\frac{3}{2}\frac{\xi}{T}\frac{\phi\left(\frac{3}{2}, \xi\right)}{\phi\left(\frac{1}{2}, \xi\right)} \qquad T > T_0$$

$$\frac{\mathrm{d}\xi}{\mathrm{d}T} = -\frac{3}{2T}\frac{1}{\lambda_T{}^3}\frac{\phi\left(\frac{3}{2}, \xi\right)}{\dfrac{1}{V}\dfrac{1}{(1-\xi)^2} + \dfrac{1}{\lambda_T{}^3}\dfrac{1}{\xi}\phi\left(\frac{1}{2}, \xi\right)} \qquad T < T_0$$

を用いる. この式の分子は, $\phi(3/2, 1)=2.612$ よりは大きくはならないが, 分母のほうは, 大変大きいから $\mathrm{d}\xi/\mathrm{d}T \sim 0$ としてよい.

【演習問題4】

(3.27) を用い, $s=1/2$, $s=2$ の場合の臨界温度を求めよ.

【ヒント】 $\Gamma(3/2)=\sqrt{\pi}/2$, $\phi(3/2, 1)=2.612$ を用いると,

$$s = \frac{1}{2} \text{ の場合,} \quad k_\mathrm{B}T = \left(\frac{N}{2.612V}\right)^{2/3}\frac{h^2}{2\pi m}$$

また $\Gamma(3)=2$, $\phi(3,1)=1.2$ を用いると，

$$s = 2 \text{ の場合,} \quad k_{\mathrm{B}} T_0 = \left(\frac{N}{9.6\pi V}\right)^{1/3} (\hbar c_s)^{2/3}$$

$s=1/2$ の場合，^{4}He について，$N/V=2.3\times10^{22}\,\mathrm{cm}^{-3}$, $m=6.64\times10^{-24}\,\mathrm{g}$ とすると，$T_0=3.14°\mathrm{K}$ がえられる．実験的には，$2.18°\mathrm{K}$ で比熱の異常が起こっている．

§4.　Fermi-Dirac の統計にしたがう粒子の系

金属の電気的，熱的性質を，金属中を自由に動きまわる電子の存在によって説明しようという試みは，前世紀のおわり頃，電子が発見された直後，Riecke (1898)，Drude (1902)，Lorentz (1909) などによって行なわれたが，なかなか実験との一致がえられなかった．特に，実験は，金属の比熱に対して電子がほとんど寄与しないことを示しており，金属内電子を自由粒子の気体として扱う古典統計力学の結論との矛盾が長いこと人々をなやましたようである．Sommerfeld が 1928 年になって，金属内電子に対して，量子統計を応用し，この難問が解決された[*]．

金属の物理的なモデルに対しては，固体論の教科書を参照していただくことにし，ここでは金属内電子を，Fermi-Dirac の統計にしたがう理想気体として取り扱う．この問題は，すでに第Ⅱ章で簡単に取り扱ったが，ここでは，数表示を用い，エネルギーの固有値が，

$$E\{n_p\} = \sum_p \varepsilon_p n_p \tag{4.1}$$

$$n_p = 0, 1$$

であるとして，大正準集合の理論を応用する．分配関数は，

$$Z_{\mathrm{G}} = \sum_{N=0}^{\infty} \sum_{\{n_p\}=0,1}^{\infty} \mathrm{e}^{-\alpha N} \mathrm{e}^{-\beta E\{n_p\}} \delta_{N,\sum_p n_p} = \sum_{\{n_p\}=0,1}^{\infty} \prod_p \mathrm{e}^{-(\alpha+\beta\varepsilon_p)n_p}$$

$$= \prod_p \{1 + \mathrm{e}^{-(\alpha+\beta\varepsilon_p)}\} \tag{4.2}$$

---

[*]　金属電子論の歴史は，物理学の発展に対する大変興味深い教訓を含んでいるから，是非一度勉強してみることをおすすめする．たとえば，［文献 10) Mott-Jones (1936) 第Ⅶ章，文献 2) Brillouin (1928)］などの古い本がよい．

である．したがって，

$$pV = k_\mathrm{B}T \log Z_\mathrm{G}$$

$$= k_\mathrm{B}T \sum_p \log\{1+\mathrm{e}^{-(\alpha+\beta\varepsilon_p)}\} \tag{4.3}$$

また，Helmholtz の自由エネルギーは，

$$F = -k_\mathrm{B}T \sum_p \log\{1+\mathrm{e}^{-(\alpha+\beta\varepsilon_p)}\} - k_\mathrm{B}T \sum_p \frac{\alpha}{\mathrm{e}^{\alpha+\beta\varepsilon_p}+1}$$

$$= -k_\mathrm{B}T\left[\alpha\langle N\rangle_\mathrm{G} + \sum_p \log\{1+\mathrm{e}^{-\alpha+\beta\varepsilon_p}\}\right] \tag{4.4}$$

である．ただし，

$$\langle N\rangle_\mathrm{G} = \sum_p \frac{1}{\mathrm{e}^{\alpha+\beta\varepsilon_p}+1} \tag{4.5}$$

であるから，すぐわかることは，各 p（$p=0$ も含めて）に対し，いつでも粒子数は 1 より小さいということである．したがって Bose 粒子のときのように，$p=0$ の状態にすべての粒子が落ちこむというような現象は起こらない．

まず，運動量 p をもった粒子の数のゆらぎを計算してみよう．

$$\langle n_p\rangle_\mathrm{G} = \frac{1}{Z_\mathrm{G}} \sum_{\{n_{p'}\}=0,1} \prod_{p'} n_p\, \mathrm{e}^{-(\alpha+\beta\varepsilon_{p'})n_{p'}}$$

$$= \frac{1}{\mathrm{e}^{\alpha+\beta\varepsilon_p}+1} \tag{4.6}$$

$$\langle n_p^2\rangle = \frac{1}{Z_\mathrm{G}} \sum_{\{n_{p'}\}=0,1} \prod_{p'} n_p^2\, \mathrm{e}^{-(\alpha+\beta\varepsilon_{p'})n_{p'}}$$

$$= \frac{\mathrm{e}^{-(\alpha+\beta\varepsilon_p)}}{1+\mathrm{e}^{-(\alpha+\beta\varepsilon_p)}} = \langle n_p\rangle_\mathrm{G} \tag{4.7}$$

$$\therefore \quad \langle n_p^2\rangle_\mathrm{G} - \langle n_p\rangle_\mathrm{G}^2 = \langle n_p\rangle_\mathrm{G} - \langle n_p\rangle_\mathrm{G}^2$$

$$= \langle n_p\rangle_\mathrm{G}(1-\langle n_p\rangle_\mathrm{G}) \tag{4.8}$$

(4.6) にみられるように，$\langle n_p\rangle_\mathrm{G}$ は 1 より小さいから (4.8) の右辺は常に 1/4 より小さい．すなわち，Fermi-Dirac 粒子の場合，ゆらぎがきわめて小さいことを示している．言いかえると，Fermi-Dirac 粒子は，Bose-Einstein 粒子の時とは逆に，できるだけバラバラになろうとする傾向がある．あるいは，Fermi-Dirac 粒子の間には，統計的斥力が働らくと表現してもよい．

Fermi 面

いま，エネルギー ε に目をつけ，

$$f(\varepsilon) \equiv \frac{1}{e^{\alpha+\beta\varepsilon}+1} \tag{4.9}$$

なる関数を考えよう．これを **Fermi 分布関数** と呼ぶ．

$$\alpha = -\mu/k_B T \tag{4.10a}$$

$$\beta = 1/k_B T \tag{4.10b}$$

を用いると．Fermi 分布関数は，

$$f(\varepsilon) = \frac{1}{e^{(\varepsilon-\mu)/k_B T}+1} \tag{4.11}$$

と書ける．この関数は $T=0$ では図 5.6 のように階段関数である．温度がだんだんと高くなるにしたがって，$f(\varepsilon)$ はだんだんとなめらかになってくる．$f(\varepsilon)$ の ε に関する微分（の符号を変えたものは）は，

$$-f'(\varepsilon) = \frac{e^{(\varepsilon-\mu)/k_B T}}{(e^{(\varepsilon-\mu)/k_B T}+1)^2}\frac{1}{k_B T} \tag{4.12}$$

で，$\varepsilon=\mu$ に極大をもった，幅 $\sqrt{2}\,k_B T$ の程度の山形をしている[*]．化学ポテンシャルは一般には温度に依存するので，$T=0$ におけるそれを μ_0 とすると，温度 $T=0$ で分布関数は，

$$f(\varepsilon) = \begin{cases} 1 & 0 < \varepsilon \leq \mu_0 \\ 0 & \varepsilon > \mu_0 \end{cases} \tag{4.13}$$

となる．つまり，$\varepsilon=\mu_0$ までの準位は，すべて 1 個ずつ電子で占められており，$\varepsilon>\mu_0$ の準位は空になっている．電子の準位の密度を，(4.18) と同様に，

$$\sum_{p} = \frac{V}{h^3}4\pi p^2\,dp = \rho(\varepsilon)\,d\varepsilon \tag{4.14}$$

とする．電子はスピン 1/2 をもっているので，各エネルギー準位には 2 個ずつの電子が入りうるから，$\rho(\varepsilon)$ は (3.19a) の 2 倍で，

---

[*] この場合，大体のところは，

$$-f'(\varepsilon) \fallingdotseq e^{-\frac{1}{4}(\varepsilon-\mu)^2/(k_B T)^2}/(4k_B T)$$

で近似できる．

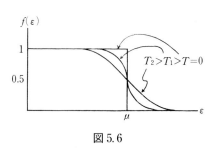

図 5.6

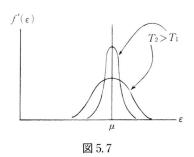

図 5.7

$$\rho(\varepsilon) = \frac{4\pi V}{h^3}(2m)^{3/2}\varepsilon^{1/2} \tag{4.15}$$

である．したがって，電子の総数 N が与えられているとき，

$$N = \sum_{p}\frac{1}{e^{\alpha+\beta\varepsilon_p}+1} = \int_0^\infty d\varepsilon\,\rho(\varepsilon)f(\varepsilon) \tag{4.16}$$

である．温度 0 では，この式は，(4.13) によって，

$$N = \frac{4\pi V}{h^3}(2m)^{3/2}\int_0^{\mu_0}d\varepsilon\,\varepsilon^{1/2} = \frac{4\pi V}{h^3}(2m)^{3/2}\frac{2}{3}(\mu_0)^{3/2} \tag{4.17}$$

であるから，

$$\mu_0 = \frac{\hbar^2}{2m}\left[\frac{3\pi^2 N}{V}\right]^{2/3} \equiv \varepsilon_F \tag{4.18}$$

となる．この量を，**Fermi エネルギー**と呼ぶ．
温度 0 では，エネルギー ε_F までの準位が，スピン上向きと下向きの 2 個ずつの電子で占領されている．k_x, k_y, k_z で張られる波数空間でいうと，

$$\begin{aligned}k_F &= (2m\varepsilon_F)^{1/2}\hbar \\ &= (3\pi^2 N/V)^{1/3}\end{aligned} \tag{4.19}$$

を半径とした球の内部が，すき間なく電子によって占められており，球の外は空っぽである[*]．この球を **Fermi 球**と呼ぶ．波数空間において，

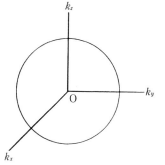

図 5.8

---

[*] $k_F \equiv (3\pi^2 N/V)^{1/3}$ を，**Fermi 波数**と呼ぶ．Fermi エネルギーとは，$\varepsilon_F = \hbar^2 k_F^2/2m$ でむすばれている．銀では，大体 $\varepsilon_F \sim 10^{-11}$ erg くらいである．

電子がぎっしりつまっていると，このように，電子の占めている部分と，そうでない部分の間に境界線ができる．物質の結晶構造によっては，その境界面は球になるとはかぎらないが，一般にそのような境界面を **Fermi 面** という．低い温度では一般に，Fermi 面の内側に大部分の電子が入っている．

化学ポテンシャル μ は，前にいったように，温度に依存する．（図5.6や図5.7では，この温度依存性を無視してある．）物性論では，μ のことを電子ガスの化学ポテンシャルといわずに，単に **Fermi 準位** と呼ぶことが多い．

化学ポテンシャルは，系の粒子数 N が与えられたとき，量子統計においては，(3.6) や (4.16) のような形で与えられるので，それを，粒子数や温度の関数として求めることは，一般にはむずかしい．

【演習問題 1】

絶対温度 0 において，電子が壁と衝突する回数を計算せよ．

【**ヒント**】　各状態は，スピン上向き下向きの2個の電子でうめられているから，壁の法線と θ の角をなす微小角 $d\theta$ 内の電子の密度は，$2 \cdot 2\pi \sin\theta \, d\theta \, p^2 dp / h^3$ である．壁の単位面積に衝突する粒子数は，これに $v\cos\theta$ をかけ，θ について 0 から $\pi/2$ まで，p について 0 から $p_F = \hbar k_F$ まで積分すればよい．答は，

$$\frac{3(3\pi^2)^{1/3}}{16} \frac{\hbar}{m} \left(\frac{N}{V} \right)^{4/3}$$

【演習問題 2】

Fermi 気体について，1粒子あたりの運動エネルギーは $T=0$ で，$(3/5)\mu_0$ であることを示せ．

物理量の計算

さて電子ガスを問題にする場合，化学ポテンシャル μ と温度 T の相対的な大きさにより，次の二つの場合をわけて考えるのがよい．

（ⅰ）　$\alpha = -\mu/k_B T \gg 1$　（これを縮退が弱いときという）．

この場合には，Fermi 分布関数は，

$$f(\varepsilon) = \frac{1}{e^{\alpha+\beta\varepsilon}+1} \doteqdot e^{-(\alpha+\beta\varepsilon)} \tag{4.20}$$

と近似できるから，古典統計力学の結論と一致する．前に導いた (3.17) は，この場合にもあてはまるから，数値的にあたってみると，常温，一気圧で，金属電子に対しては，

$$e^{\alpha} \sim 10^{-4} \tag{4.21}$$

くらいということになり $\alpha \gg 1$ の仮定が成り立たないことがわかる．したがって金属電子に対しては，次の場合が重要である．

（ⅱ） $-\alpha = \mu/k_B T \gg 1$ （これを縮退が強いときという）．

この場合，つまり，温度がきわめて低い場合には，図5.4にみられるように $-f'(\varepsilon)$ は，μ_0 のあたりに，大変するどい極大をもつ関数である．したがって，積分，

$$I = \int_0^{\infty} d\varepsilon\, f(\varepsilon) g(\varepsilon) \tag{4.22}$$

は，$g(\varepsilon)$ が $\varepsilon = \mu$ のあたりで急激に変化しない関数であるかぎり，次のような展開が可能である．いま，

$$G(\varepsilon) \equiv \int_0^{\varepsilon} dx\, g(x) \tag{4.23}$$

とおくと，（4.22）は部分積分により，

$$I = f(\varepsilon) G(\varepsilon)\Big|_0^{\infty} - \int_0^{\infty} d\varepsilon\, f'(\varepsilon) G(\varepsilon)$$

$$= -\int_0^{\infty} d\varepsilon\, f'(\varepsilon) G(\varepsilon) \tag{4.24}$$

と書ける．$G(\varepsilon)$ を $\varepsilon = \mu$ のまわりに Taylor 展開すると，

$$G(\varepsilon) = G(\mu) + \sum_{n=1}^{\infty} \frac{(\varepsilon - \mu)^n}{n!} G^{(n)}(\mu)$$

$$= G(\mu) + \sum_{n=1}^{\infty} \frac{(\varepsilon - \mu)^n}{n!} g^{(n-1)}(\mu) \tag{4.25}$$

であるから，（4.25）を（4.24）に代入すると，

$$I = -\int_0^{\infty} d\varepsilon\, f'(\varepsilon) \cdot G(\mu)$$

$$-\int_0^{\infty} d\varepsilon\, f'(\varepsilon)(\varepsilon - \mu) g(\mu)$$

$$-\frac{1}{2} \int_0^{\infty} d\varepsilon\, f'(\varepsilon)(\varepsilon - \mu)^2 g'(\mu) + \cdots \tag{4.26}$$

そこで，

$$(\varepsilon - \mu)\beta \equiv x \tag{4.27}$$

を用い，$\mu\beta \gg 1$ を考慮すると，

$$I = \int_0^\mu \mathrm{d}\varepsilon\, g(\varepsilon) + \frac{1}{\beta} \int_{-\infty}^\infty \mathrm{d}x\, \frac{x}{(\mathrm{e}^x + 1)(\mathrm{e}^{-x} + 1)} g(\mu)$$
$$+ \frac{1}{2\beta^2} \int_{-\infty}^\infty \mathrm{d}x\, \frac{x^2}{(\mathrm{e}^x + 1)(\mathrm{e}^{-x} + 1)} g'(\mu) + \cdots \tag{4.28}$$

となる．そこで，積分公式（A.14b）を用いると[1]，

$$I = \int_0^\mu \mathrm{d}\varepsilon\, g(\varepsilon) + \frac{\pi^2}{6} (k_\mathrm{B} T)^2 g'(\mu) + \cdots \tag{4.29}$$

となる[2]．温度が低い場合には，この式の右辺第2項以下の μ を μ_0 でおきかえ，

$$I = \int_0^\mu \mathrm{d}\varepsilon\, g(\varepsilon) + \frac{\pi^2}{6} (k_\mathrm{B} T)^2 g'(\mu_0) + \cdots \tag{4.29'}$$

として使ってもよい．

そこで，(4.16) を用いて，化学ポテンシャル μ を計算してみよう．式 (4.16) の左辺の N に (4.17) を用い，右辺には (4.29') を用いると，

$$\frac{8\pi V}{3h^3} (2m)^{3/2} \mu_0^{3/2} = \int_0^\infty \mathrm{d}\varepsilon\, \rho(\varepsilon) f(\varepsilon)$$
$$= \int_0^\mu \mathrm{d}\varepsilon\, \rho(\varepsilon) + \frac{\pi^2}{6} (k_\mathrm{B} T)^2 \rho'(\mu_0) + \cdots$$
$$= \frac{8\pi V}{3h^3} (2m)^{3/2} \mu^{3/2} + \frac{\pi^2}{6} (k_\mathrm{B} T)^2 \cdot \frac{4\pi}{h^3} (2m)^{3/2} \cdot \frac{1}{2} \mu_0^{-1/2} + \cdots \tag{4.30}$$

したがって，

$$\mu^{3/2} = \mu_0^{3/2} - \frac{\pi^2}{8} (k_\mathrm{B} T)^2 \mu_0^{-1/2} + \cdots \tag{4.31}$$

$$\therefore \quad \mu = \mu_0 \left[1 - \frac{\pi^2}{12} (k_\mathrm{B} T)^2 \frac{1}{\mu_0^2} + \cdots \right] \tag{4.32}$$

---

[1]　(4.28) の右辺第2項は，被積分関数が奇関数だから消える．

[2]　この近似までなら，前の式（Ⅲ.3.28）を用いてもよい．そうすると，$\pi^2/6 = 1.64$ の代わりに，1 という係数が出る．自ら確かめよ．

となる.

一方，電子ガスのエネルギーは，(4.29′) を用いて，

$$E = \int_0^\infty d\varepsilon\, \varepsilon \rho(\varepsilon) f(\varepsilon)$$

$$= \frac{4\pi V}{h^3} (2m)^{3/2} \int_0^\infty d\varepsilon\, \varepsilon^{3/2} f(\varepsilon)$$

$$= \frac{4\pi V}{h^3} (2m)^{3/2} \left[\frac{2}{5}\mu^{5/2} + \frac{\pi^2}{6} \cdot (k_B T)^2 \cdot \frac{3}{2}\mu_0^{1/2} + \cdots \right]$$

$$= \frac{4\pi V}{h^3} (2m)^{3/2} \frac{2}{5}\mu_0^{5/2} \left[1 + \frac{5\pi^2}{12} (k_B T)^2 \frac{1}{\mu_0^2} + \cdots \right] \tag{4.33}$$

となる．これから，低温における等積熱容量を計算すると，

$$C_V = \frac{\partial E}{\partial T} = N k_B \frac{\pi^2}{2} \frac{k_B T}{\mu_0} + \cdots \tag{4.34}$$

がえられる．つまり，金属中の電子ガスによる熱容量は，低温では T に比例する[*]．電子をかりに，古典統計にしたがう粒子とすると，熱容量は，エネルギー等分配則により，温度によらない値，

$$C_V^{(\text{classical})} = 3N k_B \tag{4.35}$$

がえられるはずである．したがって，

$$\frac{C_V}{C_V^{(\text{classical})}} = \frac{\pi^2}{6} \frac{k_B T}{\mu_0} \tag{4.36}$$

となる．たとえば銀では，$\mu_0 \sim 10^{-11}\,\mathrm{erg}$ くらいだからこの比は $2.3 \times 10^{-5}\,\mathrm{deg}^{-1}$ T であり，常温でも 6×10^{-3} くらいの小さなものである．これが，金属中には多くの電子があるにもかかわらず，その熱容量が無視できるほど小さい理由である．

　この事情をもう少し物理的直観的に説明しておくと，次のようになる．Fermi-Dirac の統計にしたがう粒子の系では，（粒子数が固定されていると，）温度 0 では，すべての粒子が，低い順位から順次につまっていき Fermi エネルギー以下の状態はすべてぎっしりとつまっている．そこで温度をあげると，す

―――――――

[*]　粒子の数が固定されてない場合の比熱は $T^{3/2}$ に比例していた．(p. 157 参照)

なわちエネルギーを系に注ぎこむと，粒子は運動エネルギーを獲得して，エネルギーの高い状態にとび上がりたいが，Fermi 面の表面にある粒子以外は，自分のすぐ上の準位はつまっているから，そこには上れない．結局，Fermi 面の表面あたりにある少しの粒子だけが熱エネルギーを得て Fermi 面の外側に出ることができる．つまり，低温度では，熱に反応するのは，Fermi 面の近くの少数の粒子だけである．これが，Fermi-Dirac の統計にしたがう粒子は，低温であまり比熱に寄与しない物理的理由である．

金属の比熱は大部分が結晶のほうからくる．これは p. 220 で計算する．

【演習問題 3】

$k_B T \ll \mu_0$ のとき，Fermi 気体の熱容量は，

$$C_V = \frac{\pi^2}{3} k_B^2 T \rho(\mu_0)$$

で与えられることを示せ．ただし $\rho(\mu_0)$ とは，(4.15) で与えられる，電子の状態密度の μ_0 における値である．

【ヒント】 (4.29′) を用いればよい．Fermi 面における状態密度だけがきいていることに注意．

【演習問題 4】

4 個の粒子のエネルギーの間に，

$$\varepsilon_{k_1} + \varepsilon_{k_2} = \varepsilon_{k_3} + \varepsilon_{k_4}$$

なる関係があるとき，Fermi-Dirac の統計にしたがう粒子の数の間には，関係，

$$n_{k_1} n_{k_2} (1 - n_{k_3})(1 - n_{k_4}) = n_{k_3} n_{k_4} (1 - n_{k_1})(1 - n_{k_2})$$

が成り立つことを証明し，その物理的意味を論ぜよ．ただし，これら 4 個の粒子は，一つの熱平衡系に属するとする．

また，Bose-Einstein の統計にしたがう粒子の数の間には，同一の条件のもとに，

$$n_{k_1} n_{k_2} (1 + n_{k_3})(1 + n_{k_4}) = n_{k_3} n_{k_4} (1 + n_{k_1})(1 + n_{k_2})$$

が成り立つことを証明し，その物理的意味を考えよ．

【ヒント】 等式の証明は両者ともやさしい．物理的意味は，次のように考えるとよい．いま，運動量 k_1, k_2 をもった 2 個の Fermi 粒子が衝突して運動量 k_3, k_4 に変わったとする．その衝突の起こる確率を $w_{12 \to 34}$ とする．系が平衡状態にあるならば，この系の中で，粒子数の分布が n_{k_1}, n_{k_2} から n_{k_3}, n_{k_4} に変

わる確率は，

$$w_{12\to34}\,n_{k_1}n_{k_2}(1-n_{k_3})(1-n_{k_4})$$

同様に，逆過程が起こる確率は*)，

$$w_{34\to12}\,n_{k_3}n_{k_4}(1-n_{k_1})(1-n_{k_2})$$

平衡状態では，粒子数の分布は変わらないはずだから，これら2式は相等しい．ところが，問題の等式のおかげで，

$$w_{12\to34}=w_{34\to12}$$

でなければならないことになる．つまり 12→34 と 34→12 の素過程の確率は等しい．これは，**詳細釣合**（detailed balance）の関係といわれる．

Bose-Einstein 粒子の場合は，自発放出と誘導放出があるので，終状態には $1+n_k$ がきいてくる．詳しくは，量子力学の本を参照してほしい．

【演習問題5】

理想気体の大正準集合理論においては，化学ポテンシャル，体積，温度が与えられたとき，気体の粒子数が N である確率は，Poisson 分布，

$$P_N=\frac{x^N}{N!}\mathrm{e}^{-x}$$

で与えられることを示し，$\varepsilon=\boldsymbol{p}^2/2m$ および $\varepsilon=c_s p$ の場合につき x を求めよ．

【ヒント】 この確率は，$P_N=Z_\mathrm{C}(N,\beta,V)\mathrm{e}^{-\alpha N}/Z_\mathrm{G}(\alpha,\beta,V)$ であることを用いる．すると $\varepsilon=\boldsymbol{p}^2/2m$ の場合，

$$x=\frac{V}{h^3}\left(\frac{2\pi m}{\beta}\right)^{3/2}\mathrm{e}^{-\alpha}=\langle N\rangle_\mathrm{G}$$

また，$\varepsilon=c_s p$ の場合には，

$$x=\frac{V}{h^3}\pi\left(\frac{2}{c_s\beta}\right)^3\mathrm{e}^{-\alpha}=\langle N\rangle_\mathrm{G}$$

となる．

【蛇　　足】

大正準集合の理論は，ここの例でみたように，量子統計を取り扱うのに

---

*) $1-n_k$ が終状態に出てくるのは，Fermi-Dirac 統計のために，$\boldsymbol{k}$ という状態がふさがっていると（つまり，$n_k=1$ なら），粒子は，その状態には入れないから，そのような衝突は禁止されることによる．つまり，Fermi-Dirac 粒子は，空席のあるところにだけ散乱される．

特に適している．それは，数表示で与えられた系を取り扱うのに便利だからである[*]．（ただし，前に注意したように，この場合は，化学ポテンシャルを直接求めることがむずかしくなる欠点はある）．

　たとえ，f 個の各調和振動子に量子力学をあてはめても，f 個を区別可能な調和振動子として扱う限り，数表示が複雑で大正準集合理論は実用にならない．

　しかし，f 個の調和振動子が，区別不可能であると，数表示が使えるから，大正準集合の理論が使いやすくなる．たとえば，f 個の振子がBose-Einstein 統計にしたがうとしよう．このとき，レベル ε_l にある振子の数を f_l とすると，大分配関数は，

$$Z_\mathrm{G}(\alpha, \beta) = \sum_{f=0}^{\infty} \prod_{l=0}^{\infty} \sum_{f_l=0}^{\infty} \mathrm{e}^{-\alpha f} \mathrm{e}^{-\beta \varepsilon_l f_l} \delta_{f, \sum_l f_l}$$

$$= \prod_{l=0}^{\infty} \sum_{f_l=0}^{\infty} \mathrm{e}^{-(\alpha+\beta\varepsilon_l) f_l}$$

$$= \prod_{l=0}^{\infty} \frac{1}{1-\mathrm{e}^{-(\alpha+\beta\varepsilon_l)}} \tag{4.37}$$

　一方，f 個の振子が，Fermi-Dirac の統計にしたがうならば，

$$Z_\mathrm{G}(\alpha, \beta) = \sum_{f=0}^{\infty} \prod_{l=0}^{\infty} \sum_{f_l=0,1} \mathrm{e}^{-\alpha f} \mathrm{e}^{-\beta \varepsilon_l f_l} \delta_{f, \sum_l f_l}$$

$$= \prod_{l=0}^{\infty} \sum_{f_l=0,1} \mathrm{e}^{-(\alpha+\beta\varepsilon_l) f_l}$$

$$= \prod_{l=0}^{\infty} [1+\mathrm{e}^{-(\alpha+\beta\varepsilon_l)}] \tag{4.38}$$

となる．

【注　意】

　第Ⅳ章の例でみたように，古典統計力学と量子統計力学との本質的な違いが出てくるところは，両者におけるゆらぎのちがいである．古典統計では，粒子像をとるならば，エネルギー密度のゆらぎの2乗は，エネルギー密度自身に比例し（p.134 参照），また，波動像を採用するならば，それは，エネルギー密度

---

[*]　古典論では，粒子が個性をもっているから，粒子の数だけ与えても状態の数が決まらない．そのうえ，Gibbs の補正を入れたり入れなかったり，ことは複雑である．

の2乗に比例する．つまり，エネルギー密度の1乗または2乗に比例する．一方，量子統計においては，Planck の公式にみられるように（p.140 の式 (IV.5.31) を見よ），エネルギー密度のゆらぎの2乗には，エネルギー密度の1乗の項と，2乗の項とが共存している．

同様のことは，粒子数のゆらぎにもあらわれている．古典論では粒子数は，

$$n_p = e^{-\alpha - \beta \varepsilon_p} \tag{4.39}$$

したがって，粒子数のゆらぎの2乗は，

$$(\Delta n_p)^2 = -\frac{\partial n_p}{\partial \alpha} = e^{-\alpha - \beta \varepsilon_p} = n_p \tag{4.40}$$

である．量子統計では[*]，

$$n_p = \frac{1}{e^{\alpha + \beta \varepsilon_p} \mp 1} \tag{4.41}$$

$$\begin{aligned}
\therefore \quad (\Delta n_p)^2 &= -\frac{\partial n_p}{\partial \alpha} = \frac{e^{\alpha + \beta \varepsilon_p}}{(e^{\alpha + \beta \varepsilon_p} \mp 1)^2} \\
&= \left\{ \frac{1}{e^{\alpha + \beta \varepsilon_p} \mp 1} \pm \frac{1}{(e^{\alpha + \beta \varepsilon_p} \mp 1)^2} \right\} \\
&= n_p \pm n_p^2 \tag{4.42}
\end{aligned}$$

である．やはり量子統計では，ゆらぎの2乗は，粒子数の1乗と2乗の項が共存している．したがって，

$$\frac{\Delta n_p}{n_p} = \begin{cases}
\dfrac{1}{\sqrt{n_p}} & \text{古典論} \\
\left(\dfrac{1}{n_p} + 1\right)^{1/2} & \text{Bose 粒子} \\
\left(\dfrac{1}{n_p} - 1\right)^{1/2} & \text{Fermi 粒子}
\end{cases} \tag{4.43}$$

である．

---

[*]　複号の上が Bose 粒子，下が Fermi 粒子．

第VI章 統計力学の原理 II

計算法に慣れたところでもう一度基本的な点を考えなおしてみよう.
いままでのことを, やや公理的にまとめてみたい.

§1. 時間平均と集団平均

いままでの章で統計力学の初歩的な計算方法に慣れたと思うから, もう一度ここで統計力学の基礎を反省してみよう. この本のはじめのほうに述べたように, 熱平衡にある巨視的物体の性質は, いろいろな微視的過程を長期間にわたって平均したものと考えられる. 時間平均をとるためには, 10^{23} にもおよぶ微視的要素の運動方程式を解かなければならないが, そのようなことは不可能だから, 長時間平均を計算のしやすい集合平均で simulate しようというのが統計力学の基本的な考え方であった. しかし, 集合平均が時間的平均に等しくなるかどうかという基礎的な議論には全然ふれなかった. この点をまず考えてみよう.

そこで, 小正準集合の理論における平均のとり方を反省してみよう. そこでは, まず, 考えている物理系の微視的要素の状態を表現するのに, 正準変数を用いる. そして, すべての正準変数で張られる巨大な位相空間を考える. 考えている物理系全体のある瞬間における状態, すなわち, その瞬間にどの要素の正準変数が, どの値をとっているかということは, この巨大な位相空間の中の一点 (それをたとえば P と呼ぶ) で表現される (これは, 3次元空間の中の一点が, 位置を表現するのと同じ考え方である.). 物理系の時間的変化を追っかけていくということは, この位相空間中の点 P の動きを追っかけていくことである. したがって, 物理系の長時間平均を問題にするためには, 点 P の長時間にわたる振舞いをしらなければならない. 物理系の Hamiltonian が与えられると, 点 P の動き方は, 原理的には正準方程式によってきまる. 正準方程式というのは, ある初期条件 (つまり位相空間中の1点) を与えると, 解は唯一にきまる

はずだから，点Ｐが位相空間を動いていく場合，その軌道は，自分自身と交わったり２本にわかれたりするようなことは決して起こらないはずである．なぜなら，もし，ある点で軌道が２本に別れたり交わったとすると，その点を初期条件とする解が２つ存在することになるからである．ただし，軌道がもとの点に戻り，再び同じ軌道をたどり出すということはありうる．これが，系が周期運動をする場合である．

いま，$6N$ 次元位相空間の中に，Hamiltonian H_N が，一定値 E をとる面（といっても，$6N-1$ 次元の面）を考える．考えている系がエネルギー E をもつとき，この系を代表する点Ｐは，この $6N-1$ 次元の面の上を動きまわる．系に，なにか束縛条件や，別の制限があると，点Ｐは $6N-1$ 次元の面全体ではなく，面上の，制限を満たすかぎられた範囲を動きまわるであろう．

小正準集合理論は，このかぎられた面上（この場合は，系が体積 V をもつということによってかぎられた面）のすべての点が，等しい確率で熱平衡状態に寄与するという仮定のもとに成り立っている．したがって，小正準集合の理論による，ある物理量の期待値が，その長時間平均に一致するためには，点Ｐは，時間がたつにしたがって，面上を一様にうめつくすような運動をしなければならない．

そこで，$6N-1$ 次元の面上のある面積要素 $\mathrm{d}^N S$ を考えてみよう．この面積要素は，ちょっと複雑にみえるが，

$$\mathrm{d}^N S = \sqrt{\sum_{i=1}^{3N}\left(\frac{\partial H_N}{\partial q_i}\frac{\partial H_N}{\partial q_i}+\frac{\partial H_N}{\partial p_i}\frac{\partial H_N}{\partial p_i}\right)} \times \delta(H_N-E)\,\mathrm{d}^N\Gamma \tag{1.1}$$

と表現できる*）．この式は単に，$6N$ 次元空間の幾何学的考察からえられるもので，力学とは一応関係がない．力学を取り入れるには，正準方程式を用いる．すると，（1.1）の右辺，第１番目の $\sqrt{}$ のかかった因子は，

---

*） ３次元の空間中の，
$$f(x,y,z)=C \tag{a}$$
であらわされる面上の面積要素は，
$$\mathrm{d}S=\sqrt{\left(\frac{\partial f}{\partial x}\right)^2+\left(\frac{\partial f}{\partial y}\right)^2+\left(\frac{\partial f}{\partial z}\right)^2}\,\delta(f(x,y,z)-C)\,\mathrm{d}x\mathrm{d}y\mathrm{d}z \tag{b}$$
であらわされる．（1.1）は，これを拡張したものである．式（b）は，デルタ関数が入っているので，数学の本には出ていない．物理屋専用の式である．式（b）を導くことは，各自の基礎知識に応じ自分でやってみてほしい．絶対に間違った式ではない．

$$\sqrt{\sum_{i=1}^{3N}\left(\frac{\partial H_N}{\partial q_i}\frac{\partial H_N}{\partial q_i}+\frac{\partial H_N}{\partial p_i}\frac{\partial H_N}{\partial p_i}\right)}=\sqrt{\sum_{i=1}^{3N}\left\{\left(\frac{\mathrm{d}p_i}{\mathrm{d}t}\right)^2+\left(\frac{\mathrm{d}q_i}{\mathrm{d}t}\right)^2\right\}}\tag{1.2}$$

であり，これは，まさに，点 P が面上を動く "速度" である．そこで，

$$(1.2)\equiv v(^N\varGamma)\tag{1.3}$$

とおくことにすると，(1.1) は，

$$\frac{1}{\Omega(N,E,V)}\frac{\mathrm{d}^NS}{v(^N\varGamma)}=\delta(H_N-E)\mathrm{d}^N\varGamma\frac{1}{\Omega(N,E,V)}\tag{1.4a}$$

$$=f_{\mathrm{MC}}(^N\varGamma)\mathrm{d}^N\varGamma\tag{1.4b}$$

となる．(1.4b) の $f_{\mathrm{MC}}(^N\varGamma)$ は，今までたびたびお世話になった．小正準集合理論における確率分布関数である．したがって，(1.4) は次のようなことをいっていることになる．すなわち，(1.4a) の左辺は，規格化常数 Ω を別にすると代表点 P が，面積要素 d^NS を横切るのに要する時間であるから，これは系が，位相空間の $^N\varGamma$ のところ，つまり $^N\varGamma$ であらわされる状態に滞在する大体の時間と考えてよい．したがって，(1.4) は小正準集合理論において，<u>状態 $^N\varGamma$ の起こる確率は，系が，その状態に滞在する大体の時間に比例している</u>ということを意味している[*1]．このあたりの議論については［文献 18）朝永 (1952)］の付録を見よ．

　これで Ergodic theorem の証明ができたようにみえるかもしれない．しかし，ことはそれほど簡単ではない．系が状態 $^N\varGamma$ に滞在する<u>大体の時間</u>というところがくせものである．d^NS というのは面であって，線ではない．実際にほしいのは実は，点 P の線要素（それをたとえば d^Nl と書く）を $v(^N\varGamma)$ で割ったものなのである．位相空間中を，点 P が速度 v で動くと，それは一定の軌道を画いていくが，面 ^NS 全体を線軌道でおおいつくすことができるだろうか？　これができるならば，時間平均と，(1.4) の左辺とが一致するであろうが，数学者はそんなことできっこないというにきまっている[*2]．そこでわれわれは軌道が面 ^NS を，すみずみまで密におおおうと考えないで，大体一様におおうというあ

---

*1) 式 (1.4) の関係は，正準変数を用いて導いた関係であることに注意．
*2) 実は，面を曲線でうめつくすことはできる．ペアノ線というのがそれで，それは，正方形のどんな点をも通過する．ただし，この線は，グラフに書くことのできないような複雑な関数であって，物理学には応用できない．この点については，［文献 16）田尾 (1979)］が面白い読物である．ペアノ線については，図 6.1 を見よ．

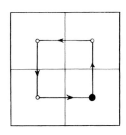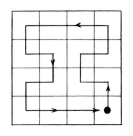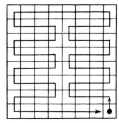

図 6.1

たりで満足しなければならない．いいかえると，いくらながいこと待っても，系がすべての状態を通過した瞬間は絶対にこない．もう一度いいかえると，位相空間の面 $^N S$ 上の一点，たとえば A という点で待ちかまえていても，P が丁度点 A を通過してくれる保証は何もない．点 P の軌道は，点 A のきわめて近くまでくるが，そのまま，離れていってしまう．点 A を<u>任意に</u>選んだとき，われわれが熱平衡系を測定するくらいの巨視的な有限時間の間に，点 P の軌道が，必ず点 A のごく近くまできてくれるならば，それで満足しなければならない．そのような条件を満たした力学系ならば，(1.4) の左辺の量は，長時間平均とほぼ一致すると考えてよい．

　もし，点 P の軌道が早いうちに，周期運動の軌道に入ってしまったら，その軌道上の点以外のところにある点 A でいくらながいこと待っていても，点 P は決してその点 A を通過しない．したがって，そのような力学系では，長時間平均をとったとき，そのような点 A は除外されてしまうが，小正準集合平均ではそのような点まで，すべて等しい確率で寄与する．したがって，長時間平均と集合平均とは一致しない．

　では，どちらが本物の熱平衡状態を与えるかというと，本書のはじめのあたりで考えたように小正準集合の理論は，非常に多くの粒子をふくむ系にあてはめたとき，Maxwell-Boltzmann 分布を与えるから，このほうが本物の熱平衡（に近いと考えられる）状態を与える．事実，自由粒子系の長時間平均をとっても，相互作用がなければ，系のエネルギーは全体にいきわたらないから，いつまで待っても Maxwell-Boltzmann の分布には到達しない．

　どうして，このような変なことになったかというと，それは，現実の物理系を，理論的に取り扱えるようにするために，モデルの極端な単純化をおこなったことにある．つまり，現実の複雑な相互作用系を，単純な，自由粒子の系で

代用してしまったところにある．熱平衡状態を長時間平均から論ずる立場をとるかぎりこのようなモデルの単純化をすることは意味をなさない．モデルの単純化がおこなえるのは，熱平衡状態を長時間平均ではなく，集合平均として取り扱う場合である．モデルの単純化がおこなえないような立場は，物理学においては有効ではない．したがって，熱平衡状態を長時間平均と考える立場は，単に時間積分が複雑すぎるという理由だけではなく，モデルの単純化をゆるさないという理由からも，避けるべきものであろう．

　Fermi は，比較的簡単だが非線形相互作用のある系をとり，系の一部に与えられたエネルギーが，時間とともに，どのように分散していくかを，計算機で調べた．$N=32$ 個の調和振動子に，3次または4次の非線形相互作用を入れて振動数の一番低い振子をゆすってやると，このエネルギーは，だんだんと，他の振子に移動していく．しかし，約158周期の後には，再びエネルギーは，第1の振子に集中し，初期値と同じ状態に戻る．そして系は，全体として，この周期運動をくりかえす．つまり位相空間中の点 P は，はじめの振子の158周期のところで，周期運動の軌道に戻ってしまうことがわかった*)．周期運動の軌道自身が，すべての微視的状態を通過していれば問題はないが，Fermi の調べたモデルでは，エネルギーは，低い振動数の振子を励起することにだけ使われ，高い振動数の振子はほとんど励起されない．すなわち，位相空間の点 P の軌道は，面 ^{N}S を一様におおう以前に，周期運動の軌道に入ってしまう．

　とにかく，現実の系を扱う場合，自由粒子という極端に理想化されたモデルを用いて，それに対して集合理論をあてはめると，系の熱平衡状態の議論ができるということは，まことに驚くべきことである．相互作用が小さいと考えられる，希薄な気体のみならず，むしろ相互作用が強いと考えられる結晶の取り扱いについても，同じような理想化によって実験とよく一致する結果がえられることは，以下の章の示す通りである．

　(1.4) によって示されることは，したがって次のように解釈しておけばよいだろう．もし完全に現実的な物理系の Hamiltonian をとると長時間平均と，集合平均とは一致し，それが熱平衡状態をあらわすと考えてよいが，（つまり式

＊)　詳しくは文献 17) の第10章およびそこにあげてある文献を参照されたい．

(1.4) の左辺は時間平均と考えてよいが），(1.4) の左辺が時間平均と一致しない場合にも，それをもって，熱平衡状態と解釈するわけである．それが実験とあわなければ，採用したモデルのほうに責任を負わせて，それを改良していくことを考えようというのである．しかし古典統計力学の出あった困難は，すべてモデルの改良によって解決されたわけではなかった．よく知られている例は，Planck による作用量子の仮説の導入である．この問題は第IV章ですでに見たところである．

【余　　談】

カナダの冬は寒い．朝起きて窓の外をながめると，むかいの家の煙突からは，真白い煙が立ちのぼっている．私の寝室の窓から約 20 軒の家が見える．零下 40°C ともなると，それらのほとんどの家から煙が立ちのぼっている．仁徳天皇ではないが，まさに，どの家でもどの家でも，地下室にあるボイラーが惜しげもなく燃え続けている富める国である．

ところで，朝起きて大学へ出かけるのに，どれくらい厚着をしなければならないのか見当をつけるために，私は煙を出している煙突の数を勘定してみることにしている．20 軒の家の保温状態が大体同じだとすると，煙を出している煙突の数から，寒さの大体の程度がわかるからである．いま，一軒の家のボイラーが，燃えている割合（つまり 1 時間のうちに何分間燃えているか）を g としよう．この g，つまり 1 個のボイラーの燃えている**時間平均**を知れば，外の寒さの見当がつく．この g が，煙を出している煙突の数とどう関係しているだろうか？　今，N 軒の家があるとし，そのうち n 軒の家の煙突が煙を出し，$N-n$ 軒の煙突が煙を出していない確率は，

$$P(n) = \frac{N!}{n!(N-n)!} g^n (1-g)^{N-n} \tag{1.5}$$

である．この確率の最大値を求めてみるには[*]，$N!$ などに Stirling の公式を用い，

$$\log P(n) = N \log N - n \log n - (N-n) \log(N-n)$$
$$+ n \log g + (N-n) \log(1-g) \tag{1.6}$$

---

[*]　この場合，n の平均値 $\bar{n} = \sum_{n=0}^{N} P(n) n$ を求めても，それは n^* と一致する．

を n について微分して，それを0とおくと，

$$-\log n + \log(N-n) + \log g - \log(1-g) = 0 \tag{1.7}$$

これから，確率 (1.5) を最大にする n は，

$$n^* = Ng \tag{1.8}$$

となる．すなわち，

$$n^*/N = g \tag{1.9}$$

であって，煙を出している煙突の平均数が丁度，1軒の家のボイラーの燃えている時間平均に一致することがわかる．したがって，煙突の数を勘定すると寒さの見当がつくというわけである．煙突の数を勘定することは，集合平均をとることであり，g を求めることは，時間平均をとることである．Ergodic theorem のよい例ではないか！

なお，この例で，n のゆらぎを計算してみると，

$$(\Delta n)^2 = Ng(1-g)$$

$$\therefore \quad \frac{\Delta n}{n^*} = \frac{1}{\sqrt{N}} \sqrt{\frac{1-g}{g}}$$

したがって，g がきわめて0に近くないかぎり，これは N が大きいほど小さくなる．

§2. 古典統計力学の困難と量子力学

物理学の理論が，現実と一致しない場合一体何がいけないのか，あとでみれば簡単なことがその当時の物理学者を，大変な頭痛と混乱におとしいれることがある．統計力学の歴史をながめてみても，この点例外ではない．

古典統計力学において成り立つエネルギー等分配則をとりあげてみよう．古典統計力学によると，温度 T の熱平衡状態においては，力学系の1自由度には，$1/2\,k_B T$ だけのエネルギーが分配される．したがって，自由度 f の力学系では，全体のエネルギーは，

$$E = \frac{f}{2} k_B T \tag{2.1}$$

である．そうすると，この関係から，系の熱容量は，

$$C = \frac{f}{2} k_B \tag{2.2}$$

となる．これは古典統計力学の結論であって近似や，モデルにはあまりよらない関係である．

さて，この結論を力学系以外の物理系に持ちこもうとするとただちに困難にぶつかる．たとえば空洞輻射の問題を考えてみよう．付録 C で示したように，体積 V の中に閉じこめられた電磁場は，調和振動子の集まりとして表現することができるから，この調和振動子に対して，古典統計力学を適用することができる．ところが，この場合調和振動子は無限個あるから，（これは，場というものが，無限自由度をもっているということである．）残念ながら，(2.1) や (2.2) は意味をなさない．あるいは別のいい方をすると，空洞に閉じこめられた電磁場は，古典統計力学によって扱うと，内部エネルギーは無限大，比熱も無限大となる．つまり空洞輻射の温度を 1 度あげるためには，無限のエネルギーを補給しなければならないということになる．

この問題は，19 世紀の物理屋を徹底的になやました．この問題が Planck によって解決されたいきさつは御承知のとおりである．統計力学が悪かったのではなく，Maxwell の方程式が悪かったのでもなく，エネルギーが連続ではなくツブツブであるという Planck の考え方によって空洞輻射の問題は解決した．それどころではなく，この Planck の考えが量子力学という新しい分野を切り開いた．

エネルギーの等分配則は，有限の自由度をもつ力学系に話を限っても問題がある．それは，熱力学の第 3 法則によると，温度 0 においては，比熱は 0 にならなければならない．（p. 145 の議論を見よ）ところが，(2.2) によると，比熱は温度によらず一定の値をとる．したがって等エネルギー分配則は熱力学の第 3 法則と矛盾する．温度のある点以下では，エネルギーの等分配則は破れ，比熱がだんだんと小さくなってくれないと困るわけである．特に 2 原子分子，多原子分子の比熱は，第 IV 章で議論したように，並進，振動，回転の自由度にエネルギー等分配則をあてはめた結果とは，低温で，はなはだしく違う．常温では，振動の自由度が比熱にあらわれない．

比熱の不思議は，金属中の電子にも起こった．金属の金属らしさ，つまり熱や電気を運ぶ担い手としての電子の存在は確実でありながら，やはり電子の比熱は，等エネルギー分配則から期待される値より，常温では，ウンと小さい．金属の比熱は，ほとんどが金属の結晶のほうからきている．この結晶の比熱で

さえ，等エネルギー分配則からの予言とは，低温ではかなりずれている．

　結晶の比熱の問題は，Einstein と Debye により，Planck の量子化説を持ち込むことによって解決された（p. 220）．金属電子や2原子分子の比熱の問題も前章でみた通り，やがて量子統計の導入により解決されることになる．

　比熱の問題とは別に，古典統計力学には，いままでにたびたびふれた，体積 V が関係する系に対して Gibbs の補正を手で入れなければならないという不満足な点があったが，これも量子統計の導入により解消してしまった．

　これらの例からみられるように，統計力学そのものの基礎についてはいろいろと不明な点があるにもかかわらず，その使い方に関してはほとんど疑う余地はない．量子力学の考え方を持ち込むことによって，今では，熱平衡状態の統計力学についての基本的な考え方の正しさは，疑う余地がない．

　そこで，今まで考えた小正準集合，正準集合，大正準集合の理論の真正直な拡張として考えられるいろいろな集合理論の可能性を表にしてみると，表6.1 がえられる．説明は不要と思うが，太線で囲んだのが，よく使われる集合理論である．それ以外のものも，便利なら使って一向にかまわない．

　統計力学を応用する段階では，ただし，これらの集合理論を使って真正直に計算をすればよい，という場合はきわめて稀である．むしろ手のかかるのは，物理系が与えられたとき，統計力学を適用できるように，モデルを単純化するか，正準変数で書き直し，できるだけ自由度を分離していく段階にある．このことは，すでに，理想気体の取り扱い，2原子分子気体の取り扱い，空洞輻射の取り扱いなどでみたところである．少々，繰り返しになることもあるが，次の章で，統計力学における近似方法という観点から，いろいろな応用問題を勉強していくことにする．ただし，あまり高級な数学的技巧にはふれない．それは，私の力では手に負えないからである．

【演習問題】

　T-p 集合によって，古典的理想気体を取り扱い，Boyle-Charles の法則，

$$p\langle V\rangle_{G3} = \nu RT$$

が成り立つことを確かめよ．ただし，$\langle V\rangle_{G3}$ は気体の体積の T-p 集合平均である．

【ヒント】

　この場合，巨視的な変数は，N と β と圧力 p（または γ）である．p. 209 の表

表 6.1[†]

独立変数	集　合	熱力学的関数	分　配　関　数
N, E, V	小正準集合	$S = k_B \log \Omega$	$\Omega(N, E, V) = \sum_{l_N} \delta(E - E_{l_N})$ $= \dfrac{1}{2\pi i} \int_{-i\infty}^{i\infty} \mathrm{d}\beta\, Z_C(N, \beta, V)\, \mathrm{e}^{\beta E}$
α, E, V	正準集合1	$H = \dfrac{1}{\beta} \log Z_{C1}$	$Z_{C1}(\alpha, E, V) = \sum_N \mathrm{e}^{-\alpha N} \Omega(N, E, V)$
N, β, V	正準集合2 （正準集合）	$F = -\dfrac{1}{\beta} \log Z_C$	$Z_C(N, \beta, V) = \sum_{l_N} \mathrm{e}^{-\beta E_{l_N}} = \int_{-\infty}^{\infty} \mathrm{d}E\, \Omega(N, E, V)\, \mathrm{e}^{-\beta E}$ $= \dfrac{1}{2\pi i} \int_{-i\infty}^{i\infty} \mathrm{d}\alpha\, Z_G(\alpha, V)\, \mathrm{e}^{\alpha N}$
N, E, γ	正準集合3	$\begin{aligned} E - \mu N &= E - G \\ &= ST - pV \\ &= \dfrac{1}{\beta} \log Z_{C3} \end{aligned}$	$Z_{C3}(N, E, \gamma) = \int_{-\infty}^{\infty} \mathrm{d}V\, \mathrm{e}^{-\gamma V} \Omega(N, E, V)$
α, β, V	大正準集合1 （大正準集合）	$pV = \dfrac{1}{\beta} \log Z_G$	$Z_G(\alpha, \beta, V) = \sum_{N=0}^{\infty} \sum_{l_N} \mathrm{e}^{-\alpha N} \mathrm{e}^{-\beta E_{l_N}}$ $= \sum_{N=0}^{\infty} \mathrm{e}^{-\alpha N} Z_C(N, \beta, V)$ $= \sum_{N=0}^{\infty} \int_{-\infty}^{\infty} \mathrm{d}E\, \Omega(N, E, V)\, \mathrm{e}^{-\alpha N} \mathrm{e}^{-\beta E}$
α, E, γ	大正準集合2	$E = \dfrac{1}{\beta} \log Z_{G2}$	$Z_{G2}(\alpha, E, \gamma) = \sum_{N=0}^{\infty} \mathrm{e}^{-\alpha N} Z_{C3}(N, E, \gamma)$
N, β, γ	大正準集合3 （T–p 集合）	$G = -\dfrac{1}{\beta} \log Z_{G3}$	$Z_{G3}(N, \beta, \gamma) = \int_{-\infty}^{\infty} \mathrm{d}V\, \mathrm{e}^{-\gamma V} Z_C(N, \beta, V)$ $= \int_{-\infty}^{\infty} \mathrm{d}E\, \mathrm{e}^{-\beta E} Z_{C3}(N, E, \gamma)$
α, β, γ	大大正準集合	$\begin{aligned} -G + \mu N &= 0 \\ &= \dfrac{1}{\beta} \log Z_{GG} \end{aligned}$	$Z_{GG}(\alpha, \beta, \gamma)$ $= \sum_{N=0}^{\infty} \int_{-\infty}^{\infty} \mathrm{d}E \int_{-\infty}^{\infty} \mathrm{d}V\, \mathrm{e}^{-\alpha N} \mathrm{e}^{-\gamma V} \Omega(N, E, V)$

† $\quad \alpha = -\dfrac{\mu}{k_B T}, \ \beta = \dfrac{1}{k_B T}, \ \gamma = \dfrac{p}{k_B T}$

の中の Z_{G3} を計算すればよい. 体積の平均値は,

$$\langle V \rangle_{G3} = -\frac{\partial}{\partial \gamma} \log Z_{G3}(N, \beta, \gamma)$$

である.

【蛇　足】

（1）　実用的な観点からすると p.209 の表の中のどの集合を使っても よいということが主張できるためには，各集合の同等性が証明されていな ければならない．この点を太線で囲まれた3個の集合について簡単に議論 しておこう．

たとえば，正準集合の分配関数，

$$Z_{\mathrm{C}}(N, \beta, V) = \sum_{l_N} \mathrm{e}^{-\beta E_{l_N}} \qquad (2.1)$$

をとりあげよう．この式の両辺に $\mathrm{e}^{\beta E}$ をかけて，β の複素面において，図6.2の経路について積分すると，

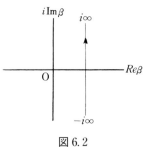

図6.2

$$\frac{1}{2\pi i} \int_{-i\infty}^{i\infty} \mathrm{d}\beta\, \mathrm{e}^{\beta E} Z_{\mathrm{C}}(N, \beta, V)$$

$$= \sum_{l_N} \frac{1}{2\pi i} \int_{-i\infty}^{i\infty} \mathrm{d}\beta\, \mathrm{e}^{\beta(E - E_{l_N})}$$

$$= \sum_{l_N} \frac{1}{2\pi} \int_{-\infty}^{\infty} \mathrm{d}y\, \mathrm{e}^{iy(E - E_{l_N})} = \sum_{l_N} \delta(E - E_{l_N}) = \Omega(N, E, V) \qquad (2.2)$$

となり，小正準集合の，状態密度に戻ることがわかる．したがって，正準集合の理論によって，$Z_{\mathrm{C}}(N, \beta, V)$ が計算できると，(2.2) の左辺の積分によって，いつでも原理的には，$\Omega(N, E, V)$ が求まるわけだが，実際に (2.2) の積分を遂行することは必ずしも容易ではない．しかしもし $\Omega(N, E, V)$ が E について急激に増加する関数であり，$\Omega(N, E, V)\mathrm{e}^{-\beta E}$ が，E のある値 E^* でするどい極大をもつような系を扱う場合には，(2.1) を，

$$Z_{\mathrm{C}}(N, \beta, V) = \int_0^{\infty} \mathrm{d}E\, \Omega(N, E, V)\mathrm{e}^{-\beta E}$$

$$\fallingdotseq \sqrt{2\pi}\, \sigma_{E^*} \Omega(N, E^*, V)\mathrm{e}^{-\beta E^*} \qquad (2.3)$$

と近似すればよい．式 (2.1) の関係は，Z_{C} と Ω の間の Laplace 変換にすぎない．これは (IV.2.24) で見たところである．

　大分配関数から，正準分配関数を求めるのも，全く同様である．定義により，

$$Z_{\mathrm{G}}(\alpha, \beta, V) = \sum_{N=0}^{\infty} \sum_{l_N} \mathrm{e}^{-\alpha N}\mathrm{e}^{-\beta E_{l_N}}$$

$$= \sum_{N=0}^{\infty} \mathrm{e}^{-\alpha N} Z_{\mathrm{C}}(N, \beta, V) \qquad (2.4)$$

したがって，

$$\frac{1}{2\pi i} \int_{-i\infty}^{i\infty} \mathrm{d}\alpha \, \mathrm{e}^{\alpha N} Z_{\mathrm{G}}(\alpha, \beta, V)$$

$$= \sum_{N'=0}^{\infty} \frac{1}{2\pi i} \int_{-i\infty}^{i\infty} \mathrm{d}\alpha \, \mathrm{e}^{\alpha(N-N')} Z_{\mathrm{C}}(N', \beta, V)$$

$$= \sum_{N'=0}^{\infty} \frac{1}{2\pi} \int_{-\infty}^{\infty} \mathrm{d}y \, \mathrm{e}^{iy(N-N')} Z_{\mathrm{C}}(N', \beta, V)$$

$$= \sum_{N'=0}^{\infty} \delta_{N,N'} Z_{\mathrm{C}}(N', \beta, V) = Z_{\mathrm{C}}(N, \beta, V) \tag{2.5}$$

となる，すなわち Z_{G} から，原理的には Z_{C} へ，もどることができる．前のときと全く同様に，もし，$\mathrm{e}^{-\alpha N} Z_{\mathrm{C}}(N, \beta, V)$ が，ある N^* でするどい極値をもつならば，(2.4) を用いて直接，

$$Z_{\mathrm{G}}(\alpha, \beta, V) = \sqrt{2\pi} \, \sigma_{N^*} \mathrm{e}^{-\alpha N^*} Z_{\mathrm{C}}(N^*, \beta, V) \tag{2.6}$$

としてもよいわけである．ただし，p.175 の例にみたように，モデルによっては，$\mathrm{e}^{-\alpha N} Z_{\mathrm{C}}(N, \beta, V)$ は，必ずしも N について極値をとらないことがある．(2.3) についても，$\mathrm{e}^{-\beta E} \Omega(N, E, V)$ が，E について図 3.7 のようになる場合がある．そのような場合は，相転移が起こることがあるから，(2.3) や (2.6) を使うときには，気をつけなければならない．

（2） 正準集合や大正準集合でやったように，確率分布関数から，熱力学的量を作りあげるには，エントロピーと確率分布関数の間に成り立つ一般的な関係（V.1.5）を用いるのが一番混乱が少ないようである．たとえば，ここに出てきた GG–集合の理論において，Z_{GG} がどのようなものであるかをみるには，エントロピーが，

$$S_{\mathrm{GG}} = -k_{\mathrm{B}} \sum_{N=0}^{\infty} \sum_{l_N} \int_0^{\infty} \mathrm{d}V \, f_{\mathrm{GG}}(N, l_N, V) \log f_{\mathrm{GG}}(N, l_N, V) \tag{2.7}$$

で与えられることを用いるとよい．これを用いると，次の演習問題はすぐ解ける．

【演習問題】

GG–集合の分配関数につき，

$$k_{\mathrm{B}} T \log Z_{\mathrm{GG}}(\alpha, \beta, \gamma) = 0$$

となることを証明せよ．ただし，$\alpha = -\mu\beta$，$\gamma = P\beta$，$\beta = (k_{\mathrm{B}} T)^{-1}$ とする．

【ヒ　ン　ト】

$$Z_{GG}(\alpha, \beta, \gamma) = \sum_{N=0}^{\infty} \int_0^\infty dE \int_0^\infty dV \, \Omega(N, E, V) e^{-\alpha N} e^{-\beta E} e^{-\gamma V}$$

を上の S_{GG} の式に用い，かつ，Gibbs の自由エネルギー G について成り立つ関係 $G = E - ST + pV = \mu N$ を用いればよい．

§3.　平衡系の統計力学の公理的整理

さて，p. 209 の表をながめて，統計力学を公理的に整理することを試みよう．いま，小正準集合（MC），3個の正準集合（C1, C2, C3），3個の大正準集合（G1, G2, G3），および大大正準集合（GG）の8個の集合の中のどれかを，A と記すことにしよう．その集合における確率分布関数を $f_A(l)$ とする．ただし，l は微視的状態を指定する変数で，古典統計では，$^N\Gamma$ や，粒子数や，体積などであり，量子統計では，エネルギーの固有値を示す量子数，粒子数，体積などを一括する*）．

この確率分布関数をどうとるかは，いまのところわからないとしよう．そこで，一般に集合 A の理論において，量を，

$$“S_A” \equiv -k_B \sum_l f_A(l) \log f_A(l) \tag{3.1}$$

で定義する．これが，巨視的量 S_A と微視的量 $f_A(l)$ をむすびつける基本的関係である．また，物理量 $F(l)$ の期待値は，

$$\langle F \rangle_A \equiv \sum_l F(l) f_A(l) \tag{3.2}$$

で定義される．ここで $f_A(l)$ は確率だから，条件，

$$\sum_l f_A(l) = 1 \tag{3.3}$$

を満たしていなければならない．

確率分布関数 $f_A(l)$ を定めるためには，上に定義した量 $“S_A”$ が最大になるようにする．その場合，確率の規格化条件（3.3）および期待値（3.2）のあるもの

---

*）　したがって，l は，連続変数であることもあるが，一応離散的変数のように取り扱う．

が，与えられた値を保つという条件を課すると，表 6.1 の中のいろいろな集合理論がえられる．このとき "S_A" の最大値を単に S_A と書いて，それを集合 A のエントロピーとよぶ．

【例】 これで，平衡状態の統計力学が完全に定式化されたことになるが，こう抽象的に書くと，わかりにくいかもしれないから，ここで例として，表の 7 番目の，いわゆる T-p 集合理論（G3）を導いておこう．この場合は，l として，エネルギーの固有値を示す量子数 l_N と体積 V をとる．すると，"エントロピー" は，

$$"S_{G3}" = -k_B \int_0^\infty dV \sum_{l_N} f_{G3}(l_N, V) \log f_{G3}(l_N, V) \tag{3.4}$$

である．そこで条件，

$$\int_0^\infty dV \sum_{l_N} f_{G3}(l_N, V) = 1 \tag{3.5}$$

$$\int_0^\infty dV \sum_{l_N} E_{l_N} f_{G3}(l_N, V) = \langle E \rangle_{G3} \tag{3.6}$$

$$\int_0^\infty dV \sum_{l_N} V f_{G3}(l_N, V) = \langle V \rangle_{G3} \tag{3.7}$$

のもとに，エントロピー（3.4）を最大にするように f_{G3} をきめる*)．すると，

$$f_{G3}(l_N, V) = e^{-\beta E_{l_N} - \gamma V} e^{-(\lambda+1)} \tag{3.8}$$

となる．ただし，λ, β, γ は，それぞれ条件（3.5），(3.6)，(3.7) に対応する，Lagrange の未定係数（を k_B で割ったもの）である．したがって，それらをきめるには（3.8）を，それぞれの式に代入すればよいわけである．いま，

$$e^{(1+\lambda)} \equiv Z_{G3} \tag{3.9}$$

とおくと，(3.5) は，

$$Z_{G3}(N, \beta, \gamma) = \int_0^\infty dV \sum_{l_N} e^{-\beta E_{l_n} - \gamma V}$$

$$= \int_0^\infty dV \int_0^\infty dE\, \Omega(N, E, V) e^{-\beta E} e^{-\gamma V} \tag{3.10}$$

---

*) 式（3.6），(3.7) の左辺が，ある与えられた値をとるという意味．

(3.6) と (3.7) はそれぞれ,

$$\langle E \rangle_{G3} = -\frac{\partial}{\partial \beta} \log Z_{G3}(N, \beta, \gamma) \tag{3.11}$$

$$\langle V \rangle_{G3} = -\frac{\partial}{\partial \gamma} \log Z_{G3}(N, \beta, \gamma) \tag{3.12}$$

となる.

さて, 式 (3.8) と (3.9) とを, 式 (3.1) に代入すると, エントロピー

$$\begin{aligned} S_{G3} &= k_B \int_0^\infty dV \sum_{l_N} f_{G3}(l_N, V) \left[\log Z_{G3}(N, \beta, \gamma) + \beta E_{l_N} + \gamma V \right] \\ &= k_B \log Z_{G3}(N, \beta, \gamma) + k_B \beta \langle E \rangle_{G3} + k_B \gamma \langle V \rangle_{G3} \end{aligned} \tag{3.13}$$

がえられる.

そこで, Lagrange の未定係数に関する一般的性質 (p.88 参照) を用いると,

$$\frac{\partial S_{G3}}{\partial \langle E \rangle_{G3}} = k_B \beta = \frac{1}{T} \tag{3.14}$$

$$\frac{\partial S_{G3}}{\partial \langle V \rangle_{G3}} = k_B \gamma = \frac{p}{T} \tag{3.15}$$

から,

$$\beta = (k_B T)^{-1} \tag{3.16}$$

$$T = p(k_B T)^{-1} \tag{3.17}$$

ときまる. これらの式を (3.13) に代入し, 両辺に, T をかけると,

$$k_B T \log Z_{G3}(N, \beta, \gamma) = S_{G3} T - \langle E \rangle_{G3} - p \langle V \rangle_{G3} \tag{3.18}$$

がえられる. この式の右辺は, Gibbs の自由エネルギーに負号をつけたものにほかならない. すなわち,

$$G = -k_B T \log Z_{G3}(N, \beta, \gamma) \tag{3.19}$$

となる. これから熱力学的量が計算できる.

【注 意】

ここで用いた方法が, 小正準集合の場合には, 等重率の仮定へ導き, また大正準集合の場合には,

$$f_G(N, E_{l_N}, V) = \frac{1}{Z_G} e^{-\alpha N} e^{-\beta E_{l_N}} \tag{3.20}$$

に導くことは, それぞれ, p.50 と p.168 でみたところである. ただしここで述

べたように統計力学全体を，式（3.1）で整理することは，私の試論であって，誰もが認めてくれているわけではないことを注意しておく（なお，p. 124 の議論も参照）.

第Ⅶ章　統計力学の応用

統計力学の応用には限りがないが，今までのことを基礎にして，
近似方法を気にしながら二，三の応用問題を考える．

§1.　はじめに

　前々章までにあげたいろいろな例や計算は，比較的簡単な多自由度系への，
統計力学の応用であって賢明なる読者はもうすでに御承知のように，それらは
すべて実際に計算の遂行できるものばかりであった．もう少しむずかしい物理
系への応用は，できるだけさけてきたわけである．統計力学の考え方に慣れる
には，それがまず必要であると考えたからである．

　もっと現実的な物理系へ統計力学を応用しようという場合，もちろん正確に
計算を遂行できる場合は少なく，いろいろな近似方法を用いて，答をひねりだ
さなくてはならない．これは，統計力学にかぎらず，物理学一般にいえること
である．そこで，この章では，近似方法という立場から，いままでの例よりも
少々現実的な例を扱ってみよう．近似方法は，きわめておおまかにいって，三
種類くらい考えられる．第1には，計算にはいる前に，物理的な本質を失わな
い範囲で，まずモデルを簡単化し，あとは，正確に計算を遂行する方法がある．
これは，今までにたびたび扱ってきた理想気体や，2原子分子のガスの取り扱
いにみてきたところである．

　第2には，物理系を扱う場合，正確に計算を遂行することが困難だから，あ
る種の展開をおこなって，そのうちの最大の項をとりだし，それを処理してか
ら，あとで，展開の高次の，小さいとおもわれる項を補正していくという方法
である．これは，第Ⅲ章2節の最大項の方法や，第Ⅳ章6節の不完全気体の取
り扱いでみた通りである．最後に，第Ⅳ章2節でちょっと注意した変分法の応
用である．これは，物理的考察から，もっともらしい解を仮定して，それをも
とに計算を遂行していこうというやり方である．これらの方法には，一長一短

があり，一概に，どのようなときにどの方法を用いればよいという規則は与えられない．本質を失わずにモデルを単純化する方法にしろ，もっともらしい解を仮定する方法にしろ，物理的直観が重要であって，これは，経験を積んでいくより仕方がないと思う．このような方法を用いたときには，結果が事実とよく合致するということが，はじめの直観が正しかったということを正当化する．結果の誤差を評価することは，一般にはなかなかむずかしい．

　一方，ある展開によって，最大項をえらぶ方法は，あまり直観にたよらず（といっても，うまい展開をやるには，経験と直観がものをいうことが多い）かなり，真正直に計算をおこなうことができる．結果の誤差を評価することも，高次の展開項を計算してみればよいわけで，比較的スムーズに事が運ぶことが多い．

　以下，モデルの簡単化によって成功した二，三の例，最大項の方法，変分原理の応用，摂動論的な取り扱い，などを説明しよう．ただし，それには今まで計算したことを基礎にすることが多いから，それらをまとめて，表にしておく．

古典統計の例

（1）　自由粒子の系（N：粒子数）

（i）　$\varepsilon = \boldsymbol{p}^2/2m$

$$\Omega(N, E, V) = e^{5N/2}\left(\frac{V}{N}\right)^N\left(\frac{4\pi mE}{3h^2N}\right)^{3N/2} \tag{1.1.1}$$

$$\alpha = \frac{3}{2}\log\left[\frac{2\pi m}{h^2\beta}\left(\frac{V}{N}\right)^{2/3}\right], \quad \beta = \frac{3}{2}\frac{N}{E} \tag{1.1.2}$$

$$Z_{\mathrm{C}}(N, \beta, V) = e^N\left(\frac{V}{N}\right)^N\left(\frac{2\pi m}{h^2\beta}\right)^{3N/2} \tag{1.1.3}$$

$$Z_{\mathrm{G}}(\alpha, \beta, V) = \exp\left[\frac{V}{h^3}\left(\frac{2\pi m}{\beta}\right)^{3/2}e^{-\alpha}\right] \tag{1.1.4}$$

（ii）　$\varepsilon = c_s p$

$$\Omega(N, E, V) = e^{4N}\left(\frac{V}{N}\right)^N\left(\frac{2\pi^{1/3}E}{3hc_sN}\right)^{3N} \tag{1.1.5}$$

$$\alpha = \log\left[\frac{V}{N}\left(\frac{2\pi^{1/2}}{9hc_s\beta}\right)^3\right], \quad \beta = 3\frac{N}{E} \tag{1.1.6}$$

$$Z_{\mathrm{C}}(N, \beta, V) = e^N\left(\frac{V}{N}\right)^N\left(\frac{2\pi^{1/3}}{hc_s\beta}\right)^{3N} \tag{1.1.7}$$

$$Z_{\mathrm{G}}(\alpha, \beta, V) = \exp\left[\frac{V}{h^3}\left(\frac{2\pi^{1/3}}{c_s\beta}\right)^3 \mathrm{e}^{-\alpha}\right] \tag{1.1.8}$$

（2）　調和振動子（f：振動子の数）

$$\Omega(f, E) = \mathrm{e}^f\left(\frac{E}{\hbar\omega f}\right)^f \tag{1.2.1}$$

$$\alpha \doteqdot -\log(\hbar\omega\beta), \ \ \beta = \frac{f}{E} \tag{1.2.2}$$

$$Z_{\mathrm{C}}(f, \beta) = \left(\frac{1}{\hbar\omega\beta}\right)^f \tag{1.2.3}$$

$$Z_{\mathrm{G}}(\alpha, \beta) = \frac{\hbar\omega\beta}{\hbar\omega\beta - \mathrm{e}^{-\alpha}} \tag{1.2.4}$$

（3）　回転子（N：回転子の数）

$$\Omega(N, E) = \mathrm{e}^N\left(\frac{2IE}{\hbar^2 N}\right)^N \tag{1.3.1}$$

$$\alpha \doteqdot \log\left(\frac{2I}{\hbar^2}\frac{1}{\beta}\right), \ \ \beta = \frac{N}{E} \tag{1.3.2}$$

$$Z_{\mathrm{C}}(N, \beta) = \left(\frac{2I}{\hbar^2\beta}\right)^N \tag{1.3.3}$$

$$Z_{\mathrm{G}}(\alpha, \beta) = \frac{\hbar^2\beta/2I}{(\hbar^2\beta/2I) - \mathrm{e}^{-\alpha}} \tag{1.3.4}$$

（4）　二準位系（f：二準位要素の数）

$$\Omega(f, E) = \left(\frac{f\varepsilon_0}{f\varepsilon_0 - E}\right)^f\left(\frac{f\varepsilon_0 - E}{E}\right)^{E/\varepsilon_0} \tag{1.4.1}$$

$$\alpha = \log(1 + \mathrm{e}^{-\beta\varepsilon_0}), \ \ \beta = \frac{1}{\varepsilon_0}\log\left(\frac{f\varepsilon_0}{E} - 1\right) \tag{1.4.2}$$

$$Z_{\mathrm{C}}(f, \beta) = (1 + \mathrm{e}^{-\beta\varepsilon_0})^f \tag{1.4.3}$$

$$Z_{\mathrm{G}}(\alpha, \beta) = \mathrm{e}^\alpha/(\mathrm{e}^\alpha - \mathrm{e}^{-\beta\varepsilon_0} - 1) \tag{1.4.4}$$

量子統計力学

（1）　自由粒子系

（ⅰ）　Bose 粒子

$$W(N, E, V) = \prod_s \frac{(n_s + g_s - 1)!}{n_s! \, (g_s - 1)!} \tag{1.5.1}$$

$$N = \sum_s n_s, \quad E = \sum_s \varepsilon_s n_s \tag{1.5.2}$$

$$Z_{\mathrm{G}}(\alpha, \beta, V) = \prod_p \frac{1}{1 - e^{-(\alpha + \beta \varepsilon_p)}} \tag{1.5.3}$$

（ii） Fermi 粒子

$$W(N, E, V) = \prod_s \frac{g_s!}{n_s! \, (g_s - n_s)!} \tag{1.5.4}$$

$$N = \sum_s n_s, \quad E = \sum_s \varepsilon_s n_s \tag{1.5.5}$$

$$Z_{\mathrm{G}}(\alpha, \beta, V) = \prod_p \{1 + e^{-(\alpha + \beta \varepsilon_p)}\} \tag{1.5.6}$$

（2） 調和振動子 （f：振動子の数）

$$\Omega(f, E) = \left(\frac{f\varepsilon_0 + E}{f\varepsilon_0}\right)^f \left(\frac{f\varepsilon_0 + E}{E}\right)^{E/\varepsilon_0} \tag{1.6.1}$$

$$\alpha = \beta = \frac{1}{\varepsilon_0} \log \frac{f\varepsilon_0 + E}{E} \tag{1.6.2}$$

$$Z_{\mathrm{C}}(f, \beta) = \left(\frac{1}{1 - e^{-\beta \varepsilon_0}}\right)^f \tag{1.6.3}$$

Bose-Einstein 統計にしたがう調和振動子

$$Z_{\mathrm{G}}(\alpha, \beta) = \prod_{l=0}^{\infty} \frac{1}{1 - e^{-(\alpha + \beta \varepsilon_0 l)}} \tag{1.6.4}$$

Fermi-Dirac 統計にしたがう調和振動子

$$Z_{\mathrm{G}}(\alpha, \beta) = \prod_{l=0}^{\infty} \{1 + e^{-(\alpha + \beta \varepsilon_0 l)}\} \tag{1.6.5}$$

（3） 回転子 （N：回転子の数）

$$\Omega(N, E) = \begin{cases} \left(\dfrac{\hbar^2 N}{\hbar^2 N - EI}\right)^N \left(3\dfrac{\hbar^2 N - EI}{EI}\right)^{EI/\hbar^2} & \dfrac{E}{N} \ll \dfrac{\hbar^2}{2I} \\ \left(\dfrac{2I}{\hbar^2} \dfrac{E}{N}\right)^N & \dfrac{E}{N} \gg \dfrac{\hbar^2}{2I} \end{cases} \tag{1.7.1}$$

$$Z_{\mathrm{c}}(N, \beta) = [\sum_{l=0}^{\infty}(2l+1)\mathrm{e}^{-\beta l(l+1)\hbar^2/2I}]^N \tag{1.7.2}$$

$$= \begin{cases} (1+3\mathrm{e}^{-2\Theta_r/T}+\cdots)^N & T \ll \Theta_r \\ (T/\Theta_r)^N & T \gg \Theta_r \end{cases} \tag{1.7.3}$$

$$\Theta_r \equiv \hbar^2/2Ik_{\mathrm{B}} \tag{1.7.4}$$

§2. 固体の比熱

現実の物理系は，そのままではあまり複雑だから，本質を失わないかぎり，できるだけ簡単なモデルで置きかえるという方法の典型的なものとして，固体の比熱の問題を論じた，Einstein のモデル，および，それをもう少し精密化した Debye によるモデルをとりあげよう．古典統計力学によると，エネルギーの等分配則により，モデルにあまり依存することなく，比熱は，低温でも，（自由度×$1/2\,k_{\mathrm{B}}$）という一定値をとる[*]．これは，低温の実験とあわないばかりでなく，熱力学の第3法則とも矛盾する．たとえば固体アルゴンは，ある温度以下では，比熱は T^3 に比例して小さくなることが知られている．

Einstein モデル

そこで，固体，特に結晶体をできるだけ簡単に表現することを考えてみよう．話を極力簡単にするために，結晶体を，単原子分子が格子状に並んでいるとしよう．これらの分子は，格子点のまわりで振動していると考えられる．この振動を調和振動とし，結晶体全体の Hamiltonian を，

$$H = \sum_{i=1}^{N}\left(\frac{1}{2m}\boldsymbol{p}_i^2+\frac{1}{2}\kappa^2\boldsymbol{x}_i^2\right) \tag{2.1}$$

としよう．ここで，$\boldsymbol{x}_i$ と $\boldsymbol{p}_i$ とはそれぞれ，i 番目の格子点にある分子の座標と運動量である．m は，分子の質量，κ は分子間のポテンシャルによって決まるある常数である．すべての分子は，同一の角振動数，

$$\omega = \frac{\kappa}{\sqrt{m}} \tag{2.2}$$

で振動している．これを，Einstein のモデルという．この振動子系に，古典統

---

[*] ただし，古典論では，いつでもエネルギー等分配則が成り立つわけではない．p.243 の演習問題2を見よ．

計をあてはめたのでは，エネルギーの等分配則に戻ってしまうから，振動子を量子論的に扱う．いま，

$$\Theta_E \equiv \hbar\omega/k_B \tag{2.3}$$

によって，**Einstein 温度**といわれる量を導入すると，p.219 の（1.6.3）により，この系の正準分配関数は，

$$Z_C(N,\beta) = \left[\frac{1}{1-\exp(-\Theta_E/T)}\right]^{3N} \tag{2.4}$$

となる．ただしここでは零点エネルギーを無視した．このことは，比熱にはきかない．(2.4) から，この系の内部エネルギーは，

$$\langle E\rangle_C = -\frac{\partial}{\partial\beta}\log Z_C(N,\beta) = 3k_B NT\frac{\Theta_E/T}{\exp(\Theta_E/T)-1} \tag{2.5}$$

したがって，定積熱容量は[*)]，

$$C_V = \frac{\partial\langle E\rangle_C}{\partial T} = 3k_B N\left(\frac{\Theta_E}{T}\right)^2\frac{\exp(\Theta_E/T)}{\{\exp(\Theta_E/T)-1\}^2} \tag{2.6}$$

で与えられる．そこで，

$$\lim_{x\to 0}\frac{x^2 e^x}{(e^x-1)^2} = 1 \tag{2.7}$$

を用いると，比熱 (2.6) は，高温では，

$$C_V = 3k_B N \qquad T \gg \Theta_E \tag{2.8}$$

となり，エネルギー等分配則の結論に一致するが，低温では，

$$C_V = 3k_B N\left(\frac{\Theta_E}{T}\right)^2 e^{-\Theta_E/T} \qquad T \ll \Theta_E \tag{2.9}$$

となり，$T\to 0$ にしたがって，指数関数的に 0 に近づくことがわかる．比熱が，$T\to 0$ で 0 に近づく点はよいが，近づき方は，実験とあわない．（実験は前にいったように T^3 で 0 に近づく．これは，p.153 で計算した，空洞輻射のエネルギー密度からえた，輻射の比熱と同じことに注意．）

Debye モデル

1907 年に Einstein モデルが出てから，5 年後，1912 年に，Dcbyc は，この点

[*)]　系の体積は，Θ_E を通じてだけはいっている．

を改良した，より精密なモデルを提唱し，実験的な T^3 の法則を導いた．Einstein のモデルでは，すべての分子が，同一の振動数 ω で振動していたのに対し，Debye モデルの種は，各分子が，多くの振動数をもって振動するとしたことにある．単に，多くの振動数を入れただけでは，Einstein 温度に対応するパラメーターをたくさんいれただけで進歩したことにはならないが，Debye は，これらの振動数の分布をさらに，1 個の量で表現した．Debye の提唱したモデルとは，次のようなものである．

　まず，格子状に並んだ単原子分子をならしてしまって，連続体でおきかえる．この連続体は，付録 C の（iii）で議論した，弾性体として取り扱ってよいであろう．固体の中の点 $\boldsymbol{x}$ における分子の変位を $\boldsymbol{u}(\boldsymbol{x}, t)$ とし，それが，場の運動方程式，

$$\frac{\partial^2}{\partial t^2}\,\boldsymbol{u}_i(\boldsymbol{x}, t) = \frac{\lambda+\mu}{\rho_{\mathrm{M}}}\sum_{j=1}^{3}\frac{\partial^2}{\partial x_i \partial x_j}\,\boldsymbol{u}_j(\boldsymbol{x}, t)$$

$$+\frac{\mu}{\rho_{\mathrm{M}}}\boldsymbol{\nabla}^2\boldsymbol{u}_i(\boldsymbol{x}, t)\qquad i=1,2,3 \tag{2.10}$$

を満たすとしよう．λ や μ や ρ_{M} は，固体に固有な定数である．すると，付録 C で示したように，$u_i\,(i=1,2,3)$ は，1 個の縦波と 2 個の横波に分解され，それぞれ，速度，

$$c_L = \sqrt{(\lambda+2\mu)/\rho_{\mathrm{M}}} \tag{2.11a}$$
$$c_T = \sqrt{\mu/\rho_{\mathrm{M}}} \tag{2.11b}$$

をもつ．これら縦波と横波は，それぞれ，角振動数，

$$\omega_L(k) = c_L|\boldsymbol{k}| \tag{2.12a}$$
$$\omega_T(k) = c_T|\boldsymbol{k}| \tag{2.12b}$$

をもった調和振動子の集まりとなる．ただし，$\boldsymbol{k}$ は，波数ベクトルである．

　ところで，N 個の分子が格子状に並んだものを，連続体でおきかえたということは，有限個の自由度をもった系を，無限個の系でおきかえたということで，このままでは，Debye のモデルは，系の自由度という点に関して，物理系の本質を正しく反映していない．この点を改良するために，(2.10) を満たす弾性波の中に含まれている調和振動子の数を勘定してみよう．

調和振動子の数

　調和振動子の数を勘定するためには，波数ベクトル $\boldsymbol{k}$ の数を数えればよい．

というのは，1個の波数ベクトル $\boldsymbol{k}$ に対し，$\boldsymbol{k}$ の方向に振動する1個の振動子と，$\boldsymbol{k}$ に直角方向に振動する2個の振動子があるからである．弾性波に対して，周期的境界条件を課すると（付録C（C.3）式を見よ），波数ベクトル $\boldsymbol{k}$ は，

$$\boldsymbol{k} = \frac{2\pi}{L}\boldsymbol{n} \tag{2.13a}$$

$$n_x, n_y, n_z = 0, \pm 1, \pm 2, \cdots \tag{2.13b}$$

なる値をとる．ただし，L は考えている固体（を立方体として）の一辺の長さである．n_x, n_y, n_z は，(2.13b) で与えられる無限個の値をとるから，調和振動子の数は無限個あることになる．（これが実は，連続体が無限個の自由度をもつという意味であった．）

　N 個の，格子状に並んだ分子の系では，実は，格子の間隔より小さい波長の波は存在しえないから，上のように連続体でおきかえたとき，短い波長（すなわち，大きい波数ベクトル）のほうは，それに応じて切り捨てておかなければならなかったのである．この切り捨てを利用して，切り捨てた残りの自由度が，系の自由度 $3N$ に一致するようにするとよい[*]．

　そこで，角振動数が ω と $\omega+\mathrm{d}\omega$ の間にある調和振動子の数を $\rho(\omega)\,\mathrm{d}\omega$ とすると，

$$\sum_k = \left(\frac{L}{2\pi}\right)^3 \mathrm{d}^3 k = 4\pi\left(\frac{L}{2\pi}\right)^3\left(\frac{1}{c_L^3}+\frac{2}{c_T^3}\right)\omega^2\,\mathrm{d}\omega = \rho(\omega)\,\mathrm{d}\omega \tag{2.14}$$

である．ここで，$\boldsymbol{k}$ から ω に直すには (2.12) を用いた．したがって，

$$\rho(\omega)\,\mathrm{d}\omega = \frac{V}{2\pi^2}\left(\frac{1}{c_L^3}+\frac{2}{c_T^3}\right)\omega^2\,\mathrm{d}\omega \tag{2.15}$$

がえられる．この量を，0からある値 ω_D まで積分したものが，角振動数0から ω_D をもった調和振動子の数で，それが $3N$ に等しくなければならない．この条件から，切り捨ての角振動数 ω_D（これを **Debye の切断角振動数** という）がきまる．すなわち，

$$\int_0^{\omega_D} \mathrm{d}\omega\,\rho(\omega) = \frac{V}{2\pi^2}\left(\frac{1}{c_L^3}+\frac{2}{c_T^3}\right)\frac{\omega_D^3}{3} = 3N \tag{2.16}$$

[*]　固体の熱的性質を論じる場合，固体全体の併進と回転運動は除外するから，問題になる自由度は実際には $3N-5$ である．ただし N は大きな数だから5は無視してよい．

$$\therefore \quad \omega_D = \left[18\pi^2 \frac{N}{V} \middle/ \left(\frac{1}{c_L^3} + \frac{2}{c_T^3} \right) \right]^{1/3} \tag{2.17}$$

となる．これが Debye モデルにおける唯一のパラメーターである．(2.17) を (2.15) に入れると，ω と $\omega + d\omega$ の間にある調和振動子の数，

$$\rho(\omega) = \begin{cases} 9N \dfrac{\omega^2}{\omega_D^3} & 0 < \omega < \omega_D \\ 0 & \omega > \omega_D \end{cases} \tag{2.18}$$

がえられる[*1]．そこで，いわゆる **Debye 温度**を，

$$\Theta_D \equiv \hbar\omega_D / k_B \tag{2.19}$$

で定義すると，正準集合理論を適用して（あるいは p.219 の (1.6.3) を用いて），

$$Z_C(N, \beta) = \prod_\omega \left(\frac{1}{1 - e^{-\beta\hbar\omega}} \right)^{\rho(\omega)\,d\omega} \tag{2.20}$$

$$\therefore \quad \log Z_C(N, \beta) = -\int_0^{k_B\Theta_D/\hbar} d\omega\, \rho(\omega) \log(1 - e^{-\beta\hbar\omega}) \tag{2.21}$$

となる[*2]．したがって，固体の内部エネルギーは，

$$\langle E \rangle_C = -\frac{\partial}{\partial\beta} \log Z_C(N, \beta) = \int_0^{k_B\Theta_D/\hbar} d\omega\, \rho(\omega) \frac{\hbar\omega}{e^{\beta\hbar\omega} - 1}$$

$$= 9Nk_B T \left(\frac{T}{\Theta_D} \right)^3 \int_0^{\Theta_D/T} dt\, \frac{t^3}{e^t - 1} \tag{2.22}$$

であり[*3]，熱容量は，これから，

$$C_V = \frac{\partial \langle E \rangle_C}{\partial T} = 9Nk_B \left[4 \left(\frac{T}{\Theta_D} \right)^3 \int_0^{\Theta_D/T} dt\, \frac{t^3}{e^t - 1} - \left(\frac{\Theta_D}{T} \right) \frac{1}{e^{\Theta_D/T} - 1} \right] \tag{2.23}$$

となる．これが，Einstein の (2.6) の代わりにえられた，Debye の式である．(2.23) は複雑な形をしているので，Debye 関数，

$$D(x) = \frac{3}{x^3} \int_0^x dt\, \frac{t^3}{e^t - 1} \tag{2.24}$$

[*1]　この形は，結晶を連続体でおきかえたときのもので，結晶構造を考慮すると，もっともっと複雑になることを注意しておく．

[*2]　ここでも，零点振動は落としてしまった．

[*3]　$t \equiv \dfrac{\hbar\omega}{k_B T}$

に関する数値表のお世話にならないと、その値はわからない。しかし、温度 T が、Debye 温度にくらべて、きわめて大きいところと、小さいところの漸近形をみるのは、むずかしくない。

Debye 関数の漸近形

いま、$x \ll 1$ とすると、

$$D(x) = \frac{3}{x^3} \int_0^x \mathrm{d}t \, \frac{t^3}{t + \frac{1}{2}t^2 + \frac{1}{6}t^3 + \cdots}$$

$$= \frac{3}{x^3} \int_0^x \mathrm{d}t \, t^2 \left(1 - \frac{1}{2}t + \cdots\right) = 1 - \frac{3}{8}x + \cdots \qquad x \ll 1 \qquad (2.25)$$

となる。一方、$x \gg 1$ のところでは、

$$D(x) = \frac{3}{x^3} \left[\int_0^\infty \mathrm{d}t \, \frac{t^3}{e^t - 1} - \int_0^\infty \mathrm{d}t \, \frac{t^3 e^{-t}}{1 - e^{-t}}\right] = \frac{3}{x^3} \left[\frac{\pi^4}{15} - \int_x^\infty \mathrm{d}t \, t^3 \sum_{n=1}^\infty e^{-nt}\right]$$

$$= \frac{\pi^4}{5} \frac{1}{x^3} - 3e^{-x} + \cdots \qquad x \gg 1 \qquad (2.26)$$

となる。これらの展開を用いると、

$$C_V = \begin{cases} 3k_B N \left\{1 - \frac{1}{20}(\Theta_D/T)^2 + \cdots\right\} & T \gg \Theta_D \\ 3k_B N \left\{\frac{4\pi^4}{5}(T/\Theta_D)^3 + \cdots\right\} & T \ll \Theta_D \end{cases} \qquad (2.27)$$

がえられるから、低温で T^3 に比例するが、高温では一定値 $3k_B N$ になるという実験結果とよく一致することが確認される。

【演習問題】

固体の熱容量は一般に、

$$C_V = k_B \int_0^\infty \mathrm{d}\omega \, \rho(\omega) \frac{(\hbar\omega\beta)^2 e^{\beta\hbar\omega}}{(e^{\beta\hbar\omega} - 1)^2}$$

と書かれることを証明せよ。

また、ω が小さいところで、

$$\rho(\omega) \sim \omega^s \qquad \omega \to 0$$

ならば、低温で熱容量は温度にどのように依存してくるか？

【ヒント】 $C_V \sim T^{s+1}$

になるはず.

【余　　談】

ここで, 格子状に並んだ結晶をならして, これを, 弾性波でおきかえてしまった. この弾性波の場を, **フォノン場**という. 結晶体の一点にエネルギーを注ぎ込むと, それは, 格子点間の相互作用を通じて, 結晶全体にひろがっていくであろう. これを言葉を変えていうと, エネルギーはフォノンとして結晶の他の部分に運ばれていくということになる. 結晶の中には, 電子も存在するから, 前々章の電子のガスの比熱と一緒にして, 固体の比熱は, 比較的低い温度で,

$$C_V = \gamma T + A T^3 \tag{2.28}$$

という温度依存性をもつ. 右辺第1項が電子による項, 第2項が, 格子の振動 (フォノン) による項である. (Ⅴ.4.34) により,

$$\gamma = k_B N_e \frac{\pi^2}{2} \frac{k_B}{\mu_0} \tag{2.29}$$

であり, フォノンによるほうは, (2.27) により,

$$A = k_B N \frac{12\pi^4}{5} \frac{1}{\Theta_D^3} \tag{2.30}$$

である. ただし, (2.29) 中の N_e とは電子の数である[*].

結晶体の中では, 電子は格子状のポテンシャルの中を運動しているから, 格子の振動は, 電子におよぼすポテンシャルを変化させ, 結果として電子には, 格子の振動によって力が働く. これがいわゆる, 電子とフォノンの相互作用である. 電子とフォノンの相互作用は, 固体物理学において基本的な役割を演じる. ただし, この本では, それにふれない. これについては固体論の本を参照されたい.

§3. 最大項の方法

統計力学では, いろいろな集合理論を用いて, 結局のところ, 状態和を計算するのが基本になっている. その名が示すように, 状態和 (分配関数) は, あ

---

[*]　大体の数値を与えておくと, $\omega_D \sim 10^{13}\,\mathrm{sec}^{-1}$, $\Theta_D = \hbar\omega_D/k_B \sim 10^2\mathrm{K}$ のオーダーである. これに対し, (2.29) では $k_B/\mu_0 \sim 10^{-6}\mathrm{K}^{-1}$ のオーダーである. また, $12\pi^4/5 = 233.78$, $\pi^2/2 = 5$ である.

る変数についての和または積分で与えられる．しかも，その和には，付加条件がついていることがある．したがって，和や積分を真正直に遂行することは一般にはむずかしい．もし，和の中の各項のうちに，少数の項が他にくらべて圧倒的に大きいものがあるならば，和を，それらの大きな項だけでおきかえることができる場合がある．このような例は，すでに，第Ⅳ章の2節および3節で議論したことである．

ところで，統計力学の基礎にある等重率の仮定では，すべての微視的状態が同じ確率で熱平衡状態に寄与するということを仮定する．すると，微視的状態の和を計算する場合，他にくらべて圧倒的に大きな項などというものはありえないはずであるようにみえる．にもかかわらず，最大項の方法が有効であるということには，少々トリックがあるのである．もし，われわれが，可能なかぎり精密に微視的状態を指定するならば，すべての状態は等しい確率で寄与し，最大項などありえないが，精密に分類した微視的状態には，似たりよったりの状態がたくさんあるから，もう少し荒っぽく状態を分類して（それを粗視状態という）やると，ある粗視状態には，似たような微視的状態がたくさんはいっており，またある粗視状態には，きわめて少しの微視状態しかはいっていない，ということが起こる．粒子の数として $N = 10^{23}$ という大きな要素の数を問題にするときには，ある粗視状態には，圧倒的に多くの微視状態が入っているから，その粗視状態で，全体を代表させようというわけである．そのような粗視状態を見いだすためには，第Ⅲ章の2節でおこなったように計算を遂行すればよい．いま粗視的状態をきめてそれを，粒子の数 $n_1, n_2, \cdots$ であらわしたときの状態の数を $W\{n_s\}$ としよう．これを，粒子数と全エネルギーの条件，

$$N = \sum_s n_s \tag{3.1a}$$

$$E = \sum_s \varepsilon_s n_s \tag{3.1b}$$

を満たすすべての可能な粒子数について加えたものが，われわれのほしい状態の数である．これは計算できないから，

$$W\{n_s\} e^{-\sum_s (\alpha + \beta \varepsilon_s) n_s} \tag{3.2}$$

を*），すべての n_s が独立として扱ったときの最大値を与える n_s（それを n_s^* と

する）を探し，$W\{n_s^*\}$ をもって，

$$W(N,E) \equiv \sum_{n_1=0}^{\infty} \sum_{n_2=0}^{\infty} \cdots W\{n_s\}\delta_{N,\sum_s n_s}\delta(E-\sum_s \varepsilon_s n_s) \tag{3.3}$$

を代用する．

【注　　意】

量 (3.2) の極値を求めるには，それを n_s で微分したものを 0 とおく．すなわち，

$$\frac{\partial W\{n_s\}}{\partial n_s} - (\alpha+\beta\varepsilon_s)W\{n_s\} = 0 \tag{3.4}$$

または，

$$\frac{\partial}{\partial n_s}\log W\{n_s\} = \alpha+\beta\varepsilon_s \tag{3.5}$$

の解 n_s^* が，(3.2) の量を最大にする（これは，通常の Lagrange の未定係数法を用いて，

$$I\{n_s\} = \log W\{n_s\}+\alpha(N-\sum_s n_s)+\beta(E-\sum_s \varepsilon_s n_s) \tag{3.6}$$

の極値を求める問題と一致することに注意）．

また，量 (3.3) に $e^{-\alpha N}e^{-\beta E}$ をかけて，すべての N と E について加えあわせると，

$$\sum_{N=0}^{\infty} \int_0^{\infty} dE\, W(N,E)e^{-\alpha N}e^{-\beta E} = \sum_{n_1=0} \sum_{n_2=0} \cdots W\{n_s\}e^{-\alpha\sum_s n_s}e^{-\beta\sum_s \varepsilon_s n_s}$$

$$\fallingdotseq W\{n_s^*\}e^{-\alpha\sum_s n_s^*}e^{-\beta\sum_s \varepsilon_s n_s^*} \tag{3.7}$$

この式の左辺は，定義により，大正準集合の理論の分配関数 Z_G である．

（注意おわり．）

この方法の応用として，p. 151 で残しておいた問題，すなわち粒子数がきまっているとき，量子統計にしたがう粒子系の正準分配関数 Z_C を求める問題に戻ろう．Bose 粒子のときは，式 (IV. 5. 8) によって，

＊）（前ページ）式 (3.2) の中の α と β とは，Lagrange の未定係数である．

$$Z_{\mathrm{CBE}}(N,\beta) = \sum_{n_1=0}^{\infty} \sum_{n_2=0}^{\infty} \cdots \prod_{s} \mathrm{e}^{-\beta\varepsilon^{(s)}n_s} \delta_{N,\sum_s n_s} \tag{3.8}$$

を計算しなければならない。n_s は，エネルギー $\varepsilon^{(s)}$ をもった粒子の数である。この和を遂行するのはむずかしいし，(3.8) の右辺の量，

$$\prod_s \mathrm{e}^{-\beta\varepsilon^{(s)}n_s} \tag{3.9}$$

は，n_s の関数として数値をもたないことは明らかだから，このままでは，最大項の方法が使えない。

そこで，状態を指定するのをもう少し粗視化して，エネルギーレベルを $\varepsilon^{(s)}$ で一つ一つ指定しないで，ある幅をもたせて，その中にあるエネルギーレベルの数を g_s とする。この幅 g_s の中にある粒子数をあらためて n_s とすると，(3.8) は，

$$Z_{\mathrm{CBE}} = \sum_{n_1=0}^{\infty} \sum_{n_2=0}^{\infty} \cdots \prod_{s} \frac{(n_s+g_s-1)!}{n_s!\,(g_s-1)!} \mathrm{e}^{-\beta\varepsilon_s n_s} \delta_{N,\sum_s n_s} \tag{3.10}$$

となる*)。この最大値を求めるには，$\delta_{N,\sum_s n_s}$ を無視して，

$$\prod_s \frac{(n_s+g_s-1)!}{n_s!\,(g_s-1)!} \mathrm{e}^{-\beta\varepsilon_s n_s} \mathrm{e}^{-\alpha n_s} \tag{3.11}$$

を最大にすればよい。Stirling の式を用いると直ちに，

$$\log \frac{n_s^*+g_s}{n_s^*} = \alpha+\beta\varepsilon_s \tag{3.12}$$

$$n_s^* = g_s \frac{1}{\mathrm{e}^{\alpha+\beta\varepsilon_s}-1} \tag{3.13}$$

したがって，(3.10) を最大項で近似すると，

$$Z_{\mathrm{CBE}} \fallingdotseq \mathrm{e}^{\alpha N} \prod_s \left(\frac{\mathrm{e}^{\alpha+\beta\varepsilon_s}}{\mathrm{e}^{\alpha+\beta\varepsilon_s}-1} \right)^{g_s} \tag{3.14}$$

となる。このやり方では，β は，はじめから $(k_{\mathrm{B}}T)^{-1}$ であり，α は，Lagrange の未定係数であって，

---

*) $(n_s+g_s-1)!/n_s!\,(g_s-1)!$ は n_s 個のものを g_s 個の状態に分配する方法の数であることを思い出すとよい。また ε_s は荒っぽく指定した状態にある粒子のエネルギーである。

$$N = \sum_s n_s^* = \sum_s g_s \frac{1}{e^{\alpha + \beta \varepsilon_s} - 1} \tag{3.15}$$

なる条件からきまる．あるいは，(3.14) から，Helmholtz の自由エネルギー，

$$F \equiv -k_B T \log Z_{\text{CBE}} \tag{3.16}$$

を定義し，化学ポテンシャル μ を計算してみると，

$$\mu = \frac{\partial F}{\partial N} = -k_B T \frac{\partial}{\partial N} \log Z_{\text{CBE}} = -k_B T \alpha \tag{3.17}$$

という関係がえられるから，

$$\alpha = -\frac{\mu}{k_B T}$$

となる．ただし，(3.17) の最後の変形には，p.88 で証明した Lagrange の未定係数の性質を用いた．すなわち α は，あたかも，N に依存しないように取り扱った．

　ここの近似理論のやり方が，大正準集合の理論と深い関係にあるということは，一目瞭然であろう．

【注　　意】（複素積分を見たこともない読者は無視して下さい．）

　式 (3.11) は，粒子数に関する制限 $N = \sum_s n_s$ を無視するのならば，最大項で近似しなくても，和を計算することができる．それには，付録の式 (A.17) を用いればよい．すなわち，

$$\sum_{n_1=0}^{\infty} \sum_{n_2=0}^{\infty} \cdots \prod_s \frac{n_s + g_s - 1}{n_s! (g_s - 1)!} e^{-(\alpha + \beta \varepsilon_s) n_s} = \prod_s \frac{1}{[1 - e^{-(\alpha + \beta \varepsilon_s)}]^{g_s}} \tag{3.18}$$

そこで，δ-関数の表示，

$$\delta_{N, \sum_s n_s} = \frac{1}{2\pi} \int_{-\infty}^{\infty} d\alpha \, e^{i\alpha (N - \sum_s n_s)} \tag{3.19}$$

を導入し，さらに，これを，任意の実数 α^* をえらんで複素積分，

$$= \frac{1}{2\pi i} \int_{\alpha^*-i\infty}^{\alpha^*+i\infty} d\alpha \, e^{\alpha N} e^{-\alpha \sum_s n_s} \tag{3.20}$$

に直す．ただし (3.20) の複素積分は，$\alpha^* - i\infty$ から $\alpha^* + i\infty$ へおこなう．いま，(3.20), (3.18) を (3.10) に入れると，

$$Z_{\text{CBE}}(N, \beta) - \frac{1}{2\pi i} \int_{\alpha^*-i\infty}^{\alpha^*+i\infty} d\alpha \, e^{\alpha N} \sum_{n_1=0}^{\infty} \sum_{n_2=0}^{\infty} \cdots \prod_s \frac{(n_s + g_s - 1)!}{n_s! (g_s - 1)!} e^{-(\alpha + \beta \varepsilon_s) n_s}$$

$$= \frac{1}{2\pi i} \int_{\alpha^*-i\infty}^{\alpha^*+i\infty} \mathrm{d}\alpha\, \mathrm{e}^{\alpha N} \prod_s \frac{1}{[1-\mathrm{e}^{-(\alpha+\beta\varepsilon_s)}]^{g_s}} \tag{3.21}$$

この式と，(3.14) とをくらべてみよう．(3.21) の右辺の積分を実際に遂行することはむずかしいから，それを，最大項と幅の積で近似しよう．最大項を求めるには，実数の α に対して，

$$\frac{\partial}{\partial\alpha}\left[\mathrm{e}^{\alpha N} \prod_s \frac{1}{[1-\mathrm{e}^{-(\alpha+\beta\varepsilon_s)}]^{g_s}} \right] = 0 \tag{3.22}$$

とすればよい．この式を満たす α を α^* と書くと，

$$N = \sum_s g_s \frac{\mathrm{e}^{-(\alpha^*+\beta\varepsilon_s)}}{1-\mathrm{e}^{-(\alpha^*+\beta\varepsilon_s)}} = \sum_s g_s \frac{1}{\mathrm{e}^{\alpha^*+\beta\varepsilon_s}-1} \tag{3.23}$$

となり，前の α をきめる条件式 (3.15) の α を α^* と書いたものと一致する．そこで，(3.23) できまる α^* を，(3.20) の α^*（それは任意であった）と一致するようにえらぶと，積分 (3.21) は，

$$Z_{\mathrm{CBE}}(N,\beta) \doteqdot \frac{1}{2\pi i} \int_{\alpha^*-i\infty}^{\alpha^*+i\infty} \mathrm{d}\alpha\, \mathrm{e}^{\alpha^* N} \prod_s \frac{1}{[1-\mathrm{e}^{-(\alpha^*+\beta\varepsilon_s)}]^{g_s}}$$

$$\times \exp \prod_s g_s \frac{\mathrm{e}^{\alpha^*+\beta\varepsilon_s}}{[\mathrm{e}^{\alpha^*+\beta\varepsilon_s}-1]^2} \cdot \frac{(\alpha-\alpha^*)^2}{2!}$$

$$= \mathrm{e}^{\alpha^* N} \prod_s \frac{1}{[1-\mathrm{e}^{-(\alpha^*+\beta\varepsilon_s)}]^{g_s}}$$

$$\times \frac{1}{2\pi} \int_{-\infty}^{\infty} \mathrm{d}\alpha' \exp\left\{ -\frac{1}{2}(\varDelta N)^2 \alpha'^2 \right\}$$

$$= \frac{\mathrm{e}^{\alpha^* N}}{\varDelta N \sqrt{2\pi}} \prod_s \frac{1}{[1-\mathrm{e}^{-(\alpha^*+\beta\varepsilon_s)}]^{g_s}} \tag{3.24}$$

となる．ただし，上の積分をおこなうために，$i\alpha' \equiv (\alpha-\alpha^*)$ とした．また，

$$(\varDelta N)^2 \equiv \sum_s g_s \frac{\mathrm{e}^{\alpha^*+\beta\varepsilon_s}}{(\mathrm{e}^{\alpha^*+\beta\varepsilon_s}-1)^2} \tag{3.25}$$

であって，これは，粒子数のゆらぎである．(3.24) と (3.14) をくらべてみると，ゆらぎ $\varDelta N$ を無視するかぎり（Z_{CBE} の対数をとったときのはなし），両者が一致することがわかる．

なお，正確な式 (3.21) に Laplace の逆変換をほどこすと，大分配関数がえられる．これら自らやってみられるとよい．式 (V.3.3) が出てくる．ここで使

った複素積分の方法は，このモデルにかぎらず，一般的に，正準分配関数と大正準分配関数の関係を示すのに用いることができる．

§4. 変分原理

変分原理については，第Ⅳ章で少しばかりふれたが，この方法の応用としてここで Heisenberg の強磁性を取り扱う．一般的方法としては，Helmholtz の自由エネルギー，

$$F \equiv \int \mathrm{d}^N\Gamma \, f(^N\Gamma)\left\{H_N + \frac{1}{\beta}\log f(^N\Gamma)\right\} \quad \text{（古典論）} \tag{4.1a}$$

or

$$= \sum_{l_N} f(l_N)\left\{E_{l_N} + \frac{1}{\beta}\log f(l_N)\right\} \quad \text{（量子論）} \tag{4.1b}$$

を極小にするのが，正準集合における確率分布関数，

$$f_{\mathrm{C}}(^N\Gamma) = \frac{1}{Z_{\mathrm{C}}}\mathrm{e}^{-\beta H_N} \quad \text{（古典論）} \tag{4.2a}$$

$$F_{\mathrm{C}}(l_N) = \frac{1}{Z_{\mathrm{C}}}\mathrm{e}^{-\beta E_{l_N}} \quad \text{（量子論）} \tag{4.2b}$$

であるということを利用する（大正準集合の理論についても同様な定式化ができる）．

そこで，H_N（あるいは E_{l_N}）で特徴づけられた系が与えられたとき，(4.1) の右辺をその H_N（または E_{l_N}）および，ためし関数 f_{try} を用いて計算し，それから，ためし関数を，(4.1) が最小になるようにきめてみようというわけである．

この方法を使う例として，Heisenberg の強磁性モデルをとりあげよう．系の Hamiltonian として，

$$H_N = -2J\sum_{(i,j)} \mathbf{S}(i)\cdot\mathbf{S}(j) \tag{4.3}$$

をとる．ここに，$\mathbf{S}(i)$ とは，格子点 i にあるスピンであり，$\sum_{(i,j)}$ とは，となりあった格子点上にあるスピンについて和をとることを意味する．常数 J が正とすると，すべてのスピンがすべて同一方向を向いた状態のエネルギーが一番低いから，これが基底状態である[*]．温度が上ると，この基底状態は乱され，スピンの向きが，ばらばらになってくる．したがって，エントロピーは大きくな

り，同時に Helmholtz の自由エネルギーは減少する．

有限温度の確率分布関数を見いだすためには，Hamiltonian（4.3）を対角化しなければならない．しかし，それはできないから，

$$H_1 \equiv -\alpha \sum_{i=1}^{N} S_z(i) \tag{4.4}$$

を考えると，固有値問題は正確に解けて，

$$H_1 |m_1, m_2, \cdots, m_N\rangle = E(m_1, m_2, \cdots, m_N)|m_1, m_2, \cdots, m_N\rangle \tag{4.5}$$

となる．ただし，

$$E(m_1, m_2, \cdots, m_N) = -\alpha \sum_{i=1}^{N} m_i \tag{4.6}$$

である．ここで α はパラメーター，かつ，各 m_i はスピンの値 s から $s-1, s-2, \cdots, -s$ までの $2s+1$ 個の値をとる量子数である．

Hamiltonian（4.4）をもった系の正準分配関数は，

$$Z_1 = \left[\sum_{m=-s}^{s} e^{\alpha \beta m} \right]^N = [e^{\alpha \beta s} + e^{\alpha \beta (s-1)} + \cdots + e^{-\alpha \beta s}]^N$$

$$= \left[\frac{e^{\alpha \beta (s+1)} - e^{-\alpha \beta s}}{e^{\alpha \beta} - 1} \right]^N = \left[\frac{\sinh\left\{\left(s+\frac{1}{2}\right)\alpha \beta\right\}}{\sinh\left\{\frac{1}{2}\alpha \beta\right\}} \right]^N \tag{4.7}$$

となるから，ためしの確率分布関数として，

$$f(m_1, \cdots, m_N) = \frac{1}{Z_1} e^{\alpha \beta \sum_{i=1}^{N} m_i} \tag{4.8}$$

をとり，（4.1b）に代入して，それが極小になるように，パラメーター α をきめる．式（4.8）を（4.1b）に代入すると，

$$F_1 = \langle H_N \rangle - \langle H_1 \rangle - \frac{1}{\beta} \log Z_1 \tag{4.9}$$

となる．ここで，

---

*) （前ページ）すべてのスピンが，同一方向を向いているなら，どの方向でもよい．すなわち，基底状態は唯一ではなく，縮退している．この点については，[文献 11) 高橋（1976）p. 157] 参照．

$$\langle H_N \rangle \equiv \sum_{m_1=-s}^{s} \cdots \sum_{m_N=-s}^{s} f(m_1, \cdots, m_N) \langle m_1, \cdots, m_N | H_N | m_1, \cdots, m_N \rangle$$

$$= -\frac{2J}{Z_1} \sum_{(i,j)} \sum_{m_1=-s}^{s} \cdots \sum_{m_N=-s}^{s} e^{\alpha\beta \sum\limits_{k=1}^{N} m_k}$$

$$\times \langle m_1, \cdots, m_N | \boldsymbol{S}(i) \cdot \boldsymbol{S}(j) | m_1, \cdots, m_N \rangle$$

$$= -\frac{2J}{Z_1} \sum_{(i,j)} \sum_{m_1=-s}^{s} \cdots \sum_{m_N=-s}^{s} e^{\alpha\beta \sum\limits_{i=1}^{N} m_k} \langle m_i | S_z | m_i \rangle \langle m_j | S_z | m_j \rangle$$

$$= -2J \sum_{(i,j)} \langle S_z \rangle^2 = -2J \frac{1}{2} Nz \langle Sz \rangle^2 \tag{4.10}$$

$$\langle H_1 \rangle \equiv \sum_{m_1=-s}^{s} \cdots \sum_{m_N=-s}^{s} f(m_1, \cdots, m_N) \langle m_1, \cdots, m_N | H_1 | m_1, \cdots, m_N \rangle$$

$$= -\alpha N \langle S_z \rangle \tag{4.11}$$

である．ただし (4.10) の z は，一つの格子点に目をつけたとき，その隣りにあり，和 (i, j) に寄与するスピンの数である．また，

$$\langle S_z \rangle = \frac{1}{\sum\limits_{m=-s}^{s} e^{\alpha\beta m}} \sum_{m=-s}^{s} m e^{\alpha\beta m} = \frac{1}{\beta} \frac{\partial}{\partial \alpha} \log \sum_{m=-s}^{s} e^{\alpha\beta m}$$

$$= \frac{1}{\beta} \frac{\partial}{\partial \alpha} \log \frac{\sinh\left\{\left(s+\frac{1}{2}\right)\alpha\beta\right\}}{\sinh\left\{\frac{1}{2}\alpha\beta\right\}} \tag{4.12}$$

である．

式 (4.7), (4.10), (4.11) を (4.9) に代入すると，

$$F_1 = -JNz\langle S_z \rangle^2 + \alpha N \langle S_z \rangle - \frac{N}{\beta} \log \frac{\sinh\left\{\left(s+\frac{1}{2}\right)\alpha\beta\right\}}{\sinh\left\{\frac{1}{2}\alpha\beta\right\}} \tag{4.13}$$

となる．そこで，ためし関数を用いて計算した，この Helmholtz の自由エネルギーが最小になるように，パラメーター α をきめてみよう．(4.13) を α で微分すると，

$$\frac{\partial F_1}{\partial \alpha} = -2JNz\langle S_z \rangle \frac{\partial \langle S_z \rangle}{\partial \alpha} + N\langle S_z \rangle + \alpha N \frac{\partial \langle S_z \rangle}{\partial \alpha}$$

$$-\frac{N}{\beta}\frac{\partial}{\partial\alpha}\log\frac{\sinh\left\{\left(s+\frac{1}{2}\right)\alpha\beta\right\}}{\sinh\left\{\frac{1}{2}\alpha\beta\right\}} = N(\alpha-2Jz\langle S_z\rangle)\frac{\partial\langle S_z\rangle}{\partial\alpha}$$

(4.14)

がえられるから，(4.13) を最小にする α は，

$$\alpha = 2Jz\langle S_z\rangle \tag{4.15}$$

ときまる．ただし，この式は，右辺が α の複雑な関数（式 (4.12) を見よ）だから，簡単には解けない．しかし，物理的意味をみるために (4.15) を，(4.4) に代入してみると，

$$H_1 = -2Jz\langle S_z\rangle\sum_{i=1}^{N}S_z(i) \tag{4.16}$$

が，最小の Helmholtz の自由エネルギーを与えることがわかる．(4.16) は，はじめの Hamiltonian (4.3) の代用である．この代用の Hamiltonian は，本当の物理系の中の一つのスピンに目をつけ，それ以外のスピンの影響を平均でおきかえたことにあたっている．この平均の磁場，

$$H_{\mathrm{eff}} \equiv \frac{2z}{g\mu_{\mathrm{B}}}J\langle S_z\rangle \tag{4.17}$$

は，しばしば**分子場**（molecular field）と呼ばれる．ただし μ_{B} は Bohr の磁子，g はそれからのずれをあらわす g 因子である．(4.17) を用いると，代用の Hamiltonian (4.16) は，

$$H_1 = -g\mu_{\mathrm{B}}H_{\mathrm{eff}}\sum_{i=1}^{N}S_z(i) \tag{4.18}$$

となる．

α をきめる (4.15) は，α について正確には解けない．いわゆる Brillouin 関数，

$$B_s(x) \equiv \frac{2s+1}{2s}\coth\left(\frac{2s+1}{2s}x\right) - \frac{1}{2s}\coth\frac{s}{2s} \tag{4.19a}$$

$$= \begin{cases} \dfrac{s+1}{3s}x & x\to 0 \\[2mm] 1 & x\to\infty \end{cases} \tag{4.19b}$$

を用いると，(4.12) により，

235

$$\langle S_z \rangle = \frac{\left(s+\frac{1}{2}\right)\cosh\left\{\left(s+\frac{1}{2}\right)\alpha\beta\right\}\sinh\left(\frac{1}{2}\alpha\beta\right)}{\sinh\left\{\left(s+\frac{1}{2}\right)\alpha\beta\right\}} \qquad *$$

（＊次行に続く）

$$\frac{-\frac{1}{2}\sinh\left\{\left(s+\frac{1}{2}\right)\alpha\beta\right\}\cosh\left(\frac{1}{2}\alpha\beta\right)}{\left\{\sinh\left(\frac{1}{2}\alpha\beta\right)\right\}^2}$$

$$= \left(s+\frac{1}{2}\right)\coth\left\{\left(s+\frac{1}{2}\right)\alpha\beta\right\} - \frac{1}{2}\coth\left(\frac{1}{2}\alpha\beta\right) = sB_s(s\alpha\beta) \quad (4.20)$$

となる．これを（4.15）に代入すると，

$$\langle S_z \rangle = sB_s(2Jzs\langle S_z \rangle\beta) \tag{4.21a}$$

または，

$$\alpha = 2JzsB_s(s\alpha\beta) \tag{4.21b}$$

がえられる．

　Brillouin 関数の漸近形（4.19b）をみるとまず，

$$\langle S_z \rangle = 0 \tag{4.22}$$

という解がみつかる．しかし，$\langle S_z \rangle \neq 0$ の解も存在することがある．それをみるために，まず，$B_s(x)$ をプロットしてみると，下の図7.1がえられるから，次に $2Jzs\,B_s(s\beta\alpha)$ を，α の関数としてプロットすると，図7.2がえられる．特に，曲線の立ち上りは，（4.19b）の漸近形から，

$$2Jzs\cdot\frac{s+1}{3s}s\beta = \frac{2}{3}Jzs(s+1)\beta \tag{4.23}$$

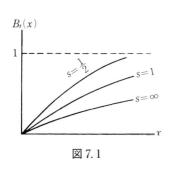

図7.1

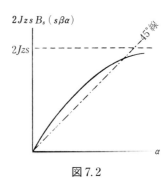

図7.2

となる．つまり，温度が大きいと立ち上りはおそく，温度が下ると，立ち上りが急になる．立ち上りが急になり，45°より大きくなると，この曲線は原点以外で45°線と交わることができる．このときには，(4.21b)は$\alpha \neq 0$なる解をもつことができる．その丁度境目のところ，つまり，$\alpha \neq 0$の解の存在しうる最高の温度は(4.23)を1とおくと定まる．すなわち，その温度をT_cと呼ぶと，

$$\frac{2}{3k_B}Jzs(s+1) = T_c \tag{4.24}$$

となる．これ以下の温度ではα，すなわち$\langle S_z \rangle$が0でない解が存在し，T_c以上では，熱運動のためにスピンはでたらめの方向をむき，$\langle S_z \rangle$が0となる．このときは，物質は磁性を失う．この強磁性の出現する温度T_cを**Curie温度**という．$\langle S_z \rangle$を，**自発磁化**（spontaneous magnetization）という．

なお，上の計算は，磁性体に外部磁場が働らくときの計算にそのまま使える．それには，(4.18)においてH_{eff}を外部磁場とみなせばよい．その場合$H_{eff} = H_{ext}$とすると磁気能率は単位体積について，

$$\langle \mu \rangle = g\mu_B \frac{N}{V}\langle S_z \rangle = g\mu_B \frac{N}{V}sB_s(g\mu_B s\beta H_{ext}) \tag{4.25}$$

となる．したがって，外場が弱く，温度が充分高ければ，Brillouin関数に対して漸近形(4.19b)を用いると，単位体積の帯磁率（magnetic susceptibility）は，

$$\chi = \frac{\partial \langle \mu \rangle}{\partial H_{ext}} = (g\mu_B)^2 \frac{s(s+1)}{3k_B}\frac{1}{T}\frac{N}{V} \tag{4.26}$$

となる．これを**Hundの式**という．これは，自発的な磁化によるものではなく，外部磁場によって誘起された磁化によるものである．(4.26)のように，帯磁率が温度の逆数に比例することを**Curieの法則**という．温度T_c以下では，自発的に誘起されたものと，外部磁場によって誘起された磁化とが共存する．

物質の磁性を統計力学的に考察した良書には，［文献9）小口武彦（1970）］がある．

変分法を金属電子論に応用する方法の詳しいことについては，少々古いが，［文献19）Wilson（1953）］の第10章を参照するとよい．

§5. 摂動論の方法

正準集合の理論では，多粒子系のHamiltonianの固有値のすべてを求めるこ

とが，分配関数を知る基礎になっているが，いうまでもなく，与えられた
Hamiltonian を対角化することは，一般には不可能である．第4章で，2原子分
子を取り扱うのに，2原子分子の重心運動，回転，振動を無理に分離してしまっ
て各々のモードを別々に計算した．しかし実際には，これらのモードの間には，
相互作用が存在し，温度（すなわちエネルギー）によっては，このような相互
作用をどうしても無視できないことが起こる．

　固体の比熱を考えたときも事情は同様であって，第0近似としては，フォノ
ン場と，固体の中を走りまわる電子を別々に取り扱う．しかし，電子は，フォ
ノンを吸収したり放出したりしながら，複雑な運動をするのが実状であって，
現象によっては，これらの相互作用を無視するわけにいかなくなる．事実，超
伝導の現象を説明するためには，電子とフォノンの相互作用が本質的な役割を
演じる．超伝導などのように，物質が新しい相に移っていくときには，いまま
でのように，要素間の相互作用を無視したり，小さいとして摂動論的に考慮し
たのではだめである．このことは，前節の例でもみたところである．多体の相
互作用が本質的な役割を演じるような現象を取り扱うには，今のところ残念な
がら，一定の方法というものが存在しないから，物理的事情に応じて，モデル
を簡単化するか，前節の変分法などを用いて調べるほかない．

　しかし，多体の相互作用が小さいと考えられるような場合には，幸いにして，
かなり系統的な定式化ができる．特に，場の量子論における摂動論的な技巧を
取り入れた方法の発展には大変めざましいものがある．これに関しては，ここ
で議論しない．［文献1) 阿部（1966)］を勉強することをすすめる．

密度行列

　ここでは，きわめて簡単に，密度行列の理論をまとめておくにとどめる．正
準集合の理論における分配関数が，量子統計力学では，

$$Z_\mathrm{C}(\beta) = \sum_l \mathrm{e}^{-\beta E_l} \tag{5.1}$$

と書かれることにまず注意しよう．E_l とは，全系の Hamiltonian H の固有値
で，その固有ベクトルを $|l\rangle$ とするとき，

$$H|l\rangle = E_l|l\rangle \tag{5.2}$$

である．固有ベクトル $|l\rangle$ は完全系を作るとすると，Dirac の記法にしたがっ
て，完全性の条件は，

$$\sum_l |l\rangle\langle l| = I \tag{5.3}$$

と書かれる. また固有ベクトルの正規直交条件は,

$$\langle l|l'\rangle = \delta_{ll'} \tag{5.4}$$

である. すると (5.1) は,

$$Z_c(\beta) = \sum_l \langle l|e^{-\beta H}|l\rangle \tag{5.5a}$$

$$= \mathrm{Tr}[e^{-\beta H}] \tag{5.5b}$$

と書かれる. 最後の (5.5b) の形に書くと, 行列の trace というものは表示によらないから, 理論の定式化の展開には非常に便利である. どうせ, 表示によらないものを計算するのなら, いっそのこと行列そのものを考え,

$$\rho(\beta) \equiv e^{-\beta H} \tag{5.6}$$

を問題にしたほうが更に便利である. (5.6) を**密度行列** (density matrix) と呼ぶ[*1].

　この密度行列の trace をとるために, 量子力学的な正準変換を極力利用しよう. 特に, Hamiltonian が, 簡単な項 H_0 と, 小さいと考えられる項 H' の和になっているならば, 密度行列を摂動論的に展開することが可能になる. いま,

$$H = H_0 + H' \tag{5.7}$$

とすると, 密度行列は,

$$\rho(\beta) = e^{-\beta H} = e^{-\beta(H_0+H')} \tag{5.8}$$

で, これを $e^{-\beta H_0}$ を第1項として, H' につき, 逐次的に展開することを考えよう[*2]. それには, 量子力学における, 相互作用表示のまねをするのがよい. そこで,

$$e^{-\beta H} \equiv e^{-\beta H_0}U(\beta) \tag{5.9}$$

とおき, $U(\beta)$ を H' の展開で求める. それには, まず, $U(\beta)$ の β に対する微分方程式に変形してからそれを逐次近似で積分していくとよい. そこで (5.9) の両辺を β で微分して, (5.7), (5.8) を使うと (ただし, このとき, H や H_0 や

[*1]　(5.6) の H を, $H-\mu N$ でおきかえると, 大正準集合の密度行列が定義できる. 以下の定式化には正準集合理論を用いるが, 大正準集合への拡張は容易である.

[*2]　H_0 と H' とが交換可能でなかったら, 一般に $e^{-\beta(H_0+H')} \neq e^{-\beta H_0}e^{-\beta H'}$ であることに注意.

H' は交換不可能な量だから，順序を変えないように注意する），右辺は，

$$-He^{-\beta H} = -(H_0+H')e^{-\beta H_0}U(\beta) \tag{5.10}$$

一方，右辺は，

$$-H_0 e^{-\beta H_0}U(\beta)+e^{-\beta H_0}\frac{dU(\beta)}{d\beta} \tag{5.11}$$

となるから，(5.10) と (5.11) を等しいとおくと，

$$-H'e^{-\beta H_0}U(\beta) = e^{-\beta H_0}\frac{dU(\beta)}{d\beta} \tag{5.12}$$

がえられる．この式の左から $e^{\beta H_0}$ をかけ，

$$e^{\beta H_0}H'e^{-\beta H_0} \equiv H'(\beta) \tag{5.13}$$

とおくと，$U(\beta)$ は，

$$\frac{dU(\beta)}{d\beta} = -H'(\beta)U(\beta) \tag{5.14}$$

を満たすことがわかる．(5.14) を初期条件，

$$U(0) = 1 \tag{5.15}$$

のもとに積分すると，積分方程式，

$$U(\beta) = 1-\int_0^\beta d\beta_1 H'(\beta_1)U(\beta_1) \tag{5.16}$$

となる*)．ここまでは，なんら近似によらない正確な関係ばかりである．

摂動展開

次に，H' が小さいとすると，(5.16) を逐次に展開して，

$$U(\beta) = 1-\int_0^\beta d\beta_1 H'(\beta_1)+\int_0^\beta d\beta_1 \int_0^{\beta_1} d\beta_2 H'(\beta_1)H'(\beta_2)U(\beta_2)$$

$$= \sum_{n=0}^\infty (-1)^n \int_0^\beta d\beta_1 \int_0^{\beta_1} d\beta_2 \cdots \int_0^{\beta_{n-1}} d\beta_n H'(\beta_1)\cdots H'(\beta_n) \tag{5.17}$$

がえられる．これが，H' が小さいときの $U(\beta)$ の展開形である．たとえば，分配関数 Z_C は，

$$Z_C = \mathrm{Tr}[e^{-\beta H}] = \mathrm{Tr}[e^{-\beta H_0}U(\beta)]$$

---

*) この式の両辺を β で微分すると，(5.14) に戻る．

$$= \mathrm{Tr}[\mathrm{e}^{-\beta H_0}] - \int_0^\infty \mathrm{d}\beta_1 \, \mathrm{Tr}[\mathrm{e}^{-\beta H_0} H'(\beta_1)] + \cdots$$

$$\equiv Z_{0\mathrm{C}} + Z_{1\mathrm{C}} + Z_{2\mathrm{C}} + \cdots \tag{5.18}$$

である*). しかし, ここままでは, 多分に形式的で意味がわかりにくいと思うから, 先に進む前に, 一つの例をあげておこう.

【例】

いま, 1個の粒子が, x^2 に比例するポテンシャルの他に x^3 および x^4 に比例するポテンシャルの中を動いている, 非調和振動子をとると, 全 Hamiltonian は Schrödinger 描像で,

$$H = \frac{1}{2}p^2 + \frac{1}{2}\omega^2 x^2 + ax^3 bx^4 \tag{5.19}$$

である. (粒子の質量は1としてしまった.) そこで,

$$H_0 \equiv \frac{1}{2}(p^2 + \omega^2 x^2) \tag{5.20}$$

$$H' \equiv ax^3 + bx^4 \tag{5.21}$$

とおく. するとまず, H_0 の固有値がみつかる. すなわち,

$$H_0|l\rangle = \varepsilon_l|l\rangle \tag{5.22}$$

$$\varepsilon_l = \hbar\omega\left(l + \frac{1}{2}\right) \qquad l = 0, 1, 2, \cdots \tag{5.23}$$

である.

式 (5.13) で定義した $H'(\beta)$ は,

$$H'(\beta) = \mathrm{e}^{\beta H_0}(ax^3 + bx^4)\mathrm{e}^{-\beta H_0} \tag{5.24a}$$

$$= ax^3(\beta) + bx^4(\beta) \tag{5.24b}$$

である. ただし,

$$x(\beta) \equiv \mathrm{e}^{\beta H_0} x \mathrm{e}^{-\beta H_0} \tag{5.25}$$

とおいた. したがって, $U(\beta)$ の展開は,

---

*) 一般式は,

$$Z_{n\mathrm{C}} = (-1)^n \int_0^\beta \mathrm{d}\beta_1 \int_0^{\beta_1} \mathrm{d}\beta_2 \cdots \int_0^{\beta_{n-1}} \mathrm{d}\beta_n \, \mathrm{Tr}[\mathrm{e}^{-\beta H_0} H'(\beta_1) \cdots H'(\beta_n)]$$

である.

$$U(\beta) = 1 - \int_0^\beta \mathrm{d}\beta_1 \, \{ax^3(\beta_1) + bx^4(\beta_1)\}$$

$$+ \int_0^\beta \mathrm{d}\beta_1 \int_0^{\beta_1} \mathrm{d}\beta_2 \, \{ax^3(\beta_1) + bx^4(\beta_1)\}\{ax^3(\beta_2) + bx^4(\beta_2)\}$$

$$+ \cdots \tag{5.26}$$

となる．x の 8 乗以上の項は省略した．この展開を用いて，分配関数を計算してみると，

$$Z_{\mathrm{C}} = \mathrm{Tr}[\mathrm{e}^{-\beta H_0}] - \int_0^\beta \mathrm{d}\beta_1 \, \mathrm{Tr}[\mathrm{e}^{-\beta H_0}]\{ax^3(\beta_1) + bx^4(\beta_1)\}] + \cdots \tag{5.27}$$

この式の右辺第 1 項はただちに，

$$Z_{0\mathrm{C}} = \mathrm{Tr}[\mathrm{e}^{-\beta H_0}] = \sum_{l=0}^\infty \mathrm{e}^{-\beta\hbar\omega\,(l+1/2)} = \mathrm{e}^{-\beta\hbar\omega/2}\frac{1}{1-\mathrm{e}^{-\beta\hbar\omega}} \tag{5.28}$$

となる．第 2 項は，

$$Z_{1\mathrm{C}} = -a\int_0^\beta \mathrm{d}\beta_1 \, \mathrm{Tr}[\mathrm{e}^{-(\beta-\beta_1)H_0}x^3\mathrm{e}^{-\beta_1 H_0}] - b\int_0^\infty \mathrm{d}\beta_1 \, \mathrm{Tr}[\mathrm{e}^{-(\beta-\beta_1)H_0}x^4\,\mathrm{e}^{-\beta_1 H_0}]$$

$$= -a\int_0^\beta \mathrm{d}\beta_1 \sum_{l=0}^\infty \mathrm{e}^{-\beta\hbar\omega\,(l+1/2)}\langle l|x^3|l\rangle - b\int_0^\beta \mathrm{d}\beta_1 \sum_{l=0}^\infty \mathrm{e}^{-\beta\hbar\omega\,(l+1/2)}\langle l|x^4|l\rangle$$

$$= -a\beta \sum_{l=0}^\infty \mathrm{e}^{-\beta\hbar\omega\,(l+1/2)}\langle l|x^3|l\rangle - b\beta \sum_{l=0}^\infty \mathrm{e}^{-\beta\hbar\omega\,(l+1/2)}\langle l|x^4|l\rangle$$

$$= -3b\beta\left(\frac{\hbar}{2\omega}\right)^2 \sum_{l=0}^\infty \mathrm{e}^{-\beta\hbar\omega\,(l+1/2)}\{2l^2+2l+1\}$$

$$= -3b\beta\left(\frac{\hbar}{2\omega}\right)^2 \mathrm{e}^{-\beta\hbar\omega/2}\left\{\frac{2}{(\hbar\omega)^2}\frac{\partial^2}{\partial\beta^2} - \frac{2}{\hbar\omega}\frac{\partial}{\partial\beta} + 1\right\}\sum_{l=0}^\infty \mathrm{e}^{-\beta\hbar\omega l}$$

$$= -3b\beta\left(\frac{\hbar}{2\omega}\right)^2 \mathrm{e}^{-\beta\hbar\omega/2}\left\{\frac{2\mathrm{e}^{-\beta\hbar\omega}}{(1-\mathrm{e}^{-\beta\hbar\omega})^3} + 1\right\} \tag{5.29}$$

となる．ただし，

$$\langle l|x^3|l\rangle = 0 \tag{5.30}$$

$$\langle l|x^4|l\rangle = \left(\frac{\hbar}{2\omega}\right)^2 3(2l^2+2l+1) \tag{5.31}$$

を用いた[*]．このように，手間をいとわなければ，

$$Z_{\mathrm{C}} = Z_{0\mathrm{C}} + Z_{1\mathrm{C}} + \cdots \tag{5.32}$$

を計算することができる.

【演習問題 1】

式（5.17）において，H' や H_0 がすべて交換可能である場合（古典論）には，

$$U(\beta) = \exp(-\beta H')$$

となることを確かめよ.

【ヒント】 もし H_0 と H' が交換可能なら，

$$H'(\beta) = e^{\beta H_0} H' e^{-\beta H_0} = H'$$

となって，β が消える．また，

$$\int_0^\beta d\beta_1 \int_0^{\beta_1} d\beta_2 \cdots \int_0^{\beta_{n-1}} d\beta_n = \frac{\beta^n}{n!}$$

に気をつける.

【演習問題 2】

（5.19）が古典的 Hamiltonian として，a と b の 1 次までの分配関数およびエネルギーの平均値を計算し，エネルギーの等分配則が成り立つか否かを調べよ.

【ヒント】

$$Z_C = \frac{1}{\hbar\omega\beta}\left\{1 - \frac{3b}{\omega^4\beta}\right\}$$

a のほうは，対称性によって消える．これから 1 個の振子についてのエネルギーは，

$$\varepsilon = -\frac{\partial}{\partial\beta}\log Z_C = \frac{1}{\beta} - \frac{1}{\beta}\frac{3b}{\omega^4\beta - 3b} \fallingdotseq k_B T - \frac{3b}{\omega^4}(k_B T)^2 + \cdots$$

となるから，第 2 項から，エネルギーの等分配則が破れている．しかし，第 1 項があるかぎり，$T \to 0$ で比熱は 0 にならない．だからといって，x^4 の項がいらないわけではない．固体の熱膨張を扱うときには，このような非調和項が重要になる.

平均値の摂動展開

さて，ここで，（5.18）に戻ろう．いま，

*) （前ページ）これらの式については量子力学の教科書参照.

$$\frac{1}{Z_{0C}} \operatorname{Tr}[e^{-\beta H_0} \cdots] \equiv \langle \cdots \rangle_\beta \tag{5.33}$$

という記号を使うことにすると,

$$Z_C = Z_{0C} \sum_{n=0}^{\infty} (-1)^n \frac{1}{Z_{0C}} \int_0^\beta d\beta_1 \int_0^{\beta_1} d\beta_2 \cdots \int_0^{\beta_{n-1}} d\beta_n \operatorname{Tr}[e^{-\beta H_0} H'(\beta_1)$$

$$\cdots H'(\beta_n)] =$$

$$= Z_{0C} \sum_{n=0}^{\infty} (-1)^n \int_0^\beta d\beta_1 \int_0^{\beta_1} d\beta_2 \cdots \int_0^{\beta_{n-1}} d\beta_n \langle H'(\beta_1) \cdots H'(\beta_n) \rangle_\beta \tag{5.34}$$

と簡単に書けることがわかる. すなわち,

$$\frac{Z_{nC}}{Z_{0C}} = (-1)^n \int_0^\beta d\beta_1 \int_0^{\beta_1} d\beta_2 \cdots \int_0^{\beta_{n-1}} d\beta_n \langle H'(\beta_1) \cdots H'(\beta_n) \rangle_\beta \tag{5.35}$$

である. さらに,

$$\frac{1}{Z_C} = \frac{1}{Z_{0C}} \frac{1}{\sum\limits_{n=0}^{\infty} (Z_{nC}/Z_{0C})} = \frac{1}{Z_{0C}} \left[1 - \frac{Z_{1C}}{Z_{0C}} - \left(\frac{Z_{2C}}{Z_{0C}} - \frac{Z_{1C}^2}{Z_{0C}^2} \right) \right.$$

$$\left. - \left(\frac{Z_{3C}}{Z_{0C}} - 2\frac{Z_{1C}}{Z_{0C}}\frac{Z_{2C}}{Z_{2C}} + \frac{Z_{1C}^3}{Z_{0C}^3} \right) + \cdots \right]$$

$$= \frac{1}{Z_{0C}} [1 - Z_C^{(1)} - Z_C^{(2)} - \cdots] \tag{5.36}$$

と展開できるから, ある物理量 A の平均値を求めるには,

$$\frac{1}{Z_C} \operatorname{Tr}[e^{-\beta H} A]$$

$$= \frac{1}{Z_{0C}} [1 - Z_C^{(1)} - Z_C^{(2)} - Z_C^{(3)} - \cdots] \operatorname{Tr}[e^{-\beta H_0} U(\beta) A]$$

$$= [1 - Z_C^{(1)} - Z_C^{(2)} - Z_C^{(3)} - \cdots] \langle U(\beta) A \rangle_\beta$$

$$= [1 - Z_C^{(1)} - Z_C^{(2)} - Z_C^{(3)} - \cdots] \times \left[\langle A \rangle_\beta - \int_0^\beta d\beta_1 \langle H'(\beta_1) A \rangle_\beta \right.$$

$$\left. + \int_0^\beta d\beta_1 \int_0^{\beta_1} d\beta_2 \langle H'(\beta_1) H(\beta_2) A \rangle_\beta + \cdots \right]$$

$$= \langle A \rangle_\beta - \int_0^\beta d\beta_1 \langle H'(\beta) A \rangle_\beta - Z_C^{(1)} \langle A \rangle_\beta$$

$$+\int_0^\beta \mathrm{d}\beta_1 \int_0^{\beta_1} \mathrm{d}\beta_2 \, \langle H'(\beta_1)H'(\beta_2)A\rangle_\beta - Z_{\mathrm{c}}^{(2)}\langle A\rangle_\beta$$

$$+Z_{\mathrm{c}}^{(1)}\int_0^\beta \mathrm{d}\beta_1 \, \langle H'(\beta_1)A\rangle_\beta + \cdots$$

$$= \langle A\rangle_\beta - \int_0^\beta \mathrm{d}\beta_1 \, \{\langle H'(\beta_1)A\rangle_\beta - \langle H'(\beta_1)\rangle_\beta \langle A\rangle_\beta\}$$

$$+\int_0^\beta \mathrm{d}\beta_1 \int_0^{\beta_1} \mathrm{d}\beta_2 \, \{\langle H'(\beta_1)H'(\beta_2)A\rangle_\beta - \langle H'(\beta_1)H'(\beta_2)\rangle_\beta \langle A\rangle_\beta\}$$

$$-\int_0^\beta \mathrm{d}\beta_1 \, \langle H'(\beta_1)\rangle_\beta \int_0^\beta \mathrm{d}\beta_2 \, \langle H'(\beta_2)\rangle_\beta \langle A\rangle_\beta$$

$$-\int_0^\beta \mathrm{d}\beta_1 \, \langle H'(\beta_1)\rangle_\beta \int_0^\beta \mathrm{d}\beta_2 \, \langle H'(\beta_2)A\rangle_\beta + \cdots$$

$$= \langle A\rangle_\beta - \int_0^\beta \mathrm{d}\beta_1 \, \{\langle H'(\beta_1)A\rangle_\beta - \langle H'(\beta_1)\rangle_\beta \langle A\rangle_\beta\}$$

$$+\int_0^\beta \mathrm{d}\beta_1 \int_0^{\beta_1} \mathrm{d}\beta_2 \, \{\langle H'(\beta_1)H'(\beta_2)A\rangle_\beta$$

$$-\langle H'(\beta_1)H'(\beta_2)\rangle_\beta \langle A\rangle_\beta - 2\langle H'(\beta_1)\rangle_\beta \langle H'(\beta_2)\rangle_\beta \langle A\rangle_\beta$$

$$-\langle H'(\beta_1)\rangle_\beta \langle H'(\beta_2)A\rangle_\beta - \langle H'(\beta_1)A\rangle_\beta \langle H'(\beta_2)\rangle_\beta\} + \cdots \tag{5.37}$$

を計算すればよいことになる．しかしながら通常物理量の平均値を計算する場合には，Z_{c} を計算し，$\log Z_{\mathrm{c}}$ をパラメーターについて微分して答を出すことが多いから，(5.37) の展開はあまり使われることがない．たとえば，例にあげた非調和振動子のエネルギーの平均値を計算したときにも，(5.37) を使わずに，

$$\varepsilon = -\frac{\partial}{\partial \beta}\log Z_{\mathrm{c}}(\beta) \tag{5.38}$$

を用いた．種々の熱力学的関数をえるには，できれば，Z_{c} から p. 129 の表を用いて計算するほうが簡単である．

【蛇　足】

（1）　ここで説明した表示，つまり量子力学的な演算子 A を $\mathrm{e}^{\beta H_0}$ と $\mathrm{e}^{-\beta H_0}$ ではさんで，

$$A(\beta) = \mathrm{e}^{\beta H_0}A\mathrm{e}^{-\beta H_0} \tag{5.39}$$

とするやり方は，場の量子論で特に有効である．たとえば反交換関係（付

録 C 参照）を満たす Schrödinger 表示の場を，

$$\phi(\boldsymbol{x}) = \frac{1}{\sqrt{V}} \sum_{p} e^{i\boldsymbol{p}\boldsymbol{x}} c_p \tag{5.40}$$

とすると，

$$\phi(\boldsymbol{x}, \beta) = e^{\beta H_0} \phi(\boldsymbol{x}) e^{-\beta H_0} = \frac{1}{\sqrt{V}} \sum_{p} e^{i\boldsymbol{p}\boldsymbol{x}} e^{\beta H_0} c_p e^{-\beta H_0}$$

$$= \frac{1}{\sqrt{V}} \sum_{p} e^{i\boldsymbol{p}\boldsymbol{x}} e^{-\beta \varepsilon_p} c_p \tag{5.41}$$

である．ただし，

$$H_0 = \sum_{p} \varepsilon_p c_p^\dagger c_p \tag{5.42}$$

$$\varepsilon_p = \frac{\hbar^2}{2m} \boldsymbol{p}^2 \tag{5.43}$$

で，

$$c_p(\beta) \equiv e^{\beta H_0} c_p e^{-\beta H_0} = c_p e^{-\beta \varepsilon_p} \tag{5.44}$$

である[*]．同様に，

$$c_p^\dagger(\beta) \equiv e^{\beta H_0} c_p^\dagger e^{-\beta H_0} = c_p^\dagger e^{\beta \varepsilon_p} \tag{5.45}$$

である．いま，(5.33) と同様に，

$$\mathrm{Tr}[e^{-\beta H_0} \cdots] / \mathrm{Tr}[e^{-\beta H_0}] \equiv \langle \cdots \rangle_\beta \tag{5.46}$$

とおくと，

$$\langle c_p c_{p'}^\dagger \rangle_\beta = \left\{ 1 - \frac{1}{e^{\beta \varepsilon_p} + 1} \right\} \delta_{p,p'} = \frac{e^{\beta \varepsilon_p}}{e^{\beta \varepsilon_p} + 1} \delta_{p,p'} \tag{5.47}$$

$$\langle c_{p'}^\dagger c_p \rangle_\beta = \frac{1}{e^{\beta \varepsilon_p} + 1} \delta_{p,p'} \tag{5.48}$$

となるから，

---

[*]　この式を導くには，これを β で微分し，

$$-\frac{\partial c_p(\beta)}{\partial \beta} = e^{\beta H_0} [c_p, H_0] e^{-\beta H_0} = \varepsilon_p c_p(\beta)$$

を β で積分すればよい．ただし，

$$[c_p, H_0] = \varepsilon_p c_p$$

を用いた．

$$\langle \phi(\boldsymbol{x}', \beta') \phi^\dagger(\boldsymbol{x}'', \beta'') \rangle_\beta$$

$$= \frac{1}{V} \sum_{\boldsymbol{p}', \boldsymbol{p}''} e^{i\boldsymbol{p}'\boldsymbol{x}'} e^{-i\boldsymbol{p}''\boldsymbol{x}''} e^{-\beta'\varepsilon_{\boldsymbol{p}'}} e^{\beta''\varepsilon_{\boldsymbol{p}''}} \frac{e^{\beta\varepsilon_{\boldsymbol{p}'}}}{e^{\beta\varepsilon_{\boldsymbol{p}'}}+1} \delta_{\boldsymbol{p}', \boldsymbol{p}''}$$

$$= \frac{1}{V} \sum_{\boldsymbol{p}} e^{i\boldsymbol{p}(\boldsymbol{x}'-\boldsymbol{x}'')} e^{-(\beta'-\beta'')\varepsilon_{\boldsymbol{p}}} \frac{e^{\beta\varepsilon_{\boldsymbol{p}}}}{e^{\beta\varepsilon_{\boldsymbol{p}}}+1} \qquad (5.49)$$

また,

$$\langle \phi^\dagger(\boldsymbol{x}'', \beta'') \phi(\boldsymbol{x}', \beta') \rangle_\beta = \frac{1}{V} \sum_{\boldsymbol{p}} e^{i\boldsymbol{p}(\boldsymbol{x}'-\boldsymbol{x}'')} e^{-(\beta'-\beta'')\varepsilon_{\boldsymbol{p}}} \frac{1}{e^{\beta\varepsilon_{\boldsymbol{p}}}+1} \qquad (5.50)$$

がえられる. これらの2個の式を組み合わせて, いわゆる, 温度グリーン関数を定義することができる. そうすると, たとえば, 量 (5.37) を摂動展開で求める場合, 場の理論における, S 行列の計算に有効であった, Feynman 図形の方法がそのまま使えることになる. ただし, これを説明するのは, 本書の程度をこえることになるので残念ながら, 詳しいことは, [文献1) 阿部 (1966)] にゆずらなければならない.

ファイトのある読者のために, 一つ演習問題を出しておこう.

【演習問題】

(5.49) と (5.50) を組み合わせると,

$$\langle \phi(\boldsymbol{x}', \beta') \phi^\dagger(\boldsymbol{x}'', \beta'') \rangle_\beta \theta(\beta'-\beta'') - \langle \phi^\dagger(\boldsymbol{x}'', \beta'') \phi(\boldsymbol{x}', \beta') \rangle_\beta \theta(\beta''-\beta')$$

$$= \frac{1}{\beta V} \sum_{\boldsymbol{p}} \sum_{n=-\infty}^{\infty} e^{i\boldsymbol{p}(\boldsymbol{x}'-\boldsymbol{x}'')} e^{-i\xi_n(\beta'-\beta'')} \frac{1}{i\xi_n - \varepsilon_{\boldsymbol{p}}}$$

と書けることを証明せよ. ただし,

$$\theta(x) = \begin{cases} 1 & x > 0 \\ 0 & x < 0 \end{cases}$$

$$\xi_n = \frac{\pi}{\beta}(2n+1) \qquad n : \text{整数}$$

【ヒント】 β' と β'' とは, 0 と β の間を動く変数である. したがって, $-\beta \leq \beta'-\beta'' \leq \beta$. このとき,

$$\theta(\beta'-\beta'') = \frac{i}{\beta} \sum_{n=-\infty}^{\infty} \frac{1}{\xi_n} e^{-i\xi_n(\beta'-\beta'')}$$

であることを用いる. すると,

$$\{ e^{\beta\varepsilon_{\boldsymbol{p}}} e^{-(\beta'-\beta'')\varepsilon_{\boldsymbol{p}}} \theta(\beta'-\beta'') - e^{-(\beta'-\beta'')\varepsilon_{\boldsymbol{p}}} \theta(\beta''-\beta') \} / (1 + e^{\beta\omega_{\boldsymbol{p}}})$$

$$= -\frac{1}{\beta}\sum_{n=-\infty}^{\infty}\frac{1}{i\xi_n-\varepsilon_p}e^{-i\xi_n(\beta'-\beta'')}$$

（2）（5.17）の展開は，平衡状態からあまりはなれていない非平衡状態を取り扱うとき重要な式となる．（線形応答の理論とか，久保の理論とかいわれているのがそれ．）

（3）量子力学における変換論を活用させる積もりならば，単に分配関数を摂動展開で求めるという以上のいろいろな議論を展開することができる．特に，ある変換（たとえば，ゲージ変換とか位相変換とか）に対する理論の不変性から，種々の物理量の間には密接な関係が存在することが多いが，そのような物理量の間の関係を見いだすためには，場の理論における変換論が大変有効である．物理量の間に成り立つ厳密な関係から，いろいろな総和則を導いたり，物理量の上限や下限を求めたりすることができる．この点に関しては，今のところあまりまとまった議論を紹介した本がみあたらない．しかし，そのような議論はこの本の程度を越えるので，いずれ稿をあらためてまとめてみる予定である．

§6.　反応がある過程の平衡

温度や圧力は，比較的理解しやすい物理量であるのに対し，化学ポテンシャルは，やや抽象的でつかみにくいと思う．これは多分に，人間の感覚のせいで，われわれは，物にさわって温度や圧力を感じることができるからであろう．一方，物にさわっても，われわれは化学ポテンシャルを感じることはできない．化学ポテンシャルは，その名の示すごとく，化学反応の取り扱いに応用される．この点を簡単に議論しておこう．

ここでは簡単のため，気体だけを取り扱う．いま，

$$H_2+Cl_2 \rightleftarrows 2HCl$$
$$N_2+3H_2 \rightleftarrows 2NH_3 \tag{6.1}$$

などの化学式で示される反応を考える．これらの式を一般的に，

$$\sum_i \nu_i A_i = 0 \tag{6.2}$$

と書くことにする．A_i $(i=1,2,\cdots)$ とは反応に関与する物質をあらわし，ν_i $(i=1,2,\cdots)$ は反応に参加する物質の量を整数であらわしたものとする．

さて，このように，いろいろな物質から成り立つ系を扱うには，いままで出てきた熱力学的関数の関係を少々書きかえておかなければならない．特に，化学ポテンシャル×粒子数 μN を，反応に関与する物質すべてについての和として，

$$\sum_i \mu_i N_i$$

としなければならない．N_i とは，物質 A_i の分子数，μ_i はその物質の化学ポテンシャルである．すると，たとえば，内部エネルギー，Helmholtz の自由エネルギー，Gibbs の自由エネルギーの変化は，

$$dE = TdS - pdV + \sum_i \mu_i dN_i \tag{6.3}$$

$$dF = -SdT - pdV + \sum_i \mu_i dN_i \tag{6.4}$$

$$dG = -SdT + Vdp + \sum_i \mu_i dN_i \tag{6.5}$$

とあらわされる．たとえば，等温，等圧下の反応を扱うには，(6.5) が便利で，その場合，反応がおわって，すべての物質が平衡に達したならば，Gibbs の自由エネルギーは最小値をとり，

$$dG = 0 \tag{6.6}$$

すなわち，

$$\sum_i \mu_i dN_i = 0 \qquad (dT = dp = 0) \tag{6.7}$$

が成り立たなければならない．一方，反応が平衡状態にあると，

$$\frac{dN_1}{\nu_1} = \frac{dN_2}{\nu_2} = \frac{dN_3}{\nu_3} = \cdots \tag{6.8}$$

が成り立たなければならない[*]．そこで，(6.8) と (6.7) を一緒にすると，**反応の平衡条件，**

---

[*] これを見るには，式 (6.1) の反応についてやってみるといい．例えば，HCl の場合は H_2 と Cl_2 とが 1 個ずつ減ると HCl が 2 個ふえるから $2dN_{H_2} + dN_{HCl} = 2dN_{Cl_2} + dN_{HCl} = 0$, NH_3 の反応では，同じく $2dN_{N_2} + dN_{NH_3} = 2dN_{H_2} + 3dN_{NH_3} = 0$ となる．

$$\sum_i \nu_i \mu_i = 0 \tag{6.9}$$

が，化学ポテンシャル μ_i $(i=1,2,\cdots)$ の間に成立しなければならない．たとえば，理想気体の化学ポテンシャルは，$(1.1.2)$（p. 217）によって，i 番目の物質については，

$$\mu_i = -k_B T \log\left\{ \left(\frac{2\pi m_i}{h^2 \beta} \right)^{3/2} \frac{V}{N_i} z_i \right\} \tag{6.10}$$

である．ただし，m_i は，i 番目の物質分子の質量であり，z_i は，i 番目の物質分子の内部自由度による分配関数である[*]．(6.10) を (6.9) に代入すると，反応の平衡条件は，

$$\sum_i \nu_i \log\left\{ \left(\frac{2\pi m_i}{h^2 \beta} \right)^{3/2} \frac{V}{N_i} z_i \right\}$$
$$= \log \prod_i \left\{ \left(\frac{2\pi m_i}{h^2 \beta} \right)^{3\nu_i/2} \left(\frac{V}{N_i} \right)^{\nu_i} z_i^{\nu_i} \right\} = 0 \tag{6.11}$$

となる．そこで i 番目の物質の濃度（concentration）を，

$$c_i \equiv N_i/V \qquad i = 1, 2, \cdots \tag{6.12}$$

とすると，平衡条件 (6.11) は，

$$\prod_i (c_i)^{\nu_i} = \prod_i \left(\frac{2\pi m_i}{h^2 \beta} \right)^{3\nu_i/2} z_i^{\nu_i} \tag{6.13}$$

となる．これは，右辺の量から，濃度の比を計算するのに用いる．

【例と注意】

たとえば，2種の単原子分子の気体 A と B が反応して 2 原子分子の気体 AB になる反応の平衡条件から，濃度の比 $c_{AB}/c_A c_B$ が計算できる．いま，A, B の最低エネルギー $\varepsilon_{0A}, \varepsilon_{0B}$ の状態がそれぞれ，g_A, g_B 重の縮退をしていると，

$$z_A = g_A e^{-\beta \varepsilon_{0A}} \tag{6.14}$$
$$z_B = g_B e^{-\beta \varepsilon_{0B}} \tag{6.15}$$

また，分子 AB のほうの基底状態のエネルギーを ε_{0AB}，縮退を g_{AB} とすると，回転と振動を考慮に入れて，

---

[*]　たとえば，i 番目の物質が 2 原子分子ならば，z_i は Z_{rot} や Z_{vib} などの積である．p. 146 を見よ．

$$z_{AB} = g_{AB} \frac{2I_{AB}}{\hbar^2\beta} \frac{e^{-\hbar\omega_{AB}\beta/2}}{1-e^{-\hbar\omega_{AB}\beta}} e^{-\beta\varepsilon_{0AB}} \tag{6.16}$$

これらを (6.13) に代入すると,

$$\frac{c_{AB}}{c_A c_B} = \left(\frac{h^2\beta}{2\pi m_A m_B/m_{AB}}\right)^{3/2} \frac{z_{AB}}{z_A z_B}$$

$$= \left(\frac{h^2\beta m_{AB}}{2\pi m_A m_B}\right)^{3/2} \frac{g_{AB}}{g_A g_B} \frac{2I_{AB}}{\hbar^2\beta} e^{D\beta} \tag{6.17}$$

がえられる. ただし, D とは, 解離エネルギー,

$$D \equiv \varepsilon_{0A} + \varepsilon_{0B} - \left(\varepsilon_{0AB} + \frac{1}{2}\hbar\omega_{AB}\right) \tag{6.18}$$

で, これは, 最低エネルギー状態にある分子 AB を, 分子 A と分子 B に分解するに要するエネルギーである. (6.17) に右辺の量 g_{AB}, g_A, g_B, I_{AB}, ω_{AB} などは, 分子構造論から計算するか, 実験的に決定すると, 左辺の濃度の比が, 温度の関数として与えられる.

　ここでは, A, B および AB が理想気体であるとして取り扱ったので, 気体の密度が大きかったり, 温度があまり低いときには, この計算はあてはまらない. また, 量子統計にしたがう粒子の反応を扱う場合には, 一般に化学ポテンシャルの計算がむずかしいので (大正準集合を用いなければならないため), 反応を扱うのはむずかしくなる.

　また, 上にのべた反応の平衡条件 (6.9) は気体の間の化学変化だけでなく, 一つの物質の気相, 液相, 固相の間の平衡を論じる場合にも使える. 化学反応ばかりではなく, 物理的反応たとえば, 原子核や素粒子間の反応にも, 原理的には使うことができる.

　ただしこの理論が適用できるためには, 反応に要する時間が, 熱平衡に達する時間にくらべて短い必要がある. この点に関するよく知られた例は水素分子の問題である. 水素分子はその2個の原子核のもつスピンの結びつき方によってオルト水素 (2個の核のスピンが平行) と, パラ水素 (2個の核のスピンが反平行) の2種類がある. しかし, この2種類の水素分子の反応はきわめておそく, 1年1個くらいだから (ただし触媒によって, この反応を促進することはできる), なかなか平衡状態に達しない. 理論によると定温では, オルト水素の数 N_o と, パラ水素の数 N_p との比は,

$$\frac{N_o}{N_p} = 3 \tag{6.19}$$

くらいであり，低温では，オルト→パラ転位が起こり，

$$\frac{N_o}{N_p} = 0 \tag{6.20}$$

になってしまうはずであるが，実験によると，低温でも（6.20）とはならず（6.19）の値のままでいることが知られている．触媒によって反応を促進すると低温で（6.20）が成り立ち，パラ水素ばかりになる．

§7. 分布関数の方法

相互作用が小さいと考えられる気体の取り扱いや，相互作用がきわめて大きいと考えられる固体の取り扱いでは，それぞれ基準座標を用いる方法や，モデルを適当にえらぶことにより，物理的本質を失うことなく統計力学の方法を応用する例をいままでみてきた．しかし，液体のように，相互作用は小さくも大きくもないと考えられる場合には，なかなか適当な系統的近似方法がみあたらない．そのような場合に有効な方法として分布関数の方法を最後に紹介しておこう．

分布関数

この方法の基本的な考え方は，まず，真正直に物理量を理論的に計算しようとしないで，いろいろな物理量を，少数の基本的な量で表現しておき，この少数の基本的な量を実験的に決定して，それから他の物理量を計算しようというのである．この少数の基本的な量として，**分布関数**をとると，液体の内部エネルギー，状態方程式，化学ポテンシャルなどが，それによって表現される．また，液体の表面張力，圧縮率，表面エネルギーなども，近似的に，分布関数で表現される．したがって分布関数を別に実験的に決定できるならば，上のすべての物理量が，分布関数によって計算されることになる．

いろいろな物理量を分布関数というもので表現できても，それを別に実験的に決定できなかったらあまり有効ではないから，まず分布関数の定義を与え，それを実験的に決定する方法を紹介してから統計力学の話に戻ることにしよう．分布関数を理論的に調べることはこの本では行なわない．

分布関数の定義

N 個の粒子からなる系を考える。各粒子の位置を $\boldsymbol{x}_i$ ($i=1, 2, \cdots N$) とするとき、粒子の密度は、

$$\rho_N^{(1)}(\boldsymbol{x}) \equiv \sum_{i=1}^{N} \delta(\boldsymbol{x}-\boldsymbol{x}_i) \tag{7.1}$$

であらわされる。すなわち、点 $\boldsymbol{x}$ における体積要素 d^3x の中には、粒子が $\rho_N^{(1)}(\boldsymbol{x})\,\mathrm{d}^3x$ 個ある。事実、この量を全空間にわたって積分すると、

$$\int \mathrm{d}^3x\, \rho_N^{(1)}(\boldsymbol{x}) = \sum_{i=1}^{N} \int \mathrm{d}^3x\, \delta(\boldsymbol{x}-\boldsymbol{x}_i) = \sum_{i=1}^{N} 1 = N \tag{7.2}$$

となる。次に、

$$\rho_N^{(2)}(\boldsymbol{x}, \boldsymbol{x}') \equiv \sum_{i \neq j} \delta(\boldsymbol{x}-\boldsymbol{x}_i)\delta(\boldsymbol{x}'-\boldsymbol{x}_j) \tag{7.3}$$

を定義すると、

$$\int \mathrm{d}^3x'\, \rho_N^{(2)}(\boldsymbol{x}, \boldsymbol{x}') = \sum_{i \neq j} \delta(\boldsymbol{x}-\boldsymbol{x}_i) \int \mathrm{d}^3x'\, \delta(\boldsymbol{x}'-\boldsymbol{x}_j)$$

$$= \sum_{i \neq j} \delta(\boldsymbol{x}-\boldsymbol{x}_i) 1 = (N-1)\sum_{i=1}^{N} \delta(\boldsymbol{x}-\boldsymbol{x}')$$

$$= (N-1)\rho_N^{(1)}(\boldsymbol{x})$$

したがって、(7.2) を用いると、

$$\int \mathrm{d}^3x\, \mathrm{d}^3x'\, \rho_N^{(2)}(\boldsymbol{x}, \boldsymbol{x}') = N(N-1) \tag{7.4}$$

がえられる。この関数は、点 $\boldsymbol{x}$ における体積要素 d^3x の中にあるいくつかの分子と、点 $\boldsymbol{x}'$ における体積要素 d^3x' の中にあるいくつかの分子とから作られる対の数をあらわす。これを **2体の相関関数** または、**2体分布関数** と呼ぶ。

もっと一般化して、$n \leqq N$ のとき、

$$\rho_N^{(n)}(\boldsymbol{x}, \boldsymbol{x}', \cdots, \boldsymbol{x}^{(n-1)}) = \sum_{i_1 \neq \cdots \neq i_n} \delta(\boldsymbol{x}-\boldsymbol{x}_{i_1})\cdots\delta(\boldsymbol{x}^{(n-1)}-\boldsymbol{x}_{i_n}) \tag{7.5}$$

を定義し、これを **n 体の相関関数** という。

これらの相関関数を正準集合や大正準集合について平均してみると、物理的意味が、いっそうはっきりする。いま、古典統計で考えることにし、たとえば、正準集合の確率分布関数を、

$$f_{\rm C}(^N\Gamma) \equiv f_{\rm C}(\boldsymbol{x}_1, \boldsymbol{x}_2, \cdots \boldsymbol{x}_N, \boldsymbol{p}_1, \cdots \boldsymbol{p}_N) \tag{7.6}$$

と書くと，

$$
\begin{aligned}
\langle \rho^{(1)}(\boldsymbol{x}) \rangle_{\rm C} &= \sum_{i=1}^{N} \frac{1}{N!} \frac{1}{h^{3N}} \int {\rm d}^3 x_1 \cdots {\rm d}^3 x_N {\rm d}^3 p_1 \cdots {\rm d}^3 p_N \delta(\boldsymbol{x}-\boldsymbol{x}_i) \\
&\quad \times f_{\rm C}(\boldsymbol{x}_1, \boldsymbol{x}_2, \cdots \boldsymbol{x}_N, \boldsymbol{p}_1, \cdots \boldsymbol{p}_N) \\
&= \frac{N}{N!} \frac{1}{h^{3N}} \int {\rm d}^3 x_2 \cdots {\rm d}^3 x_N {\rm d}^3 p_1 \cdots {\rm d}^3 p_N f_{\rm C}(\boldsymbol{x}, \boldsymbol{x}_2, \cdots \\
&\qquad \boldsymbol{x}_N, \boldsymbol{p}_1, \cdots \boldsymbol{p}_N)
\end{aligned}
\tag{7.7}
$$

となる．これは，$f_{\rm C}(\boldsymbol{x}_1, \boldsymbol{x}_2, \cdots, \boldsymbol{x}_N, \boldsymbol{p}_1, \cdots, \boldsymbol{p}_N)$ のうち，$\boldsymbol{x}_1$ のところに $\boldsymbol{x}$ を代入し残りの変数 $\boldsymbol{x}_2, \cdots, \boldsymbol{x}_N, \boldsymbol{p}_1, \cdots, \boldsymbol{p}_N$ について積分したものを N 倍した形になっている．（ただし，これは $f_{\rm C}(\boldsymbol{x}_1, \boldsymbol{x}_2, \cdots, \boldsymbol{p}_1, \cdots, \boldsymbol{p}_N)$ が各粒子の変数に関して対称になっていることを使った結果である）．すなわち (7.7) は，熱平衡状態において，1 個の粒子に目をつけたとき，（そのえらび出し方は N 個ある），残りの $N-1$ 個の粒子の状態，および目をつけている粒子の運動量のことはいっさい気にしないとき，その目をつけた粒子が，点 $\boldsymbol{x}$ における体積要素 ${\rm d}^3 x$ の中に見いだされる確率（×粒子数 N）であるということを示している．

　2 体の相関関数についても同じように，$\langle \rho_N^{(2)}(\boldsymbol{x}, \boldsymbol{x}') \rangle_{\rm C}$ とは，1 個の粒子が，点 $\boldsymbol{x}$ における体積要素 ${\rm d}^3 x$ にあり，もう 1 個の粒子が点 $\boldsymbol{x}'$ における体積要素 ${\rm d}^3 x'$ の中にある確率（×2 個の粒子のえらび出し方の数 $N(N-1)$）となる[*]．

　なお，空間的に完全に一様な液体または気体では (7.7) は，

$$\langle \rho_N^{(1)}(\boldsymbol{x}) \rangle_{\rm C} = \frac{N}{V} = 粒子の密度 \tag{7.8}$$

となる．2 体の相関関数については，同様に，

$$\langle \rho_N^{(2)}(\boldsymbol{x}, \boldsymbol{x}') \rangle_{\rm C} = \frac{N}{V} \frac{N-1}{V} \tag{7.9}$$

となる．

---

[*]　このとき，目をつけた 2 個の粒子の運動量および残りの $N-2$ 個の粒子の状態はいっさい気にしない．

動径分布関数

そこで，一般に，空間的な一様性からのずれをあらわす量として，

$$\langle \rho^{(2)}(\boldsymbol{x}, \boldsymbol{x}') \rangle_{\mathrm{C}} \equiv \left(\frac{N}{V} \right)^2 g(r) \tag{7.10}$$

によって，量 $g(r)$ を定義する[*]．ただし $r = |\boldsymbol{x} - \boldsymbol{x}'|$ である．この $g(r)$ のことを**動径分布関数**（radial distribution function）と呼ぶ．

点 $\boldsymbol{x}$ における体積要素 $\mathrm{d}^3 x$ の中に粒子が 1 個存在するとき，その点から，距離 r はなれた点 $\boldsymbol{x}'$ における体積要素 $\mathrm{d}^3 x'$ の中に別の粒子が見いだされる確率は，

$$g(r)\, \mathrm{d}^3 x\, \mathrm{d}^3 x' \tag{7.11}$$

で与えられる．点 $\boldsymbol{x}$ に粒子があるとき，分子間斥力のために，その点には，他の粒子は近づけないならば，

$$\lim_{r \to 0} g(r) = 0 \tag{7.12}$$

また，点 $\boldsymbol{x}$ に 1 個の粒子があったとき，無限の遠方には，その粒子の存在と無関係に他の粒子が存在しうるならば，

$$\lim_{r \to 0} g(r) = 1 \tag{7.13}$$

となる．式 (7.12) と (7.13) は通常の液体で，動径分布関数の満たす性質である．

$g(r)$ を実測するには

さてそこで，量 $g(r)$ をどうやって実験的に見いだすかを考えよう．いま左から波数ベクトル $\boldsymbol{k}_0$ の X 線が入射し，点 $\boldsymbol{x}_1, \boldsymbol{x}_2$ にある荷電粒子によって，波数 $\boldsymbol{k}$ の X 線として散乱される場合を考える．$\boldsymbol{x}_1$ による散乱 X 線と $\boldsymbol{x}_2$ による散乱 X 線の位相差は，

$$\phi = (\boldsymbol{x}_2 - \boldsymbol{x}_1) \cdot (\boldsymbol{k} - \boldsymbol{k}_0) \tag{7.14}$$

である．散乱 X 線の波長が，入射 X 線のそれと同じく λ とすると，

$$\boldsymbol{s} \equiv \boldsymbol{k} - \boldsymbol{k}_0 \tag{7.15}$$

---

[*] 固体では，式 (7.10) のように，右辺を r だけの関数であらわすことはできない．一般には g は，方向にも依存する関数である．

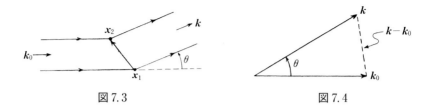

図 7.3　　　　　　　　　　　　　　図 7.4

とおくとき，

$$s = |\boldsymbol{s}| = |\boldsymbol{k} - \boldsymbol{k}_0| = 2k\left[\frac{1 - \cos\theta}{2}\right]^{1/2}$$

$$= 2k\sin\left(\frac{\theta}{2}\right) = \frac{4\pi}{\lambda}\sin\left(\frac{\theta}{2}\right) \tag{7.16}$$

である．ここで θ は，$\boldsymbol{k}_0$ と $\boldsymbol{k}$ の張る角である．

点 $\boldsymbol{x}_i$ にある荷電粒子による，X 線の散乱振幅
は，点 $\boldsymbol{x}_i$ から距離 R だけ離れた，ずっと遠方の
点 P では，

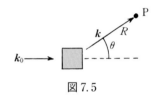

図 7.5

$$I_0^{1/2}\frac{r_0}{R}\mathrm{e}^{ikR}\mathrm{e}^{is\cdot x_i} \tag{7.17}$$

である[*]．液体中のいろいろな分子による寄与を足しあわせると，

$$\frac{1}{R}\mathrm{e}^{ikR}f(s) \equiv I_0^{1/2}\frac{r_0}{R}\mathrm{e}^{ikR}\sum_{i=1}^{N}\mathrm{e}^{is\cdot x_i} \tag{7.18}$$

がえられる．散乱理論によると，この場合，散乱の微分断面積は，

$$\mathrm{d}\sigma(\theta) = 2\pi|f(s)|^2\sin\theta\,\mathrm{d}\theta \tag{7.19}$$

で与えられる．(7.18) によると，

$$|f(s)|^2/I_0 r_0^2 = \sum_{i=1}^{N}\sum_{j=1}^{N}\mathrm{e}^{is\cdot(x_i-x_j)} = \sum_{i=1}^{N}1 + \sum_{i\neq j}^{N}\mathrm{e}^{is\cdot(x_i-x_j)}$$

$$= N + \int\mathrm{d}^3x\,\mathrm{d}^3y\,\rho^{(2)}(\boldsymbol{x},\boldsymbol{y})\mathrm{e}^{is\cdot(x-y)} \tag{7.20}$$

これを，正準集合平均をとり 2 体分布関数で書くと，

---

[*]　I_0 は入射 X 線の強さ，r_0 は古典電子半径で分子の質量を m とするとき，$r_0 = \mathrm{e}^2/mc^2$ である．

$$= N + \left(\frac{N}{V}\right)^2 \int \mathrm{d}^3x\,\mathrm{d}^3y\,g(|\boldsymbol{x}-\boldsymbol{y}|)\mathrm{e}^{is\cdot(\boldsymbol{x}-\boldsymbol{y})}$$

$$= N\left\{1 + \frac{N}{V}\int \mathrm{d}^3r\,g(r)\mathrm{e}^{is\cdot r}\right\}$$

$$= N\left\{1 + \frac{N}{V}4\pi\int_0^\infty \mathrm{d}r\,r^2 g(r)\frac{\sin(sr)}{sr}\right\} \tag{7.21}$$

となる．もし，ここで，液体中の分子がすべて統計的に独立であるとすると，この場合には $g(r)=1$ だから，これを式 (7.21) に代入してみると，右辺の第 2 項は，$s=0$ でしかきかないことがわかる[*1]．つまり，統計的独立な分子の散乱は，前方の $\theta=0$ にしかきかない．しかし $\theta=0$ への散乱は，入射波と区別がつかないから，散乱の断面積を問題にするときには，それを引き去っておかなければならない．すると，

$$|f(s)|^2 = I_0 r_0^2 N\left\{1 + \frac{N}{V}\cdot 4\pi\int_0^\infty \mathrm{d}r\,r^2(g(r)-1)\frac{\sin(sr)}{sr}\right\} \tag{7.22}$$

が，散乱の微分断面積から知られる量であることになる．この量をいろいろな s について測定すると[*2]，それから (7.22) を用いて $g(r)$ が決定される．その目的のためには，(7.22) を Fourier 逆変換して

$$g(r) = 1 + \frac{1}{2\pi^2}\frac{V}{N}\int_0^\infty \mathrm{d}s\,s\left\{\frac{1}{NI_0 r_0^2}|f(s)|^2 - 1\right\}\sin(sr) \tag{7.23}$$

としたほうが便利である．

X 線回折によってえられる，液体の $g(r)$ の大体の傾向は右図のようなものである．$g(r)$ が，1 のあたりを上下するのは，液体の中でも結晶のように，ある程度周期的に分子が並ぶ傾向にあることを示している．

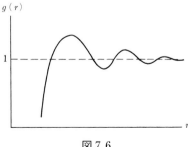

図 7.6

$g(r)$ を含んだ関係式

さて，$g(r)$ が X 線の回折によって実

[*1] $\displaystyle\int_0^\infty \mathrm{d}r\,r\sin(sr) = -\frac{\partial}{\partial s}\int_0^\infty \mathrm{d}r\cos(sr) = -\pi\frac{\mathrm{d}}{\mathrm{d}s}\delta(s)$

[*2] (7.16) により，θ が 0 から π まで変わると，s は，0 から $4\pi/\lambda$ まで変わる．

験的にえられることがわかったから，液体の内部エネルギーや表面張力などを，$g(r)$ で表現してみよう．結果をまとめておくと，単原子分子からなる液体に対して，古典統計を用いた場合，

（ⅰ）　内部エネルギー

$$E = \frac{3}{2} N k_{\mathrm{B}} T + \frac{N^2}{2V} \int_0^\infty \mathrm{d}r \, 4\pi r^2 g(r) \phi(r) \tag{7.24}$$

（ⅱ）　状態方程式

$$pV = N k_{\mathrm{B}} T - \frac{1}{6} \frac{N^2}{V} \int_0^\infty \mathrm{d}r \, 4\pi r^2 g(r) r \frac{\mathrm{d}\phi(r)}{\mathrm{d}r} \tag{7.25}$$

（ⅲ）　定温圧縮率

$$\kappa_T = \frac{1}{k_{\mathrm{B}} T} \left\{ \frac{V}{N} + \int_0^\infty \mathrm{d}r \, 4\pi r^2 \{ g(r) - 1 \} \right\} \tag{7.26}$$

は近似なしに導かれる．さらに，近似的な関係

（ⅳ）　表面エネルギー

$$E_{\mathrm{surface}} = \frac{1}{8} \left(\frac{N}{V} \right)^2 \int_0^\infty \mathrm{d}r \, 4\pi r^2 g(r) r \phi(r) \tag{7.27}$$

（ⅴ）　表面張力

$$\gamma = \frac{1}{32} \left(\frac{N}{V} \right)^2 \int_0^\infty \mathrm{d}r \, 4\pi r^2 g(r) r^2 \frac{\mathrm{d}\phi(r)}{\mathrm{d}r} \tag{7.28}$$

を導くこともできる．以下，正確な関係式（7.24）～（7.26）を実際に導いてみよう．近似式（7.27）は演習問題にする．

　正確な式を導くために，第Ⅳ章の式（6.15）までもどろう．すなわち，

$$Z_{\mathrm{C}}(N, \beta, V) = \frac{1}{N!} \frac{1}{\lambda_T^{3N}} Q_N \tag{7.29}$$

$$Q_N = \int \mathrm{d}^3 x_1 \cdots \mathrm{d}^3 x_N \prod_{i > j} \mathrm{e}^{-\beta \phi(r_{ij})} \tag{7.30}$$

から出発する．ただし，

$$\lambda_T^2 = h^2 \beta / 2\pi m \tag{7.31}$$

である．

　エネルギーの平均値は，定義により，

$$E = -\frac{\partial}{\partial \beta} \log Z_{\mathrm{C}}(N, \beta, V) = \frac{3}{2} N k_{\mathrm{B}} T - \frac{\partial}{\partial \beta} \log Q_N$$

$$= \frac{3}{2} N k_{\mathrm{B}} T - \frac{1}{Q_N} \frac{\partial}{\partial \beta} Q_N \tag{7.32}$$

この式の第2項は，式 (7.3), (7.10) を用いると，

$$= \frac{1}{Q_N} \int \mathrm{d}^3 x_1 \cdots \mathrm{d}^3 x_N \sum_{l>k} \phi(r_{lk}) \prod_{i>j} \mathrm{e}^{-\beta \phi(r_{ij})}$$

$$= \frac{N(N-1)}{2} \frac{1}{Q_N} \int \mathrm{d}^3 x_1 \cdots \mathrm{d}^3 x_N \phi(r_{12}) \sum_{i>j} \mathrm{e}^{-\beta \phi(r_{ij})}$$

$$= \frac{1}{2} \int \mathrm{d}^3 x \mathrm{d}^3 x' \phi(|\boldsymbol{x} - \boldsymbol{x}'|) \langle \rho_N^{(2)}(\boldsymbol{x}, \boldsymbol{x}') \rangle_{\mathrm{C}}$$

$$= \frac{1}{2} \left(\frac{N}{V} \right)^2 V \int \mathrm{d}^3 x \phi(|\boldsymbol{x}|) g(r)$$

$$= \frac{1}{2} \frac{N^2}{V} \int_0^\infty \mathrm{d}r 4\pi r^2 \phi(r) g(r) \tag{7.33}$$

となる．したがって (7.24),

$$E = \frac{3}{2} N k_{\mathrm{B}} T + \frac{N^2}{2V} \int_0^\infty \mathrm{d}r 4\pi r^2 g(r) \phi(r) \tag{7.34}$$

がえられる．

(7.25) の証明

(7.25) を導くために，圧力の定義式 (IV.2.30) を用いると，まず

$$p = k_{\mathrm{B}} T \frac{\partial}{\partial V} \log Z_{\mathrm{C}}(N, \beta, V) = k_{\mathrm{B}} T \frac{1}{Q_N} \frac{\partial}{\partial V} Q_N \tag{7.35}$$

がえられる．Q_N の体積依存性を求めるには次の議論を用いるとよい．すなわち，任意の関数 $f(\boldsymbol{x}_1, \cdots \boldsymbol{x}_N)$ が，すべての変数について体積 V にわたって積分されている場合を考える．すなわち，

$$I(V) \equiv \int_V \mathrm{d}^3 x_1 \cdots \mathrm{d}^3 x_N f(\boldsymbol{x}_1, \cdots, \boldsymbol{x}_N) \tag{7.36}$$

とする．この左辺において変数変換

$$\boldsymbol{x}_i \equiv L \boldsymbol{\xi}_i$$

をおこなう．ただし，体積 V は簡単のため，一辺の長さが L の立方体とする．

すると，

$$I(V) = L^{3N} \int \mathrm{d}^3\xi_1 \cdots \mathrm{d}^3\xi_N \, f(L\boldsymbol{\xi}_1, \cdots, L\boldsymbol{\xi}_N) \tag{7.37}$$

だから，

$$\frac{\partial I(V)}{\partial V} = \frac{\partial L}{\partial V}\frac{\partial I(V)}{\partial L} = \frac{1}{3}\frac{1}{V^{2/3}}\frac{\partial I(V)}{\partial L}$$

$$= \frac{1}{3}\frac{1}{V^{2/3}}\Big\{ 3NL^{3N-1}\int \mathrm{d}^3\xi_1 \cdots \mathrm{d}^3\xi_N \, f(L\boldsymbol{\xi}_1, \cdots, L\boldsymbol{\xi}_N)$$

$$+ L^{3N}\int \mathrm{d}^3\xi_1 \cdots \mathrm{d}^3\xi_N \sum_{i=1}^{N} \boldsymbol{\xi}_i \cdot \frac{\partial}{\partial \boldsymbol{x}_i} f(L\boldsymbol{\xi}_1, \cdots, L\boldsymbol{\xi}_N) \Big\}$$

$$= \frac{1}{3}\frac{1}{V^{2/3}}\Big\{ \frac{3N}{L}I(V) + \frac{1}{L}\int \mathrm{d}^3x_1 \cdots \mathrm{d}^3x_N \sum_{i=1}^{N} \boldsymbol{x}_i \cdot \frac{\partial}{\partial \boldsymbol{x}_i} f(\boldsymbol{x}_1, \cdots, \boldsymbol{x}_N) \Big\}$$

$$= \frac{N}{V}I(V) + \frac{1}{3V}\int \mathrm{d}^3x_1 \cdots \mathrm{d}^3x_N \sum_{i=1}^{N} \boldsymbol{x}_i \cdot \frac{\partial}{\partial \boldsymbol{x}_i} f(\boldsymbol{x}_1, \cdots, \boldsymbol{x}_N) \tag{7.38}$$

をえる．この関係を (7.35) に用いると，

$$p = k_{\mathrm{B}}T\frac{1}{Q_N}\Big\{ \frac{N}{V}Q_N + \frac{1}{3V}\int \mathrm{d}^3x_1 \cdots \mathrm{d}^3x_N \sum_{i=1}^{N} \boldsymbol{x}_i \cdot \frac{\partial}{\partial \boldsymbol{x}_i}\prod_{k>l} \mathrm{e}^{-\beta\phi(r_{kl})} \Big\} \tag{7.39}$$

$$\therefore \quad pV = Nk_{\mathrm{B}}T - \frac{1}{3}\frac{1}{Q_N}\int \mathrm{d}^3x_1 \cdots \mathrm{d}^3x_N \sum_{i=1}^{N} \boldsymbol{x}_i \cdot \frac{\partial}{\partial \boldsymbol{x}_i}U_N \cdot \mathrm{e}^{-\beta U_N}$$

$$= Nk_{\mathrm{B}}T$$

$$- \frac{N(N-1)}{6}\frac{1}{Q_N}\int \mathrm{d}^3x_1 \cdots \mathrm{d}^3x_N\Big(\boldsymbol{x}_1 \cdot \frac{\partial}{\partial \boldsymbol{x}_1} + \boldsymbol{x}_2 \cdot \frac{\partial}{\partial \boldsymbol{x}_2} \Big)\phi(r_{12}) \cdot \mathrm{e}^{-\beta U_N}$$

$$= Nk_{\mathrm{B}}T - \frac{1}{6}\Big(\frac{N}{V} \Big)^2 V\int_0^\infty \mathrm{d}r\, 4\pi r^2 r\frac{\mathrm{d}\phi(r)}{\mathrm{d}r}g(r) \tag{7.40}$$

となり，(7.25) がえられる*)．

式 (7.26) の導出

最後に，定温圧縮率の (7.26) を導くには，大正準集合における，数のゆらぎの式 (V.2.37b) を用いるのが早道である．大正準集合にたよらなくても，次

———————

*)　$U_N(\boldsymbol{x}_1, \cdots, \boldsymbol{x}_N) \equiv \sum_{i>j}\phi(r_{ij})$ である．(IV.6.12) を見よ．

のようにして導くこともできる. それには, まず, 粒子の密度の (7.1) にもどる. (7.1) の両辺を, ある小さい体積 v にわたって積分すると, 体積 v の中の粒子数 N_v がえられる. すなわち,

$$N_v = \int_v \mathrm{d}^3 x\, \rho_N^{(1)}(\boldsymbol{x}) = \sum_{i=1}^{N} \int_v \mathrm{d}^3 x\, \delta(\boldsymbol{x} - \boldsymbol{x}_i) \tag{7.41}$$

いま,

$$\varDelta(\boldsymbol{x}_i, v) \equiv \int_v \mathrm{d}^3 x\, \delta(\boldsymbol{x} - \boldsymbol{x}_i) \tag{7.42a}$$

とおくと, この関数は,

$$= \begin{cases} 1 & \boldsymbol{x}_i\, \text{が}\, v\, \text{の中にあるとき,} \\ 0 & \boldsymbol{x}_i\, \text{が}\, v\, \text{の中にないとき,} \end{cases} \tag{7.42b}$$

であり, N_v は,

$$N_v = \sum_{i=1}^{N} \varDelta(\boldsymbol{x}_i, v) \tag{7.43}$$

とあらわされる. したがって,

$$N_v^2 = \left[\sum_{i=1}^{N} \varDelta(\boldsymbol{x}_i, v) \right]^2 = \sum_{i=1}^{N} \varDelta(\boldsymbol{x}_i, v) + \sum_{i \neq j} \varDelta(\boldsymbol{x}_i, v) \varDelta(\boldsymbol{x}_j, v) \tag{7.44}$$

がえられる. ただし, ここで, (7.42b) の性質すなわち,

$$[\varDelta(\boldsymbol{x}_1, v)]^2 = \varDelta(\boldsymbol{x}_i, v) \tag{7.45}$$

を用いた. (7.44) の正準集合平均をとると,

$$\langle N_v^2 \rangle_{\mathrm{C}} = \langle N_v \rangle_{\mathrm{C}} + \int_v \mathrm{d}^3 x\, \mathrm{d}^3 x' \left\langle \sum_{i \neq j} \delta(\boldsymbol{x}_i - \boldsymbol{x}) \delta(\boldsymbol{x}_i - \boldsymbol{x}') \right\rangle_{\mathrm{C}}$$

$$= \langle N_v \rangle_{\mathrm{C}} + \int_v \mathrm{d}^3 x\, \mathrm{d}^3 x' \langle \rho_N^{(2)}(\boldsymbol{x}, \boldsymbol{x}') \rangle_{\mathrm{C}}$$

$$= \frac{N}{V} v + \left(\frac{N}{V} \right)^2 v \int_v \mathrm{d}^3 x\, g(r) \tag{7.46}$$

したがって,

$$\langle N_v^2 \rangle_{\mathrm{C}} - \langle N_v \rangle_{\mathrm{C}}^2 = \frac{N}{V} \left\{ v - \frac{N}{V} v^2 + \frac{N}{V} v \int_v \mathrm{d}^3 x\, g(r) \right\}$$

$$= \frac{N}{V} \left\{ v + \frac{N}{V} v \int_v \mathrm{d}^3 x\, (g(r) - 1) \right\} \tag{7.47}$$

がえられるが，$N/V = \langle N_v \rangle_{\mathrm{C}}/v$ が成り立つほど v を充分大きくとると，この式の左辺は（V.2.37b）により，定温圧縮率と関係づけることができる．すなわち，

$$k_{\mathrm{B}} T \kappa_T = V \frac{\langle N^2 \rangle_{\mathrm{C}} - \langle N \rangle_{\mathrm{C}}^2}{\langle N \rangle_{\mathrm{C}}^2} = \frac{V}{N} + \int \mathrm{d}^3 x \, (g(r) - 1) \tag{7.48}$$

は，（7.26）にほかならない．

【演習問題 1】

液体が表面をもつために余分に有する内部エネルギーを，**表面エネルギー**という．液体の中に仮想的な平面を考え，その両側の相互作用による内部エネルギーの半分であると近似して表面エネルギーを求めよ．

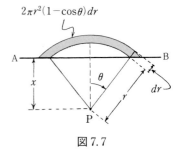

図 7.7

【ヒ ン ト】

液体中に仮想的平面 AB を考えると，面から距離 x にある点 P と，灰色で示した部分との相互作用による内部エネルギーの半分は，

$$E_{\mathrm{surface}} = \frac{1}{2} \int_0^\infty \mathrm{d}x \int_x^\infty \mathrm{d}r \, 2\pi r^2 (1 - \cos \theta) \left(\frac{N}{V} \right)^2 g(r) \phi(r)$$

である．そこで x に関して部分積分を 2 回おこなうと，

$$E_{\mathrm{surface}} = \frac{\pi}{2} \left(\frac{N}{V} \right)^2 \int_0^\infty \mathrm{d}r \, r^3 g(r) \phi(r)$$

となる．灰色で示した部分の体積は，

$$2\pi \int_0^\infty \sin \theta \, \mathrm{d}\theta \, r^2 \mathrm{d}r = 2\pi (1 - \cos \theta) r^2 \, \mathrm{d}r$$

であることに注意．また，$x = r \cos \theta$ である．

分布関数の理論的決定

分布関数は，X 線散乱や，中性子散乱によって実験的に決定できるということは，前に議論した通りである．ところで，理論的には，どのようにしてそれを決定できるであろうか？　原理的には，なんらかの方法で 2 体分布関数の満たす方程式を導き，それを解けばよい．しかしこれは，いうはやさしくおこなうは難事である．というのは，一般には，2 体分布関数の方程式をつくると，そ

れに3体分布関数が入ってくる．3体分布関数の方程式には，さらに4体の分布関数が入ってくる…という具合に，鎖が，断ち切れない事情が出てくるからである．したがって，物理的事情を考慮して，この鎖をどこかで，断ち切る近似を導入しないといけない．この問題は，あまり専門的になるので，この本では議論しないことにしよう．液体論の適当な教科書を参照されたい．

お わ り に

統計力学は，はじめに述べたように，その数学的物理的基礎をほじくりだす
と，かぎりないドロ沼に落ち込むことになりかねないし，他方，技術的応用問
題に手を出しても，これもかぎりなく複雑になってくる．この本では初学者が
あまり批判的にならずに普通の物理的問題を取り扱う場合に問題になるような
話題のみを考えてきた．ここで，一応，第0章の"統計力学のあらすじ"まで
戻って，もう一度その項を読んでいただきたい．

さて，これからどうすればよいか？　統計力学の初歩だけ理解できたら満足
であるという読者は，ここで一応統計力学はお休みにして，他の課目に目を転
じるのがよいだろう．たとえば，もうすでに量子力学も勉強してしまった読者
はこれから，場の量子論の初歩を勉強されるとよかろう．拙者[文献11) 高橋
(1976)]がお役に立てば幸いである．この本には非相対論的場の量子論の初歩
が解説してある．

統計力学の応用問題を，手を使って，もっと練習したい読者には，文句なし
に，[文献8) 久保 (1961)]をすすめる．この本には，ありとあらゆる演習問題
が詳しく解説してあるから，紙と鉛筆をうんと使って追っかけてみることであ
る*)．

実際に統計力学を応用する段階では，本書で解説した，平衡系の統計力学だ
けでは足りない．金属の電気抵抗などのような，いわゆる転送係数の計算や議
論には，平衡状態からあまりはなれてない非平衡系の取り扱いに関する知識が
必要になる．これには，有名な，久保先生の"線形応答の理論"というのがあ
る．[文献17) 戸田・久保 (1972)，文献15) 高野 (1975)]などが適当であろ

---

*)　とはいったものの，私自身そうしたわけではないことを告白しなければならない．私は，統計
　　力学を専門とする者ではないからごかんべんねがいたい．

う.

相転移の問題も，本書では議論する余裕がなかったが，この分野は，最近特に発展がめざましく，標準教科書といったものは今のところ存在しないようである．しかし近い将来，その道の権威によって書かれたものがあらわれることが期待される.

統計力学にかぎらず，物理一般にいえることだが，現実の問題を取り扱う場合，それは一般には解けないから，どうしてもなんらかの近似方法にたよらなければならない．その場合，特に気をつけなければならない点は，理論のもつ一般的な性質をできるだけ保存しながら近似をすすめるようにすべきだということである．理論の持つ一般的性質は，通常，何々恒等式だとか，何々和則という形で表現できることが多い．したがって，近似を導入する際，何々恒等式とか，何々和則などを使って，いつでも，book-keeping がうまくいっているかを調べていくとよい．しかし，このような，物理学における book-keeping のやり方をちゃんと解説した教科書も，残念ながらいまのところ見あたらない.

理論のもつ不変性とか，対称性に目をつけて近似方法によらない関係式のほうからせめていくというやり方を，使いやすくかつ一般的に定式化するという仕事は，われわれの取り扱う物理的対象が複雑になるにしたがって，今後増々重要になってくる課題の一つであると思う.

付録 A　積分および級数

（1）　Gauss 型積分

$$\int_{-\infty}^{\infty} \mathrm{d}x \, \mathrm{e}^{-\frac{1}{2}ax^2} = \sqrt{\frac{2\pi}{a}} \qquad (a > 0) \tag{A.1}$$

$$\int_{0}^{\infty} \mathrm{d}x \, x^{2n+1} \mathrm{e}^{-\frac{1}{2}ax^2} = \left(\frac{2}{a}\right)^n \frac{1}{a} n! \tag{A.2}$$

$$\int_{-\infty}^{\infty} \mathrm{d}x \, x^{2n} \mathrm{e}^{-\frac{1}{2}ax^2} = \frac{(2n-1)!!}{a^n} \sqrt{\frac{2\pi}{a}} \tag{A.3}$$

（2）　多重積分

$$\int_{-\infty}^{\infty} \mathrm{d}x_1 \cdots \mathrm{d}x_N \, \theta\left(R - \sqrt{x_1^2 + \cdots + x_N^2}\right) = \pi^{N/2} R^N / \Gamma\left(\frac{N}{2} + 1\right) \tag{A.4}$$

$$\int_{-\infty}^{\infty} \mathrm{d}x_1 \cdots \mathrm{d}x_N \, \delta(R^2 - x_1^2 - \cdots - x_N^2) = \pi^{N/2} R^{N-2} / \Gamma\left(\frac{N}{2}\right) \tag{A.5}$$

$$\int_{-\infty}^{\infty} \mathrm{d}x_1 \cdots \mathrm{d}x_N \, x_1^2 \, \delta(R^2 - x_1^2 - \cdots - x_N^2) = \pi^{N/2} R^N / 2\Gamma\left(\frac{N}{2} + 1\right) \tag{A.6}$$

$$\int_{0}^{\infty} \mathrm{d}x_1 \cdots \mathrm{d}x_N \, (x_1 \cdots x_N)^{\alpha} \theta(R - x_1 - \cdots - x_N)$$
$$= [\Gamma(\alpha+1)]^N R^{N(\alpha+1)} / \Gamma(N(\alpha+1) + 1) \tag{A.7}$$

ただし，

$$\theta(x) = \begin{cases} 1 & x > 0 \\ 0 & x < 0 \end{cases}$$

（3）　指数型積分 $(a > 0)$

$$\int_{0}^{\infty} \mathrm{d}x \, x^n \mathrm{e}^{-ax} = \frac{1}{a^{n+1}} \Gamma(n+1) \tag{A.8}^{*)}$$

---

*)　n が正整数のとき，$\Gamma(n+1) = n!$，$\Gamma(n+1/2) = (2n-1)!!\sqrt{\pi}/2^n$．また，$\Gamma(1/2) = \sqrt{\pi}$，$\Gamma(3/2) = \sqrt{\pi}/2$

$$\int_0^\infty \mathrm{d}x \sqrt{x}\, \mathrm{e}^{-ax} = \frac{1}{2a}\sqrt{\frac{\pi}{a}} \tag{A.9}$$

$$\int_0^\infty \mathrm{d}x \sum_{n=0}^\infty \frac{c_n}{n!} x^n \mathrm{e}^{-ax} = \sum_{n=0}^\infty \frac{c_n}{a^{n+1}} \tag{A.10}$$

$$\int_0^\infty \mathrm{d}x \frac{x}{\mathrm{e}^{ax}-1} = \frac{1}{6}\left(\frac{\pi}{a}\right)^2 \tag{A.11}$$

$$\int_0^\infty \mathrm{d}x \frac{x^3}{\mathrm{e}^{ax}-1} = \frac{1}{15}\left(\frac{\pi}{a}\right)^4 \tag{A.12}$$

$$\int_0^\infty \mathrm{d}x \frac{x^5}{\mathrm{e}^{ax}-1} = \frac{8}{63}\left(\frac{\pi}{a}\right)^6 \tag{A.13}$$

$$\int_0^\infty \mathrm{d}x \frac{x}{\mathrm{e}^{ax}+1} = \frac{1}{12}\left(\frac{\pi}{a}\right)^2 \tag{A.14a}$$

$$\int_0^\infty \mathrm{d}x \frac{x^2}{(\mathrm{e}^{ax}+1)(\mathrm{e}^{-ax}+1)} = \frac{1}{6a}\left(\frac{\pi}{a}\right)^2 \tag{A.14b}$$

級数

$$N! = \sqrt{2\pi N}\,(N/\mathrm{e})^N\left\{1+\frac{1}{12}\frac{1}{N}+\cdots\right\} \tag{A.15}$$

$$\sum_{n=0}^N \frac{N!}{n!\,(N-n)!} x^n = (1+x)^N \qquad |x| < 1 \tag{A.16}$$

$$\sum_{n=0}^\infty \frac{(N+n-1)!}{n!\,(N-1)!} x^n = \frac{1}{(1+x)^N} \qquad |x| < 1 \tag{A.17}$$

$$\sum_{\substack{\Sigma n_s = N \\ s}} \frac{N!}{n_1!\,n_2!\cdots} (A_1)^{n_1}(A_2)^{n_2}\cdots = (A_1+A_2+\cdots)^N \tag{A.18}$$

指数積分の関係

$$\int_0^\infty \mathrm{d}x \frac{x^n}{\mathrm{e}^{ax}+1} = \frac{2^n-1}{2^n}\int_0^\infty \mathrm{d}x \frac{x^n}{\mathrm{e}^{ax}-1} \tag{A.19}$$

$$\int_0^\infty \mathrm{d}\varepsilon \frac{g(2\varepsilon)}{\mathrm{e}^{\alpha+\beta\varepsilon}+1} = \int_0^\infty \mathrm{d}\varepsilon \frac{g(2\varepsilon)}{\mathrm{e}^{\alpha+\beta\varepsilon}-1} - \int_0^\infty \mathrm{d}\varepsilon \frac{g(\varepsilon)}{\mathrm{e}^{2\alpha+\beta\varepsilon}-1} \tag{A.20}$$

$$\int_0^\infty \mathrm{d}x \frac{x^n}{\mathrm{e}^{ax}\pm 1} = \frac{1}{a^{n+1}}\int_0^\infty \mathrm{d}x \frac{x^n}{\mathrm{e}^{x}\pm 1} \tag{A.21}$$

Appell の関数

$$\phi(s, z) \equiv \frac{1}{\Gamma(s)} \int_0^\infty dt \, \frac{t^{s-1}}{z^{-1}e^t - 1}$$

$$= \frac{1}{\Gamma(s)} \int_0^\infty dt \sum_{n=1}^\infty t^{s-1} e^{-nt} z^n$$

$$= \sum_{n=1}^\infty \frac{z^n}{n^s} \frac{1}{\Gamma(s)} \int_0^\infty dt \, t^{s-1} e^{-t}$$

$$= \sum_{n=1}^\infty \frac{1}{n^s} z^n \tag{A.22}$$

ただし，$s > 1$，$|z| \leqq 1$

$$\frac{\partial}{\partial z} \phi(s, z) = \frac{1}{z} \phi(s-1, z) = 1 + \frac{z}{2^s} + \cdots \tag{A.23}$$

$\phi(1, -1) = \log 2 = 0.693$

$\phi\left(\dfrac{3}{2}, 1\right) = 2.612$

$\phi(2, 1) = \dfrac{\pi^2}{6} = 1.645$

$\phi(2, -1) = \dfrac{\pi^2}{12} = 0.822$

$\phi\left(\dfrac{5}{2}, 1\right) = 1.342$

$\phi(3, 1) = \dfrac{\pi^3}{25.79} = 1.202$

$\phi(4, 1) = \dfrac{\pi^4}{90} = 1.082$

$\phi(5, 1) = \dfrac{\pi^5}{295.12} = 1.037$

$\phi(6, 1) = \dfrac{\pi^6}{945} = 1.017$

$\phi(\infty, 1) = 1$

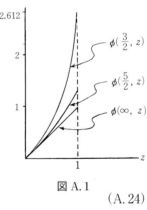

図 A.1

$$\tag{A.24}$$

$$\int_0^\infty \mathrm{d}x\, \frac{x^s}{\mathrm{e}^{ax}-b} = \frac{\Gamma(s+1)}{a^{s+1}}\frac{1}{b}\phi(s+1,\,b) \tag{A.25}$$

$$\int_0^\infty \mathrm{d}x\, \frac{x^s}{\mathrm{e}^{ax}+b} = -\frac{\Gamma(s+1)}{a^{s+1}}\frac{1}{b}\phi(s+1,\,-b) \tag{A.26}$$

付録 B　種々の統計的数え方の例

Maxwell-Boltzmann, 修 正 Maxwell-Boltzmann, Bose-Einstein, Fermi -Dirac の数え方の違いを理解するために, レベルの数 $M=3$, 粒子の数 $N= n_1+n_2+n_3=3$ の場合を具体的に書きだしておく.

n_1	n_2	n_3	M-B $\dfrac{N!}{n_1!n_2!n_3!}$	修正 M-B $\dfrac{1}{n_1!n_2!n_3!}$	B-E $\dfrac{(N+M-1)!}{N!(M-1)!}$	F-D $\dfrac{M!}{N!(M-1)!}$
3	0	0	1	1/6	1	0
0	3	0	1	1/6	1	0
0	0	3	1	1/6	1	0
2	1	0	3	1/2	1	0
2	0	1	3	1/2	1	0
1	2	0	3	1/2	1	0
0	2	1	3	1/2	1	0
1	0	2	3	1/2	1	0
0	1	2	3	1/2	1	0
1	1	1	6	1	1	1
総数 W			27	27/3!=4.5	10	1

付録 C　場の方程式の正準形式

波動方程式

$$\left(\frac{\partial^2}{\partial t^2} - c^2 \boldsymbol{\nabla}^2\right)\phi(\boldsymbol{x}, t) = 0 \tag{C.1}$$

や，**Schrödinger の方程式**

$$i\hbar\frac{\partial}{\partial t}\psi(\boldsymbol{x}, t) = -\frac{\hbar^2}{2m}\boldsymbol{\nabla}^2\psi(\boldsymbol{x}, t) \tag{C.2}$$

を満たす場が，調和振動子のあつまりと同等であり，正準形式で書けるということは，他の機会に論じたが［文献 12）高橋 (1978) p.112，文献 13）高橋 (1979) p.43，p.65］，それらをまとめておく．

（1）　波動方程式を満たす場

波動方程式（C.1）を満たす場を，体積 $V = L^3$ の箱の中に入れ，箱の表面で，周期的境界条件が満たされているとすると，

$$\boldsymbol{k} = \frac{2\pi}{L}\boldsymbol{n} \tag{C.3}$$

$$n_x, n_y, n_z = 0, \pm 1, \pm 2, \cdots$$

を満たす波数ベクトル $\boldsymbol{k}$ を用いて，

$$\phi(\boldsymbol{x}, t) = \frac{1}{\sqrt{V}}\sum_{\boldsymbol{k}} q_{\boldsymbol{k}}(t)\mathrm{e}^{i\boldsymbol{k}\boldsymbol{x}} \tag{C.4}$$

と Fourier 展開できる．この場合，$\phi(\boldsymbol{x}, t)$ が実量であるとすると，Fourier 展開係数は，

$$q_{\boldsymbol{k}}(t) = q_{-\boldsymbol{k}}^{\dagger}(t) \tag{C.5}$$

を満たさなければならない．ただし，$\dagger$ は，複素共役を意味する．

式（C.4）を（C.1）に代入すると，各 $\boldsymbol{k}$ について，

$$\ddot{q}_{\boldsymbol{k}}(t) + \omega_{\boldsymbol{k}}^2 q_{\boldsymbol{k}}(t) = 0 \tag{C.6}$$

が成り立つことが容易に確かめられる[*)]．ただし，

$$\omega_{\boldsymbol{k}}^2 \equiv c^2 \boldsymbol{k}^2 \tag{C.7}$$

とおいた. (C.6) は，"座標" $q_k(t)$ が，角振動数 ω_k の調和振動子として振る舞っていることを示している．ただし，$q_k(t)$ は複素量であることに気をつけなければならない．複素量は，いつでも，2 個の実量で書けるから，このこと自身はちっともこわくはないが，物理量を定義するとき，それらが実量になるように気をつけなければならない．

都合によって，いま，$q_k(t)$ の正準共役運動量を，

$$p_k(t) = \dot{q}_k^\dagger(t) \tag{C.8}$$

で定義する．したがって，p_k は，q_k と同じく，

$$p_k(t) = p_{-k}^\dagger(t) \tag{C.9}$$

を満たす．

調和振動子の運動方程式 (C.6) を与える Hamiltonian は，

$$H = \sum_k \frac{1}{2} \{p_k^\dagger(t) p_k(t) + \omega_k^2 q_k^\dagger(t) q_k(t)\} \tag{C.10}$$

である．これは，

$$H = \frac{1}{2} \int_V \mathrm{d}^3 x \, \{\pi(\boldsymbol{x}, t)\pi(\boldsymbol{x}, t) + c^2 \boldsymbol{\nabla}\phi(\boldsymbol{x}, t) \cdot \boldsymbol{\nabla}\phi(\boldsymbol{x}, t)\} \tag{C.11}$$

と書いても同じである*'. ただし，

$$\pi(\boldsymbol{x}, t) \equiv \frac{1}{\sqrt{V}} \sum_k p_k(t)\mathrm{e}^{-ikx} \tag{C.12}$$

である．(C.4) と (C.12) を，(C.11) に代入し，(C.9), (C.5) の関係および，

$$\frac{1}{V} \int \mathrm{d}^3 x \, \mathrm{e}^{i(k-k')x} = \delta_{k,k'} \tag{C.13}$$

を用いて，(C.10) を導くことは，各自の演習問題にしておく．

波動方程式を，Hamiltonian (C.10) の形に書いておくと，調和振動子の統計力学がそのまま使えるから便利である．

この系を量子論的に扱うには，さらに，

$$a_k \equiv \frac{1}{\sqrt{2\hbar}} \left\{\sqrt{\omega_k} q_k + \frac{i}{\sqrt{\omega_k}} p_k^\dagger\right\} \tag{C.14a}$$

---

*) （前ページ）・は，時間微分をあらわす.
*) この形の Hamiltonian については，［文献 14］高橋（1982）第Ⅲ章］参照.

$$a_k^\dagger \equiv \frac{1}{\sqrt{2\hbar}}\left\{\sqrt{\omega_k}\,q_k^\dagger - \frac{i}{\sqrt{\omega_k}}\,p_k\right\} \tag{C.14b}$$

を定義し，これらに対して，

$$[a_k, a_{k'}^\dagger] \equiv a_k a_{k'}^\dagger - a_{k'}^\dagger a_k = \delta_{k,k'} \tag{C.15a}$$

$$[a_k, a_{k'}] = [a_k^\dagger, a_{k'}^\dagger] = 0 \tag{C.15b}$$

という交換関係を仮定する．すると，

$$a_k^\dagger a_k \equiv N_k \tag{C.16}$$

という演算子は，各 $\boldsymbol{k}$ について，固有値，

$$n_k = 0, 1, 2, \cdots, \infty \tag{C.17}$$

をとる．また，Hamiltonian（C.10）は，

$$H = \sum_k \hbar\omega_k\left(a_k^\dagger a_k + \frac{1}{2}\right) \tag{C.18}$$

となるから，その固有値は，

$$E\{n_k\} = \sum_k \hbar\omega_k\left(n_k + \frac{1}{2}\right) \tag{C.19}$$

となる．この系に正準集合の理論をあてはめたのが，本文 p.151 の議論である．

（2）　Schrödinger 方程式を満たす場

　上と全く同じことが，Schrödinger 方程式（C.2）を満たす場にもあてはまる．
［文献 12）高橋（1978）］の付録に，この問題を詳しく論じたから，ここでは結果だけ書いておくと次のようになる．

$$\psi(\boldsymbol{x}, t) = \frac{1}{\sqrt{V}}\sum_k a_k(t)\mathrm{e}^{ikx} \tag{C.20}$$

と展開し，

$$p_k \equiv i\sqrt{\frac{\hbar\omega_k}{2}}\{a_k^\dagger - a_k\} \tag{C.21a}$$

$$q_k \equiv \sqrt{\frac{\hbar}{2\omega_k}}\{a_k + a_k^\dagger\} \tag{C.21b}$$

を定義する[*]．ただし，この場合は，

———————————

[*]　これらの量は，今回はすべて実量である．

$$\hbar\omega_k \equiv \frac{\hbar^2}{2m}\boldsymbol{k}^2 \tag{C.22}$$

である．Schrödinger 方程式の構造がここに反映している．すると，$\psi(\boldsymbol{x}, t)$ が Schrödinger 方程式（C.2）を満たすことから，q_k と p_k とは，調和振動子の方程式，

$$\dot{q}_k(t) = p_k(t) \tag{C.23a}$$

$$\dot{p}_k(t) = -\omega_k^2 q_k(t) \tag{C.23b}$$

を満たすことがわかる．この場合，Hamiltonian は，

$$H = \sum_k \hbar\omega_k a_k^\dagger a_k \tag{C.24a}$$

$$= \frac{1}{2}\sum_k \{p_k^2(t) + \omega_k^2 q_k^2(t)\} \tag{C.24b}$$

$$= \int_V \mathrm{d}^3 x \, \frac{\hbar^2}{2m} \boldsymbol{\nabla}\psi^\dagger(\boldsymbol{x}, t) \cdot \boldsymbol{\nabla}\psi(\boldsymbol{x}, t) \tag{C.24c}$$

と，3通りの形に書ける*)．

　$a_k, a_k^\dagger$ に対して，（C.15）の関係を要求すると，前と全く同様に，固有値が，（C.19）の右辺第2項を除いたものに一致する．ただし ω_k はこの場合（C.22）で与えられ，前の（C.7）とは違う．

　$a_k, a_k^\dagger$ の演算規則として，（C.15）の代わりに，いわゆる反交換関係，

$$\{a_k, a_{k'}^\dagger\} \equiv a_k a_{k'}^\dagger + a_{k'}^\dagger a_k = \delta_{k,k'} \tag{C.25a}$$

$$\{a_k, a_{k'}\} = \{a_k^\dagger, a_{k'}^\dagger\} = 0 \tag{C.25b}$$

を要求すると，$a_k^\dagger a_k$ の固有値は，各 $\boldsymbol{k}$ について，

$$n_k = 0, 1 \tag{C.26}$$

しかゆるされなくなる．［文献 13）高橋（1979）p. 130 参照］．これは，Fermi-Dirac 統計にしたがう粒子の関係である．

（3）弾性波の方程式を満たす場

　等方性の弾性体は，

---

*）　この場合にも，実は，演算法（C.15）を規定しておいてから，（C.24b）を $a_k, a_k^\dagger$ で書くと，零点エネルギーが出てくるが，それは省略した．

$$\frac{\partial^2}{\partial t^2} u_i(\boldsymbol{x}, t) = \frac{\lambda + \mu}{\rho_{\mathrm{M}}} \sum_{j=1}^{3} \frac{\partial^2}{\partial x_i \partial x_j} u_j(\boldsymbol{x}, t)$$

$$+ \frac{\mu}{\rho_{\mathrm{M}}} \boldsymbol{\nabla}^2 u_i(\boldsymbol{x}, t) \tag{C.27}$$

の形のベクトル方程式を満たす．ただし，$u_i(\boldsymbol{x}, t)$ は，弾性体中の点 $\boldsymbol{x}$ における物質の変位の i 方向成分である．$\rho_{\mathrm{M}}, \mu, \lambda$ は物質に固有の常数で，

$$c_L^2 \equiv (\lambda + 2\mu)/\rho_{\mathrm{M}} \tag{C.28a}$$

$$c_T^2 \equiv \mu/\rho_{\mathrm{M}} \tag{C.28b}$$

は，それぞれ弾性体中の，弾性波の縦波と横波の伝播速度の 2 乗である．それをみるためには (C.27) を x_i で微分して i について 1 から 3 までの和をとると，

$$\frac{\partial^2}{\partial t^2} \rho(\boldsymbol{x}, t) = c_L^2 \boldsymbol{\nabla}^2 \rho(\boldsymbol{x}, t) \tag{C.29}$$

がえられる．ここで $\rho(\boldsymbol{x}, t)$ とは，

$$\rho(\boldsymbol{x}, t) \equiv \sum_{i=1}^{3} \frac{\partial}{\partial x_i} u_i(\boldsymbol{x}, t) \tag{C.30}$$

で定義される縦波（密度波）である．一方，式 (C.27) から，横波，

$$v_1(\boldsymbol{x}, t) \equiv \partial_2 u_3(\boldsymbol{x}, t) - \partial_3 u_2(\boldsymbol{x}, t) \tag{C.31a}$$

$$v_2(\boldsymbol{x}, t) \equiv \partial_3 u_1(\boldsymbol{x}, t) - \partial_1 u_3(\boldsymbol{x}, t) \tag{C.31b}$$

$$v_3(\boldsymbol{x}, t) \equiv \partial_1 u_2(\boldsymbol{x}, t) - \partial_2 u_1(\boldsymbol{x}, t) \tag{C.31c}$$

は，

$$\frac{\partial^2}{\partial t^2} v_i(\boldsymbol{x}, t) = c_T^2 \boldsymbol{\nabla}^2 v_i(\boldsymbol{x}, t) \tag{C.32}$$

$$i = 1, 2, 3$$

を満たすことが確かめられる．式 (C.31) の形から容易にわかるように，

$$\sum_{i=1}^{3} \frac{\partial}{\partial x_i} v_i(\boldsymbol{x}, t) = 0 \tag{C.33}$$

であり，これは，$v_i(\boldsymbol{x}, t)$ が横波であることを示している．(C.33) の条件のために，v_i $(i=1,2,3)$ のうち，2 個だけが独立である．

　結局のところ，弾性波 u_i は 1 個の縦波と 2 個の横波の和となる．そうして，これら 3 個の波が各波数ベクトル $\boldsymbol{k}$ につき，それぞれ，角振動数，

$$\omega_{kL} \equiv c_L |\boldsymbol{k}| \tag{C.34}$$

$$\omega_{kT} \equiv c_T |\boldsymbol{k}| \qquad (C.35)$$

をもった調和振動子と同等である．このことを具体的
に示すためには，右図のように，波数ベクトル $\boldsymbol{k}$ と同
じ方向をむいた単位ベクトル $\boldsymbol{e}^{(3)}(\boldsymbol{k})$ と，それと直交
する，2 個の互いに直交する単位ベクトル $\boldsymbol{e}^{(1)}(\boldsymbol{k})$,
$\boldsymbol{e}^{(2)}(\boldsymbol{k})$ を考え*)，弾性波 u_i を，

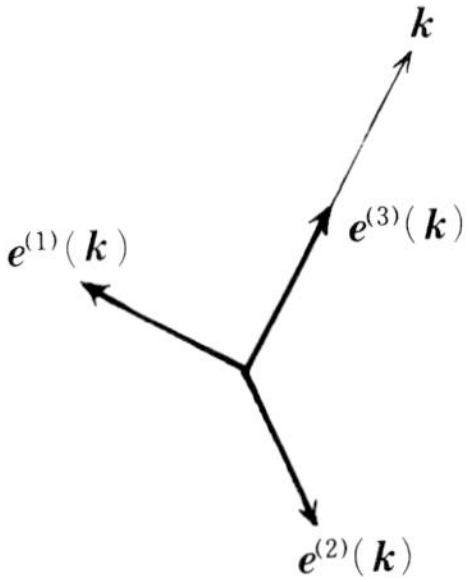

$$u_i(\boldsymbol{x},t) = \frac{1}{\sqrt{V}} \sum_{r=1}^{3} \sum_{\boldsymbol{k}} q_{\boldsymbol{k}}^{(r)}(t)\, e_i^{(r)}(\boldsymbol{k})\, e^{ikx} \quad (C.36)$$

図 C.1

と展開する．ここでも u_i は実だから，

$$q_{\boldsymbol{k}}^{(r)}(t)\boldsymbol{e}^{(r)}(\boldsymbol{k}) = q_{-\boldsymbol{k}}^{(r)\dagger}(t)\boldsymbol{e}^{(r)}(-\boldsymbol{k}) \qquad (C.37)$$

でなければならない．

弾性波の Hamiltonian は，ここで詳論する余裕はないが，

$$H = \frac{1}{2}\int_V \mathrm{d}^3 x \left[\sum_{i=1}^{3} \rho_{\mathrm{M}}\, \dot{u}_i \dot{u}_i + (\lambda+\mu) \sum_{i,j=1}^{3} \frac{\partial u_i}{\partial x_i}\frac{\partial u_j}{\partial x_j} \right.$$

$$\left. + \mu \sum_{i=1}^{3} \boldsymbol{\nabla} u_i \cdot \boldsymbol{\nabla} u_i \right] \qquad (C.38a)$$

$$= \frac{1}{2}\sum_{r=1,2}\sum_{\boldsymbol{k}} \{ p_{\boldsymbol{k}}^{(r)\dagger} p_{\boldsymbol{k}}^{(r)} + \omega_{kT}^2 q_{\boldsymbol{k}}^{(r)\dagger} q_{\boldsymbol{k}}^{(r)} \}$$

$$+ \frac{1}{2}\sum_{\boldsymbol{k}} \{ p_{\boldsymbol{k}}^{(3)\dagger} p_{\boldsymbol{k}}^{(3)} + \omega_{kL}^2 q_{\boldsymbol{k}}^{(3)\dagger} q_{\boldsymbol{k}}^{(3)} \} \qquad (C.38b)$$

$$= \sum_{r=1,2}\sum_{\boldsymbol{k}} \hbar\omega_{kT}\left(a_{\boldsymbol{k}}^{(r)\dagger} a_{\boldsymbol{k}}^{(r)} + \frac{1}{2} \right)$$

$$+ \sum_{\boldsymbol{k}} \hbar\omega_{kL}\left(a_{\boldsymbol{k}}^{(3)\dagger} a_{\boldsymbol{k}}^{(3)} + \frac{1}{2} \right) \qquad (C.38c)$$

となる．q や p や a の関係は，波動方程式の場合と全く同じだから，ここに書きだきだない．

（4） 電磁場

電磁場のベクトルポテンシャル $\boldsymbol{A}(\boldsymbol{x},t)$ に対して，Coulomb ゲージを採用す

---

*) 便宜のため，$\boldsymbol{e}^{(1)}, \boldsymbol{e}^{(2)}, \boldsymbol{e}^{(3)}$ が右手系を作るようにする．ただし，これは本質的なことではない．

ると，これは方程式，

$$\boldsymbol{\nabla} \cdot \boldsymbol{A}(\boldsymbol{x}, t) = 0 \tag{C.39}$$

$$\left[\frac{1}{c^2} \frac{\partial^2}{\partial t^2} - \boldsymbol{\nabla}^2 \right] \boldsymbol{A}(\boldsymbol{x}, t) = 0 \tag{C.40}$$

を満たし，弾性波の横波と同じになる．したがって，

$$\boldsymbol{A}(\boldsymbol{x}, t) = c \sqrt{\frac{4\pi}{V}} \sum_{\boldsymbol{k}} \{ q_{\boldsymbol{k}}^{(1)}(t) \boldsymbol{e}^{(1)}(\boldsymbol{k}) + q_{\boldsymbol{k}}^{(2)}(t) \boldsymbol{e}^{(2)}(\boldsymbol{k}) \} e^{i\boldsymbol{k}\boldsymbol{x}} \tag{C.41}$$

と展開すると，$\omega_k = c|\boldsymbol{k}|$ として，

$$H = \frac{1}{8\pi} \int_V d^3x \left\{ \boldsymbol{E}(\boldsymbol{x}, t) \cdot \boldsymbol{E}(\boldsymbol{x}, t) + \sum_{i=1}^{3} \boldsymbol{\nabla} A_i(\boldsymbol{x}, t) \cdot \boldsymbol{\nabla} A_i(\boldsymbol{x}, t) \right\} \tag{C.42a}$$

$$= \frac{1}{2} \sum_{r=1,2} \sum_{\boldsymbol{k}} \{ p_{\boldsymbol{k}}^{(r)\dagger} p_{\boldsymbol{k}}^{(r)} + \omega_k q_{\boldsymbol{k}}^{(r)\dagger} q_{\boldsymbol{k}}^{(r)} \} \tag{C.42b}$$

$$= \sum_{r=1,2} \sum_{\boldsymbol{k}} \hbar \omega_k \left(a_{\boldsymbol{k}}^{(r)\dagger} a_{\boldsymbol{k}}^{(r)} + \frac{1}{2} \right) \tag{C.42c}$$

である．ただし，電場 $\boldsymbol{E}$ と $\boldsymbol{A}$ は，

$$\boldsymbol{E}(\boldsymbol{x}, t) = -\frac{1}{c} \dot{\boldsymbol{A}}(\boldsymbol{x}, t) \tag{C.43}$$

の関係にあり，また，q, p, a の関係は，(C.8), (C.14), (C.15) とまったく同じである．電磁場はしたがって，各 $\boldsymbol{k}$ につき，角振動数 $\omega_k (= c|\boldsymbol{k}|)$ をもった調和振動子である．ただし，電磁場は，(C.39) の条件のために，各 $\boldsymbol{k}$ に対し，それと直角方向に振動している．

場の量子論で一番よく用いられる $\boldsymbol{A}(\boldsymbol{x}, t)$ の表現は，

$$\boldsymbol{A}(\boldsymbol{x}, t) = \sqrt{\frac{4\pi\hbar c^2}{V}} \sum_{r=1,2} \sum_{\boldsymbol{k}} \frac{\boldsymbol{e}^{(r)}(\boldsymbol{k})}{\sqrt{2\omega_k}} \{ a_{\boldsymbol{k}}^{(r)} e^{i\boldsymbol{k}\boldsymbol{x}} + a_{\boldsymbol{k}}^{(r)\dagger} e^{-i\boldsymbol{k}\boldsymbol{x}} \} \tag{C.44}$$

である．場の運動量は，

$$\boldsymbol{G} = \frac{1}{4\pi} \frac{1}{c} \int_V d^3x \, \boldsymbol{E} \times \boldsymbol{H}$$

$$= \sum_{r=1,2} \sum_{\boldsymbol{k}} \hbar \boldsymbol{k} a_{\boldsymbol{k}}^{(r)\dagger} a_{\boldsymbol{k}}^{(r)} \tag{C.45}$$

である．

このように，場は，通常，調和振動子と同等であって，正準変数で書けるか

ら，古典的に扱うにせよ，量子論的に扱うにせよ，統計力学の方法をそのまま適用することができる．

付録 D 常数表

光速度 $\quad\quad\quad\quad c = 2.997930 \times 10^{10} \text{ cm sec}^{-1}$

Avogadro 数 $\quad\quad N_A = 6.025 \times 10^{23}$

Boltzmann 常数 $\quad k_B = 1.380 \times 10^{-16} \text{ erg deg}^{-1}$

電子の質量 $\quad\quad m_e = 9.1083 \times 10^{-28} \text{ g}$

水素原子の質量 $\quad M_H = 1.6733 \times 10^{-24} \text{ g}$

$\quad\quad\quad\quad\quad\quad M_H/m_e = 1836.12$

Planck 常数 $\quad\quad h = 6.62517 \times 10^{-27} \text{ erg sec}$

$\quad\quad\quad\quad\quad\quad \hbar \equiv h/2\pi = 1.054 \times 10^{-27} \text{ erg sec}$

文　献

1. 阿部龍蔵, 統計力学, 東大出版 (1966).
2. L. Brillouin, 量子統計学およびその金属電子論への応用 (細田, 真木訳), 白水社 (1946).
3. 江沢, 恒藤, 量子物理学の展望 (上), 岩波書店 (1977).
4. 市村　浩, 統計力学, 裳華房 (1971).
5. 池田和義, 統計熱力学, 共立出版 (1975).
6. 石原　明, *Statistical Physics*, Academic Press (1971).
7. 桂　重俊, 統計力学, 広川書店 (1969).
8. 久保亮五編, 大学演習　熱学・統計力学, 裳華房 (1961).
9. 小口武彦, 磁性体の統計理論, 裳華房 (1970).
10. N. F. Mott, H. Jones, *The Theory of the Properties of Metals and Alloys*, Oxford University Press (1936).
11. 高橋　康, 物性研究者のための場の量子論Ⅱ, 培風館 (1976).
12. 高橋　康, 量子力学を学ぶための解析力学, 講談社 (1978).
13. 高橋　康, 古典場から量子場への道, 講談社 (1979).
14. 高橋　康, 量子場を学ぶための場の解析力学, 講談社 (1982).
15. 高野文彦, 多体問題, 培風館 (1975).
16. 田尾鶉三, 次元とはなにか, 講談社 (1979).
17. 戸田, 久保, 統計物理学, 岩波書店 (1972).
18. 朝永振一郎, 量子力学Ⅰ, みすず書房 (1952).
19. A. H. Wilson, *The Theory of Metals*, Cambridge University Press (1953).
20. 山内, 武田, 大学演習　量子物理学, 裳華房 (1974).

解 説

　講談社サイエンティフィクから，『統計力学入門 —— 愚問からのアプローチ』
の復刊にさいして，解説を書かないかとのお話をいただいた．著者である高橋
康氏には公私にわたってお世話になり，亡くなられて以来何かできないかと思
い続けていたこともあり，引き受けることにした．

研究者としての出発は高橋氏の著書とともに

　思い出話からはじめよう．1975 年に名古屋大学で素粒子論の修士論文を書
く中で，ワード・高橋恒等式（Ward-Takahashi Identity，後で触れる）にたび
たび出くわした．1960 年代後半から 1970 年半ばにかけ，場の量子論，とくに
ゲージ理論が隆盛をきわめはじめており，世界中で論文に引用されていた．名
古屋大学の先輩でもある氏には，親しみとともに誇らしさを覚えたものである．
　博士論文を書き終え，研究者の卵として歩み出した 1978〜1979 年頃だと思
うが，京都か東京での国際会議の折，ロビーで"大先生"たちとテーブルをは
さみ，談笑されている氏に初めてお目にかかった．自己紹介をし，ソファーの
後ろでたたずんでいると，欧米でのトイレの話題「……小用のとき自分は股下
が短いので大変だ．息子たちは大丈夫なのだが……」で場は盛り上がった．少
しばかり，恐れ多さが取り払われた気がした．
　その頃上梓された『量子力学を学ぶための解析力学入門』（講談社サイエンテ
ィフィク，1978 年．現在は増補第 2 版，2000 年）は，それまでのどの教科書よ
りも役に立った．当時はまだまだかけだしで，論文を読めば読むほど，わから
ないことに遭遇し迷路にはまっている状態．場の量子論の理解には量子力学の
基本構造の習得は不可欠で，それには解析力学が大いに役に立つのだが，全く
の不勉強．ちなみに，場の量子論は相対性理論と量子力学をあわせたもので，
東北大学では 4 年生むけに「相対論的量子力学」という講義があって，サボリ
仲間同士で「相対論も量力もわからないのに，相対論的量子力学なんてわかる

わけないよ！　なあ……」などと言っていた（誤解のないように付け加えると，非相対論的な場の量子論も物性論では極めて有用で，氏は『物性研究者のための場の量子論1,2』〔培風館，1974年，1976年〕を日本語教科書として初めて上梓されている）．

ともあれ，タイトル「量子力学を学ぶための……」には引きつけられた．読んでみると双方の関係性が浮き彫りとなり，解析力学ばかりでなく量子力学の理解も深めることができて，のちに経路積分における変数変換の論文[1]を書く基礎となった．氏はさらに『量子場を学ぶための場の解析力学入門』（講談社サイエンティフィク，1982年．現在は増補第2版，2005年）など多くの単行本を上梓され，「そのうち『高橋康の本を学ぶための……』が出るぞ！」などと冗談を言ったものである．この本のサブタイトル「愚問からのアプローチ」もうまいネーミングで，当時，初歩的な計算はできるものの，"もやもや感"——力学，電磁気学，量子力学などに比し，何をしているのかがはっきり見えない——にさいなまれていたこともあり，ただちに購入した．その甲斐はあった．こうした意味において，今回の復刊は喜ばしい限りである．

ユーモアの思い出

内容にはあとで触れるとして，もう少し思い出にふける．研究職ポストにつくことは現在も容易ではないが，1990年くらいまでは加えて，学位取得後の研究支援（いわゆるポスドク）が日本学術振興会（学振）と素粒子奨学会（素粒子・原子核・宇宙の理論分野への支援）以外ほとんどなく，採用数も今とは比較にならないくらい少なくて，研究を続けるには欧米でポスドクを渡り歩きながら，たまに公募のある国内ポストを目指すのが常態化していた．こうした厳しい就職状況にもかかわらず幸運にめぐまれ，1979年九州大学で職をえる．素粒子論研究室はすばらしいところで，先輩諸氏や院生・学生達と刺激的，生産的な日々を送っていた．いっぽう，氏からの幾度となくのお誘いに答えるべく，学振の特定国派遣事業などの支援を受けて，1989年4月から1年3ヵ月，さらに1993年，1994年の夏から秋にかけ，アルバータ大学（カナダ・エドモント

---

1)　H. Fukutaka and T. Kashiwa, "Path integration on spheres: Hamiltonian operators from the Faddeev-Senjanovic path integral formula", *Annals of Physics*, **176** (#2), 301-329 (1987).

ン）に滞在した．はじめは家族同伴だったので，アパートを借りるとき書類の書き方の助言――たとえば spouse などという単語は知らなかった（配偶者の意味）――や車（Honda Accord）――日本に長期滞在中のご長男所有――，さらには家財道具の面倒までみていただいた．

1953 年以来，米国・アイルランド・カナダでの海外生活，家庭において奥様は"外国人"という環境においても（だからこそか！），氏の日本への思い入れはひとしおであった．その証左として，2 人の息子さんが話す，くせのない完璧な日本語がある（氏の秘かな自慢の 1 つ）．これは，とんでもないことで，家から一歩外に出れば（まして氏が不在の家庭内でも）全て英語の世界において，自分との間では"厳しい"日本語環境を維持した結果であり，そのような日常生活を続けること自体，並大抵の精神力ではできない．同様の厳しさは物理にも貫かれており，論理の筋がはずれる，あるいは説明の曖昧さが出ると逆鱗に触れる．

さらに，日本文化へのあこがれは「日本由来の品は何か？」という疑問にたどりつき，いろいろ調べてみるが，ほとんどは中国起源であることに気がつかれ，がっかりすると同時に中国四千年の歴史の重みを感じておられた――覚えているのは羊羹のこと．氏は「絶対に日本の発明品だ！」と思っておられたようだが，実は中国由来――．あるとき，日本語を勉強したい中国系カナダ人女学生（わが家の英語の家庭教師）が，氏と小生との雑談に同席したいと頼んできた．その旨をお伝えすると"そくざ"に快諾され，後日，氏の研究室にて 2, 3 時間を 3 人で過ごした．氏の楽しそうな表情は忘れることができない．行きつけの中国料理店へは，折に触れ同伴させていただいた．

ユーモアのセンスは相当なもので，先のトイレの話もそうだが，「僕は"たばこ＝おなら説"を唱えているのだよ……どちらも人のいないところですると，気持ちいい」などと言ってみたりする（ときたま吸っておられたようだ）．先の首尾一貫した物理への態度と，こうしたユーモアのセンスが，著書のタイトルやわかりやすい内容に表れていると言ってもいいであろう．

高橋流の物理教科書――基礎を"基礎の基礎"まで掘り下げる

物理の話をしよう．くわしくは，やはり名古屋大学の先輩である亀淵 迪 氏の追悼文[2]を見てもらうことにして，成果の一つである「関係式」が「ワード・

高橋『恒等式』とよばれることに戸惑いを，はっきり言えば，嫌悪感をおぼえ
ておられた．実際，氏は（generalized）Ward Relation(s) と「関係式」を使っ
ている．発端は，ワード（J. C. Ward）がQED（量子電磁力学）に存在する3つ
の"くり込み定数"のうち，「2つが等しい」ことを見いだしたことにある．そ
れを（不勉強であり誰が名付け親か知らないが）「ワード恒等式」（Ward
Identity）と称したのが，そもそもの間違い．「恒等式」は「式中の文字にいか
なる数値を代入しても常に成立する等式」であり，命名のひどさがわかる．氏
はこれを一般化し対称性（完全な対称性でなくてもよい）をもつ，いかなる場
の量子論においても成立する関係にもちあげたのであり，それが恒等式とよば
れている状況は，片腹の痛いことであったろう．筋をはずれることは，氏にと
って唾棄すべき行為なのだ．機会ごとに「関係式」をもちいるように宣伝をす
るのだが，改善は遅々として進まない．まるでシャネルやグッチなどのブラン
ドのようである（デザイナーは替わっているのに創業者の名前を冠したまま．
商品として定着しているからか）．理由の一つは，深く考えることなく，先人の
引用をそのまま使い回すからで，物理学なのに商売や感性の世界と同じレベル
なのは，情けない限りだ．氏の思いの実現に向け，これからも訂正をよびかけ
ていくつもりである（だから書いている）．

　本題に入るまえに，場の量子論の大家である氏が，統計力学の書物を上梓す
る背景にふれておこう（専門用語がでてくるがご容赦願いたい）．双方の共通
点と言えば，多くの自由度（前者は無限大，後者はアボガドロ数〜10^{23} 個）をあ
つかうことぐらいで，従来，関連性はほとんどなかった．しかし，ウィルソン
（K. G. Wilson）[3]が"くり込み"と"臨界現象"のむすびつきを明らかにしてから
は，共通部分は急速に拡大する．さらに，前者の主要な計算手段である経路積
分においては，対象は統計力学の自由エネルギーであり，もはや両者に隔たり
はない．

　いっぽう，このような潮流とは一線を画すのが氏の関わり方である．場の量
子論の物性分野への応用にはじまり（結果の一つが上述の教科書），根幹である

2)　亀淵迪，「畏友高橋康博士を悼む」，『日本物理学会誌』，68 巻，6 号，396 頁（2013 年）．

3)　K. G. Wilson and J. B. Kogut, "The renormalization group and the ε expansion", *Physics Reports*, **12**, 75-199（1974）.

統計力学への適用を模索する．構想は，場の量子論の手法で統計力学計算を行うという壮大なもので，やはり大家の梅沢博臣氏とともに提唱した「Thermo Field Dynamics（TFD）」[4]として実を結ぶ（氏も名古屋大学の先輩で，論文が出版された1975年から亡くなる1995年までアルバータ大学においてTFDの研究を精力的に推し進められた）．こうした思考を重ねるなかでの，氏の根源的な疑問や，新たな理解が本書のベースとなっている．

　内容に触れよう．まえがきで述べておられるように，統計力学は"基礎"をさらに深く掘り下げるにも，得られた結果を"応用"するにも，きりのない深さをもっている．そこで，氏は一計を案じ，前者と後者の絶妙なバランスをとる．すなわち，第0章で全体の流れをおおざっぱに提示し，第Ⅰ章〜第Ⅴ章で具体的な処方箋を与え，第Ⅵ章で基礎の基礎である原理的な問題に立ち返り，最後の第Ⅶ章を応用にあてるというものだ．教科書の構成としてはユニークで，通常は"基礎"を前半（あるいは大部分）に配置し，残りを"応用"にあてる．これにより，氏のもくろみである「愚問からのアプローチ」，すなわち「初学者の持つ素朴な疑問に答えること」はかなり達成されている．もちろん，読者それぞれが抱える疑問の全てが氷解するわけではないが，初学者の目指すべき「"わからない"ということが"わかる"」立場に立つことができるようになる．

　そもそも，思考過程における"基礎"の掘り下げと，結果の"応用"は科学全般（社会科学を含む）の方法論である．理系では前者は理学，後者は工学，物理において前者はヨーロッパ的，後者はアメリカ的で，どちらを選ぶかは個人の好みによる．身近な例では，2次方程式の解をもちい思考を進めるとき，導き方（＝平方完成）を（無意識にでも）常に頭に置いているか，当然の前提としてどんどん使い回すのか，のどちらに属するかであろうか．一つ思い出したことがある．この本の勉強をはじめた頃（たぶん時間平均と統計平均のあたりだと思うが），その道の権威に質問をした．答は，ひとこと「僕はそういうことは気にしない！」であった（その人物が基礎をおろそかにしているわけではなく，物理の進め方が違うということ．念のため）．

　そうはいうものの，初学者は素朴な，つまり基礎的な疑問を常に頭において，

4）　Y. Takahashi and H. Umezawa, "Thermo Field Dynamics", *Collective Phenomena*, **2**, 55-80 （1975）.

思考を進めるべきである．それらが氷解したときこそが到達点であり，少し理解が深まったことになる．先を急ぐがため，式の意味を深く考えず，あるいは丸暗記して読み進むことはもってのほかである．近年，理論物理学においても（研究費調達のためとはいえ）論文を書くことに血眼になって，既存の結果を安易かつ盲目的に使用する例が数多くみられる（「恒等式」の引用もその一つ）．結果の背景が頭に入っていればよいのだが，すっかり抜け落ちている場合もある．こうしたことでは，論文をいくら書いても「ワード・高橋関係式」のように，あとあとまで引き継がれるものは皆無だ．深みのない論文や教科書の寿命は短い．初学者の立場をおろそかにした，ツケである．

　本書は一筋縄ではいかない統計力学を，初めて学ぼうとする読者が内容ばかりでなく，初学者の立場をもしっかりと身につけることのできる最適の教科書である．近来の中心課題である相転移・臨界現象や非平衡への言及（および参考文献）は，それらへの理解が深まりはじめた頃の執筆であったため，なされていないが，今では多くのすばらしい文献がある．ここで学んだ知識をもとにすれば，読みこなすことは確実にできる．しっかり勉強してほしい．読者諸氏の輝かしい未来を信じつつ，筆をおくことにしよう．

　　　新型コロナ（COVID-19）の感染拡大が続く 2020 年 12 月
　　　愛媛・松山にて

　　　　　　　　　　　　　　　　　　　　　　　　　柏　太郎

索 引

著者紹介

高橋 康（たかはし やすし）

1923 年生まれ．1951 年名古屋大学理学部卒業．フルブライト奨学生として 1954 年に渡米，ロチェスター大学助手．理学博士．アイオワ州立大学，ダブリン高等研究所を経て，1968 年アルバータ大学教授．1991 年よりアルバータ大学名誉教授．場の量子論におけるワード・高橋関係式の研究により，2003 年日本物理学会素粒子メダルを受賞．著書多数．2013 年逝去．

解説者紹介

柏 太郎（かしわ たろう）

1949 年生まれ．1968 年東北大学理学部物理学科入学．1978 年名古屋大学大学院理学研究科物理学専攻修了．理学博士．1979 年九州大学助手，助教授を経て，2002 年愛媛大学大学院理工学研究科教授．2015 年より愛媛大学名誉教授．著書『量子場を学ぶための場の解析力学入門 増補第 2 版』（高橋康との共著，講談社），『経路積分 例題と演習』（裳華房），など．

NDC421　301p　21cm

新装版（しんそうばん） 統計力学入門（とうけいりきがくにゅうもん） 愚問（ぐもん）からのアプローチ

2021 年 4 月 27 日　第 1 刷発行
2021 年 6 月 1 日　第 2 刷発行

著　者　高橋　康（たかはし やすし）
解　説　柏　太郎（かしわ たろう）
発行者　髙橋明男
発行所　株式会社　講談社
　　　　〒112-8001　東京都文京区音羽 2-12-21
　　　　　　　販売　(03)5395-4415
　　　　　　　業務　(03)5395-3615
編　集　株式会社　講談社サイエンティフィク
　　　　代表　堀越俊一
　　　　〒162-0825　東京都新宿区神楽坂 2-14　ノービィビル
　　　　　　　編集　(03)3235-3701
印刷所　株式会社　精興社
製本所　株式会社　国宝社

ISBN978-4-06-522138-9

講談社の自然科学書

※表示価格には消費税（10%）が加算されています。　　　　　　「2021年5月現在」

講談社サイエンティフィク　https://www.kspub.co.jp/